做内心强大的完美女人

文思源 编著

浙江工商大学出版社
ZHEJIANG GONGSHANG UNIVERSITY PRESS

图书在版编目（CIP）数据

做内心强大的完美女人 / 文思源编著 . — 杭州：
浙江工商大学出版社，2018.9
ISBN 978-7-5178-2232-5

Ⅰ.①做… Ⅱ.①文… Ⅲ.①女性—成功心理—通俗
读物 Ⅳ.① B848.4–49

中国版本图书馆 CIP 数据核字（2017）第 141311 号

做内心强大的完美女人

文思源 编著

责任编辑	陆红亚　沈明珠　李相玲	
封面设计	思梵星尚	
责任印制	包建辉	
出版发行	浙江工商大学出版社	

（杭州市教工路 198 号　邮政编码 310012）

（E-mail: zjgsupress@163.com）

（网址：http://www.zjgsupress.com）

电话：0571-88904980，88831806（传真）

排　　版	北京东方视点数据技术有限公司
印　　刷	三河市兴博印务有限公司
开　　本	710mm×1000mm　1/16
印　　张	18
字　　数	280 千
版 印 次	2018 年 9 月第 1 版　2018 年 9 月第 1 次印刷
书　　号	ISBN 978-7-5178-2232-5
定　　价	52.00 元

前言

　　做人需要智慧，做女人则更需要智慧。每个女人都希望过得幸福，获得成功，但为什么起点看起来没有什么差别的女人，若干年后境遇却大不相同？有人感叹人生无常，有人感慨造化弄人，也有人归咎于自己没有好运气。其实这些都不是理由，之所以会有这种分别，大多还是和说话、办事、赚钱的方式方法有关。掌握了说话、办事、赚钱的技巧，也就掌握了幸福、成功的金钥匙，必将拥有惬意、和谐、快乐和幸福的人生。

　　很多女人十分注意自己的服饰与化妆，然而却很少注意提高自己的说话水平，这不能不说是一个遗憾。这是一个越来越注重"说"的时代：竞争职位、应聘面试、推销业务……都需要依靠语言。女人的声音本就有种特殊的磁场，如果加上适当的说话技巧，很容易便能吸引他人的目光；况且，一个能够流利表达自己内心所思所想的女人，必定有着清晰的思路和严谨的思维方式。能说，不是伶牙俐齿、问一答十，而是通过语言与人交流，让陌生人变成好朋友，好朋友变成相互支持和理解的知音。一个拥有良好口才的女人，懂得怎么说话，说什么话。

　　很多女人能力很强，口才很好，却总是碰钉子，没有知心朋友，也不被众人喜欢。而那些左右逢源办事滴水不漏的女人，往往都能在事业上取得傲人的成就，家庭和美，婚姻幸福，她们本人更是众人羡慕的焦点。同样是女人，为什么差别这么大呢？根本原因是办事的方法是否妥当。所谓的会办事，不是说能办成一件事，而是在办事的过程中，把事情办得漂亮，让人心服口服，让周围的人从心里佩服你。聪明的女人总能审时度势，洞悉对方的意图，体察自己的处境，从而进退有节，挥洒自如，在社会竞争中立于不败之地。

　　钱是我们物质生活的基础，只有经济上稳固了，我们才可以大胆地去定义属于自己的幸福人生。对于女人而言，想活出自己的美丽人生，钱显得尤为重要。可以说，女人的财富指数在很大程度上决定了其幸福指数。女人会赚钱，在某种意义上才能够拥有独立的人格；女人会赚钱，才会更有安全感……钱，可以说是女人幸福、快乐的保障。作为现代新女性，必须得会赚钱，要提早谋划，多动些脑筋，多花点心思，让自己成为不为钱发愁的新"财女"。女性在赚钱方面有着得天独厚的优势，坚忍、细心、直觉和天生的交际能力都是女人赚钱的法宝。运用这些优势在职场、商界中找到适合自己的定位，不断完善自己，在赚钱路上会更加成熟，财富之门便会敞开。

　　本书以女性独特的视角，将女性在工作、生活中说话、办事、赚钱的智慧娓娓道来，并结合生动的故事，让女性在阅读中，轻松愉快地学到说话艺术、办事技巧、赚钱方法。会说话、会办事、会赚钱的女人能将亲情、友情、爱情、金钱全都牢牢握在手中，享受最完整、最美丽的生命状态，做一个幸福的女人！这样的女人，就是未来的你。

目录

上篇　会说话

第一章　口吐莲花，会说话的女人惹人爱 / 2

说话时要保持微笑 / 2

巧言妙语化解尴尬 / 4

说服别人并非难事 / 6

做人大度是种美德 / 8

委婉说话有奇效 / 10

五招让你成为健谈的人 / 12

第二章　巧言慧语，聪明女人因口才加分 / 16

话多不如话少，话少不如话好 / 16

说服别人时，要给对方台阶下 / 17

能言善道，让口才为魅力加分 / 20

不会说赞美的话，就学会倾听 / 22

在别人伤口上撒盐，苦的是自己 / 23

从话里听出话外音 / 25

委婉含蓄，学点语言"软化"术 / 26

说话别说绝，给别人留点儿余地 / 27

第三章　心中有尺，智慧女人说话有分寸 / 29

不该说的"四话" / 29

不揭他人短，给人留台阶 / 31

滑稽≠幽默 / 35

瞅准对象说好话 / 38

用恰当的方式说恰当的话 / 41

"常有理"最终会变成"常无理" / 44

开玩笑不能越过底线 / 46

第四章　委婉拒绝，女人说"不"也动听 / 49

拒绝求爱这样说 / 49

多说"不过"和"但是" / 53

拒绝领导不要让他难堪 / 54

从对方口中找到拒绝的理由 / 58

巧妙利用"沉默"和"答非所问" / 60

找一个替身代你说"不" / 62

贬低自我让对方知难而退 / 63

在拖延中解决问题 / 65

第五章　来点幽默，快乐女人受欢迎 / 68

借题发挥，皆大欢喜 / 68

活学活用，以谬还谬 / 70

拿自己开开玩笑 / 72

区分伪幽默与真幽默 / 74

越荒谬效果越好 / 77

正理不妨歪说 / 80

中篇　会办事

第一章　有礼有节，淑女办事先知礼 / 86

礼仪是女人社交的必修课 / 86

目 录

直面陌生人，"被选择"的自信 / 87

热情地叫出他人的名字，让他倍感亲切 / 88

社交成功，一半的功劳在于说话技巧 / 90

适当贬低自己，迅速拉近心理距离 / 92

收敛自己的锋芒，会获得更多人的认同 / 93

用恰当的措辞拉近彼此的距离 / 94

用声音建立亲善关系 / 96

第二章　恰到好处，会办事的女人知分寸 / 99

求人办事要抓住时机 / 99

先为自己留好退路 / 102

形势不妙，先走为上 / 105

找领导办事要把握好分寸 / 106

过度敏感不利于办事 / 107

分清事情的分量再办事 / 108

办事要掌握好火候 / 109

不要死要面子活受罪 / 111

第三章　巧借外力，求人办事要讲策略 / 114

求人办事，先开一个好头 / 114

择善而从，选择能够帮助自己的人 / 116

巧妙赞美助你办事成功 / 118

求人办事，先引起对方的兴趣 / 119

自我提升，创造办事条件 / 120

善意的谎言要说得真诚 / 122

用苏格拉底的辩证法增加办事筹码 / 123

激发对方的同情心，触动其心灵的薄弱环节 / 124

第四章　放低姿态，女王也有低头时 / 127

自己得意之事放在心里，别人得意之事挂在嘴边 / 127

没有原则之争的事情，"糊涂"为上 / 128

不要时时去争口头上的胜利 / 130

有理时也要让人三分 / 132

精明不必写在脸上 / 134

免费的午餐里大多有"毒药" / 135

听懂那些"弦外之音" / 136

越是春风得意之时，越要反躬自省 / 138

融入团队，避免被边缘化 / 139

"承诺女王"不好当 / 141

第五章　胜在职场，做个出类拔萃的职场丽人 / 143

别自我设限，你比想象中的优秀 / 143

规划比努力更重要 / 145

加强沟通，搞好同事关系 / 146

主动汇报工作进度 / 148

适时加班，为自己加价 / 149

学会与上司交往 / 151

"美丽"也是一种竞争力 / 153

找到"职场教练"，升职加薪有诀窍 / 155

第六章　拥有爱情，用点智慧在情场 / 157

保持独特魅力，让男人着迷 / 157

让他追你，直到你得到他 / 160

约会也有游戏规则 / 162

及时启动你的人格魅力 / 164

制订一个"作战"计划 / 166

做他最好的朋友 / 168

不动声色，将他推入你的爱情里 / 170

要爱情，更要爱自己 / 171

下篇　会赚钱

第一章　"拿下"职场，是你钱包鼓起来的关键 / 174

"拿下"职场，是你钱包鼓起来的关键 / 174

提前规划自己的职业生涯 / 176

应对个人危机，实力才是赚钱的基础 / 178

将你的兴趣转化为赚钱能力 / 180

女人一定要有一技之长 / 183

用你的脑子创造机遇 / 185

让自己成为受到一致肯定的"专家" / 187

第二章　智慧投资，理财知识助你做"财女" / 190

投资常识是你的"宝藏之钥" / 190

正确的投资理念是你财富的护身符 / 192

投资永远是实力说了算，而不是心眼说了算 / 194

永远不要问理发师你该不该理发 / 197

投资像谈恋爱，适合自己最重要 / 199

不要轻视任何微小的收益率差异 / 202

你的眼睛永远不能完全闭上 / 204

耐心等待和耐心持有同样重要 / 207

冷静看待"内部消息" / 209

不要妄想不合理的投资报酬率 / 211

第三章　进军股市，"财女"炒股有妙方 / 215

天摇地动不如"长相厮守" / 215

像经营爱情一样经营股票 / 217

单恋一枝花，集中投资于一只或几只股票 / 220

慎重选择股票，如同婚姻 / 222

女人炒股四大规则 / 224

聪明女人，被套牢了要会解套 / 225

买股如同逛商场，要货比三家 / 227

第四章 养"基"下蛋，基金是女人明智的选择 / 230

基金让女人的生活更丰富 / 230

买基金也要"知己知彼" / 232

两年以上用不着的钱才能买基金 / 234

像选衣服一样选基金 / 236

基金一年只需看 4 次 / 239

定投让女人理财更从容 / 240

精明的小女人，需走出基金净值高低的迷局 / 243

第五章 外汇投资，女人投资的新渠道 / 245

女人即使不出国也要了解一点外汇知识 / 245

初投资的女性们如何在市场上大赚特赚 / 247

不设止损是自寻绝路 / 250

掌握技巧，炒汇自从容 / 252

外汇的"必杀剑"：低买高卖 / 255

想做汇市女王，做好充分准备再上战场 / 257

第六章 "金"贵女人，投资黄金安心赚钱 / 259

"白娘子"为何偏爱黄金 / 259

黄金投资要多关注国内外形势 / 261

一个连股市老手都迷惑的问题：黄金投资有哪些品种 / 263

美女炒家 10 万炒到 1000 万的秘诀 / 266

黄金饰品还是装饰的好，作为投资不能首选 / 269

金币投资，安心赚钱 / 271

黄金投资，为何差点毁了她的买房梦 / 274

上篇

会说话

·第一章·

口吐莲花，会说话的女人惹人爱

说话时要保持微笑

人在什么时候最有魅力呢？在微笑的时候。一个热爱生活的人，一个积极向上的人，微笑是他显露最多的表情。山德士的打扮是肯德基独一无二的注册商标，人们一看到他的标志，就会自然想起肯德基。为此，山德士说过："我的微笑就是最好的商标。"

彼得·泰格是一位著名的演说家和交流高手，他曾经说过："就连最懒惰的人，也懂得微笑。因为他知道，微笑比皱眉牵动的肌肉要少得多。"在人际交往中，微笑是最美丽也最容易的表情。所以，应该让微笑成为一种习惯，不要让死板严肃的表情成为你成功道路上的障碍。

微笑，蕴含着丰富的含义，传递着动人的情感。怪不得有位哲人曾说：微笑是人类最美的表情。在人际交往中，我们需要微笑。微笑是一种令人愉快的表情，表达一种热情而积极的处世态度。

对于一个人来说，真正的风度并不仅仅全部表现在穿着打扮、言行举止上，有的人尽管一身名牌，但是他职业的冷漠、僵硬的表情、伪装牵强的笑容却让人反感；有的人尽管一身布衣，但是他流露出源自心灵的笑容，你会觉得他有亲和力和风度。

人类与其他生物的区别之一就是人类有复杂的感情，而微笑则是感情表达最直接的方式之一。微笑意味着友好和赞赏，能给双方都带来愉悦。甚至在抱怨批评的时候，你如果也能微笑着，就会使对方感觉到温馨和诚恳。对他人笑脸相迎，他人也必定给你相应的回报，每天看到的都是笑脸，怎么会没有好心情！

陌生的人如果微笑以对，你们会更好地融洽起来。人类社会每天进行着许多的社会活动，其中大部分是人与人的接触交流，如果每个人都能使用好微笑，那么人与人之间的交流就会变得更美好轻松。

小张的对门搬过来一个漂亮的姑娘。每天上楼，小张都会碰到她。小张是个很外向的人，很想跟她打招呼，但又怕自讨没趣——小张觉得美女一般都是高傲的。有一天，小张下去买烟，下楼时正好迎面遇见姑娘了，这下不打招呼是说不过去了。小张刚下定决心，但一看她板着脸冷冰冰的模样，又犹豫了。思忖半天，小张终于硬着头皮对她微笑着点了点头。没想到，姑娘马上回应了。后来小张才知道，其实她也很想认识他，只是怕遭到拒绝罢了。再后来，小张和姑娘相处得很不错，彼此很庆幸多了个好邻居。

原来，一个微笑就可以拉近两颗心的距离。

微笑表达的意思就是：我喜欢你，我很高兴见到你，你让我开心。所以，不要吝惜你的笑容，从现在开始，以微笑来招呼你的朋友，以微笑来面对你的人生。

你的笑容就是你最好的名片。你的笑容能照亮所有看到它的人。笑容使你显得高贵自信、大方热情、值得信赖，让人觉得和你交流是愉快的，你对他是尊重的。

在求别人帮忙时一定要微笑，谁也不喜欢绷着老脸的人来求这求那。这个微笑是在告诉别人你的友情，告诉别人对他的信任；向别人道歉时也一定要微笑，这个微笑是在表明你的友好，表明你的真诚。

微笑自然也有许多要领。之所以叫作微笑，就是说明它在量和度上都同大笑、狂笑有很大不同。该微笑时一定不要笑得很大声，嘴自然也不能张得很大。不露齿白，才恰到好处。尤为重要的是微笑的度一定要把握得很好，否则善意的微笑就可能变成嘲笑。

如果你花很多钱买了许多珠宝服饰，只是为了使人对你友好，或者使自己更迷人，那还不如微笑有用。因为微笑更能赢得他人的友好，也是最迷人的表情，但它不花你一分钱！从这个方面说，真诚的微笑价值100万美元。

所以，从现在开始，马上去做，以微笑来招呼你的朋友，以微笑来面对你的人生。

巧言妙语化解尴尬

与陌生人相处，突发事件时有发生，处理不好就会导致尴尬，这时，运用口才往往能四两拨千斤，收到意想不到的好效果。

一年夏天，我国乒乓球教练员蔡振华和运动员王涛、孔令辉、邓亚萍等国手，风尘仆仆地来到国家体委的定点扶贫县——山西省繁峙县捐资助教。在为大营中学捐款的仪式上，世界冠军邓亚萍坐的破板凳突然被压断，邓亚萍重重地摔在地上，顿时窘得两颊通红。

眼疾口快的姜新文急忙上前扶起邓亚萍，风趣地说："你放心，这次捐的款咱们先买凳子。"一句话把在场的国家体委领导、运动员和地方官员都逗笑了，因为他把国家体委捐资助教这一义举与邓亚萍"坐破板凳"有机地联系起来，使在场的人都感同身受，难怪连一向不苟言笑的邓亚萍也发出了开心的笑声。

尴尬的场面在生活中会经常碰到，因此，要学会征服尴尬。面对尴尬局面，只要你积极参加社交、不禁锢自己、增强应变能力，对付尴尬局面并不难。

1. 用幽默化解尴尬

在人际交往中，幽默就像湿润的细雨，可以冲淡紧张的气氛，缓解内心的焦虑，缩短彼此间的距离，也是破除尴尬的良方。

古希腊著名哲学家苏格拉底是出了名的"妻管严"，他的太太十分厉害。有一次，苏格拉底的好友到他家做客，刚吃完饭，那位朋友还没走，苏格拉底的妻子就当着那位朋友的面要求苏格拉底帮她倒洗脚水。苏格拉底觉得很没面子，就执意不肯。于是，他的妻子就非常生气地跟他大吵大闹。为免生事端，苏格拉底就和他的朋友一起走出家门，并下楼出去，当他们刚走出楼门口时，他妻子突然将那盆洗脚水泼到了他的身上。场面十分尴尬，可苏格拉底却笑着说道:"我早就知道,打雷过后一定要下雨。"妻子和朋友不由得哈哈大笑起来。

一句幽默,轻松化解了当时的窘境,换来了妻子和朋友爽朗的笑声。

2. 从对方的话里找线索,举一反三

如果对方的话让你陷入尴尬,你不妨从他的话里举一反三,寻找答案。

一次电影节上,刘德华被安排与韩国实力明星安圣基举行观众见面会。有媒体提问,刘德华现在不光拍电影,还转型幕后做老板,安圣基有没有这个意向。安圣基"滑头"地说自己拍电影很多年,伟大的形象早已树立,不会学刘德华,而是想好好接着拍电影,成为韩国电影界的楷模。

突然,他反问刘德华:"我在韩国已经是楷模了,你在中国有怎样的地位呢?"

刘德华有一瞬间的惊讶,不过反应敏捷的他立刻回答说:"你确实是楷模了,但咱俩差不多,我是劳模。中国电影人都会像我一样勤奋,做个劳动的模范。"

在众多的媒体和观众面前,安圣基的问话令刘德华陷于尴尬的境地。倘若他也说自己是楷模,只会给媒体留下骄傲自大的印象,但假若说自己只是个"泛泛之辈",又未免显得过谦,于是他拿自己和安圣基做比较,承认对方是"楷模",接着话锋一转,说自己是"劳模",巧妙地化尴尬于无形,寥寥数语就道出了自己事业屹立不倒的秘诀——勤奋,让观众和媒体被他的睿智所折服。

3. 自我解嘲

自我解嘲是一种口才利器,能转移注意,增添情趣,对于化解尴尬更是有奇效。

一节化学课,因为老师生病,一位年轻的实习老师来临时代课。学生们不大安分守己,有看小说的,有趴在桌子上睡觉的,有悄悄地塞上耳机听MP3的。

年轻的老师见怪不怪,仍然不紧不慢地讲着课。课讲到一半,老师一时兴起,准备板书一个公式,却不料被讲台绊了一下,差点摔倒。结果全班同学一

下子找到了爆发点，哄堂大笑。讲台上的老师无可奈何地摇摇头，等大家笑过之后，他自嘲了一句："今天来给咱们班代课，没想到连这讲台也欺生。"学生们又一次大笑，笑过之后，教室里竟然慢慢地安静下来，后面的课堂纪律出奇的好。

其实，这位年轻的实习老师很聪明，他很会打圆场。那句自嘲的话，虽然直指欺生的讲台，可是学生们不会不明白话中隐含的批评吧。你瞧，老师一句半开玩笑的话，既解除了尴尬，又巧妙地整顿了课堂纪律。这样做，比发一通火却遭到学生加倍起哄要理智、高明多了，效果也好多了。看来，抓住时机，借自我调侃来化解尴尬，往往会收到意想不到的效果。

当然，消除尴尬有时还可以采用转移目标、把话题岔开、装傻不知等方法。这就需要你在日常生活中多加揣摩和实践了。

说服别人并非难事

如果晓之以理、动之以情的说服方法行不通，你唯一能依靠的就只有找到对方所需要的并且以此说服他。

在生活中，女性常用晓之以理、动之以情的方法来说服他人。但事实证明，有时情不一定能打动人，理也不一定能说服人。此时，就要想到以对方所需要的来说服他——对方之所以不答应，无非是为了某种利益，只要将其中的利益说开了，对方的心理防线也就很容易攻破了。

柴田和子，日本保险推销员，世界顶尖的女销售员，就是通过站在客户的立场为他们考虑，阐明利害关系，从而达到推销的目的的。

有一个星期六，柴田和子去拜访一位准客户，这位先生是汽车销售公司的部门经理，他觉得买保险是杞人忧天的懦夫所为。

柴田和子对这位经理说："先生，你是从事汽车销售工作的，一定熟悉交通情况吧，那请教你一个问题，你开车上班或兜风，是不是一路都是绿灯？"

"这个不一定，有时难免有红灯。"

"遇到红灯，你会做什么？"

"停下来等待绿灯。"

"对呀，人生有高峰，也有低谷，有时黄灯，有时红灯，因此你也需要稍停脚步，重新认真思考一下自己的人生。你说对吗？"

这位经理频频点头。柴田看着经理，微笑着对他说："人生到处潜伏着难以察觉无法预料的危机，每一个人总是认为自己会一路顺风。可是，为什么我们常常看到，道路旁堆着一辆辆撞得七零八碎、面目全非的肇事车辆？人生路上危机四伏，绝不能掉以轻心。

"但是请你理解，红灯是上天给我们的人生转折点。我现在为的是一点点微薄的佣金，却耗费如此长的时间跟你讲解。你买保险，我赚到佣金，我感谢你，但是将来理赔的保险金额却是支付给你的家人的，是你家人的福分。

"你投不投保对我没什么关系，但是能否挑选一位有能力的保险营销人员来为你规划晚年生活，可是会影响着你的人生方向，因此，请让我为你规划终身保障。"

柴田和子的"红灯理念"最后打动了汽车销售经理，为自己和全家投了巨额的保险。

那么，在生活中，女人应该如何利用口才和技巧去说服别人呢？那就是站在他人的立场，帮助别人发现他的利益，然后恰当地表现出来。

1. 说明"不这么做的"后果

直接告知被说服者，不接受劝说，就会失去某种你想得到的东西，从而以一种强制性和不可抗拒性使对方接受。

2. 分析利弊，让对方权衡

直陈后果固然可以强制人服从，但它只适用于那些比较顽固不化的人身上，对于大多数人来说，还是要通过其心服主动听从说服者的意见。这就需要说服者从"利""害"两个方面阐明利弊得失，通过利与害的对比，清楚明白地分析出何为轻何为重，向被说服者指出如何做更有利，更易于使被说服者接受合理的意见和主张。

3. 结合情理，说明利害

在说服别人的时候，最好是在对被说服者利益尊重和认同的基础上，将利与情理有机结合起来论事说理，说明利害。

著名体操运动员李宁，在退役时面临很多的选择：广西体委副主任职位诱人；年薪百万美元的外国国家队教练；演艺界力邀李宁加盟；健力宝公司也有招募之意。

李宁举棋未定，于是健力宝公司总裁李经纬再次面见李宁。李经纬先谈起一个美国运动员退役后替一家鞋业公司做广告，赚钱后自己开公司，用自己的名字命名公司和鞋的牌子，最后获得成功的故事。

李宁听完后，若有所思。

接着，李经纬从李宁想办体操学校的理想入手，继续分析："要是你想靠国家拨款资助，不是不可以，但许多事情不好解决。与其向国家伸手，不如自己开辟路子。我认为你最好先搞实业，就搞李宁牌运动服吧。赚了钱，有经济实力，别说你想办1所体操学校，就是办10所也不在话下。"这番话使李宁为之一动。

见时机已经成熟，李经纬提出："请你考虑一下，是不是到健力宝来？我相信只要我们携手合作，绝对不会是1+1=2这样简单的算术。从另一个角度说，就目前，恐怕也只有健力宝能帮助你实现这个理想。我那时创业，走了不少弯路，你不应该也不至于从零开始吧，那实在太难。你到健力宝来，我们是基于友情而合作，健力宝也需要你这样的人。"

面对李经纬的热情、诚恳和一次极好的发展机会，李宁终于决定到健力宝去。

李经纬劝说李宁时，突出地表现了对李宁切身利益的关注，论证了李宁到健力宝公司的有利性，同时又充分表现了朋友般的拳拳之情，非常有人情味，从而打动了李宁，也实现了自己的劝说目的。

做人大度是种美德

在与人交往的生活里，从谈吐之中，往往能直接反映出一个人的涵养、素质，是傲慢还是谦逊，是宽容大度还是心胸狭窄。

丁玲是我国现代著名女作家。这位饱经坎坷的著名女作家，为人十分乐观，处世豁达大度。同时也是一位说话高手。下面有两个关于她的故事，可以说明这一点。

某年夏季，作家们去我国一处避暑胜地旅游，正在大厅休息。有位当地人模样的中年妇女匆匆赶来，态度十分热情。她看到一位白发老太太独自坐在一旁，便过去殷勤倒茶，招呼叙话。她先是主动自我介绍，说是跟着爱人一起调来此地，安置在作家协会工作，接着笑问："老同志是陪同外国朋友一起从北京来的？"

老太太含笑点头："是的。"

女主人："尊姓？"

老太太："我姓丁。"

女主人："大名呢？"

老太太："我叫丁玲。"

女主人略带歉意表示不熟悉："喔，丁玲同志，在哪个部门工作？"

老太太未免一愣："啊……"

女主人笑："在中国作家协会工作的吧？"

老太太笑笑："哎。"

女主人更亲近了："写过什么作品没有？"

老太太和蔼可亲："过去写过一些……"

女主人："现在呢？"

"现在……"老太太笑，"嘿嘿，没有写什么……"

"嘿嘿嘿……"女主人表示作为知己，格外高兴，"我跟您一样，也没有写什么，在作家协会吃大锅饭，嘿嘿……混混日子，也蛮清闲的，你说呢……哈哈哈……"

老太太："嘿嘿嘿……"

丁玲作为一位知名作家，不但没有对别人表示不认识自己感到不愉快，反而将计就计，寥寥数语，就拉近了与女主人之间的距离。这个故事，不但体现了丁玲的低调内敛，更展示了一位说话高手的大度风范。

1984 年 4 月 27 日，中国妇女界的代表们齐聚人民大会堂宴会厅，在这里举行酒会，欢迎陪同里根总统访华的南希·里根夫人。作为文艺界的代表，丁玲也应邀出席了。

席间，美国大使馆的一位女士不知道为什么，忽然用不熟练的汉语问身旁的丁玲："我想请教一下，'丁玲'和'定陵'有什么关系？"

对这个莫名其妙的提问，周围的人有的感到愕然，有的露出不满的神色。人们都有点儿紧张地望着丁玲，不知她如何回答。

只见丁玲大度地一笑："有关系呀。定陵是坟墓，我们这些人最终都要走向坟墓。"

提问题的美国女士惊叫起来："啊，这可是两个世界。这个世界充满欢乐，而那个世界是谁都不愿意去的地方。"

丁玲仍然微笑着："在这个世界里也有不愉快的事，也会有烦恼，但那个世界却是谁也逃不掉的。"

周围的人听后都大笑起来，宴会的气氛仍然是那么欢快、和谐。

丁玲的大度、风趣幽默，很是让人敬佩。她那诚恳的待人态度、洒脱的仪表礼节，就能产生使人乐于亲近的魅力。而这种魅力不只是取决于年龄、长相和衣着，更在于人的气质和仪态，在于人的内在品格的自然流露。

所以，对于一个女人来说，在说话的时候，如果别人无意冒犯了你，你都要保持宽容，不争论、不生气、不反击、不露声色，言语中保有一份大度，这才是一个说话高手的风度。

委婉说话有奇效

英国思想家培根说过："交谈时的含蓄与得体，比口若悬河更可贵。"在言谈中，有驾驭语言功力的人，会自如地运用多种表达方式。委婉含蓄比直截了当的表达效果会更佳，但也更需要多动脑筋，它是一种语言修养，也是一个人智慧的表现。

有一次居里夫人过生日，丈夫彼埃尔用一年的积蓄买了一件名贵的大衣，作为生日礼物送给爱妻。当她看到丈夫手中的大衣时爱怨交集，她既感激丈夫对自己的爱，又怨他不该买这样贵重的礼物，因为那时实验正缺钱。她婉言道："亲爱的，谢谢你！谢谢你！这件大衣确实是谁见了都会喜爱的，但是我要说，幸福是来自内在的。比如说，你送我一束鲜花祝贺生日，对我们来说就好得多。只要我们永远一起生活、战斗，这比你送我任何贵重礼物都要珍贵。"

这一席话使丈夫认识到花那么多钱买礼物确实欠妥当。

委婉是一种既温和婉转又能清晰明确地表达思想的谈话艺术。它的显著特点是"言在此而意在彼"，能够引导对方去领会你的话，去寻找那言外之意。从心理学的角度来看，委婉含蓄的话，不论是提出自己的看法还是劝说对方，都能保护对方心理上的自尊感，使对方容易赞同、接受你的说法。

直爽的女人虽然坦率真诚，但却少了点韵味和风情，女人学会了委婉，才是有女人味的女人。委婉的方法，一般分为讳饰式、借用式和曲语式三种类型。

（1）讳饰式委婉法：是用委婉的词语表示不便直说或使人感到难堪的话语的方法。

作家冯骥才在美国访问时，一个美国朋友带儿子去看望他。说话间，那孩子爬上冯老有些摇晃的床铺，站在上面拼命蹦跳。这时，冯老如果直接喊孩子下来，势必会使其父产生歉意，也让人觉得自己不够热情。于是，冯老笑着对朋友说："请您的孩子到地球上来吧。"那位朋友没有对孩子进行指责，而是顺着冯老的思路，同样不失幽默地回答道："好，我和孩子商量商量！"

冯老的话使本来也许是困难的批评变得顺利起来，而且创设了比较融洽的氛围。委婉，能够在不伤人的境况下展开温馨的批评。

（2）借用式委婉法：是指借用一事物或其他事物的特征来代替对事物实质性问题直接回答的方法。

在纽约国际笔会第48届年会上，有人问中国代表陆文夫："陆先生，你对性文学怎么看？"陆文夫说："西方朋友接受一盒礼品时，往往当着别人的面就打开来看。而中国人恰恰相反，一般都要等客人离开以后才打开盒子。"

陆文夫用一个生动的借喻，对一个敏感棘手的难题，委婉地表明了自己的观点——中西不同的文化差异也体现在文学作品的民族性上。陆文夫实际上是对问者的一种委婉的拒绝，其效果是使问者不感到难堪，使交往继续进行下去。

（3）曲语式委婉法：是用曲折含蓄的语言、商洽的语气表达自己看法的方法。

1937年冬，刚从济南到武汉的老舍先生在冯玉祥将军的图书楼写作，可冯将军刚从德国回来的二女儿却与人在二楼跺脚取暖，打扰了老舍先生的构思。吃午饭时老舍笑着向冯家二小姐说："弗伐，整整一个上午，你在楼上教情卿学什么舞啊？一定是从德国学来的新滑稽舞吧？"一句话引得大家一阵大笑，二楼也从此变得静悄悄了。

老舍先生在谈笑间，既没有使对方尴尬，又达到了批评的目的。

另外，使用委婉语，必须注意避免晦涩艰深。谈话的目的是要让人听懂，如一味追求奇巧，会使他人丈二和尚摸不着头脑，甚至造成误解，这就必然影响表达效果。要做到语言含蓄须善于洞悉谈话的情景和宗旨，还要练就随机应变的本领，这样才会使你的语言得心应口、有新意。

五招让你成为健谈的人

健谈的人，永远是受欢迎的人。有他们在，就有快乐，就有气氛。

能够与人畅快地交谈是生活中最有乐趣的事情之一，而且它能带给你许多意想不到的回报。但交谈并不是一件容易的事，对许多人来讲，他们宁可不背降落伞从一架飞机上跳下去，也不愿坐在一个陌生人旁边与他聊天。

拉里·金是美国有线新闻网CNN专栏节目《拉里·金访谈》的主持人。该栏目开办近10年来，先后邀请了3000位嘉宾到场，其中包括美国总统、演艺体育界明星，以及传媒所关注的热门人物等。因为其紧密结合时事、主持人幽默风趣而成为此类节目中收视率最高者之一。

下面就是拉里·金的5条经验，能教会你在任何时间、任何地点与任何一个人展开有趣的谈话。如果你经常进行有意识的练习，交谈也许会变得容易一些。

1. 不必过分斟酌字句

有时候我们太注意自己说话的措辞，反而不知道如何开口。不是每个人都有拉里·金那样的口才的。

1957 年 5 月 1 日的早晨，在迈阿密海滩上一家叫 WAHR 的小电台里。此前拉里·金一直在那里碰运气，希望有机会实现他的广播梦。电台经理很喜欢他的声音，但就是没有空缺。有一天音乐节目主持人辞职了，经理告诉拉里·金，从 5 月 1 日起接替他的工作。

整个周末拉里·金都没有合眼，一遍又一遍地背诵精心准备的解说词，到星期一早晨他的精神已近乎崩溃了。经理把拉里·金叫进办公室祝他好运，然后拉里·金就进了直播间。

上午 9 点钟，主题曲响了起来，拉里·金正襟危坐，调低音量以便开始开场白。可是他的嘴巴像塞了棉花一样什么也讲不出来。于是拉里·金开大音乐再降低，可舌头还是不听使唤。如此重复了 3 次。听众们听到的只是一支曲子忽高忽低很滑稽地变化着。

终于，气急败坏的经理一脚踹开了门，冲拉里·金喊道："这是一门与大众交流的行业！"然后摔上门走了。

在这一刻，拉里·金不知从哪里来了勇气，他凑近麦克风说道："早上好，这是我在电台工作的第一天，整个周末我都在准备台词，现在有点紧张并且口干舌燥。经理刚刚踢门进来告诉我'这是一门与大众交流的行业'。"

这样的开场白简直糟透了，但是拉里·金终于开了口，而且靠坦率赢得了听众，以后的节目都进行得非常顺利。

2. 培养自己讲话的愿望

有过这样一段经历之后，拉里·金给自己规定要保持讲话的愿望，即使在不开心的时候也强迫自己做到这一点。因为它对于成为一个健谈的人十分重要。拉里·金在广播业取得成功的原因之一就是他热爱自己所从事的工作，这一点是装不出来的。

汤米·拉索达，洛杉矶职业棒球队的前经理。有一次他的球队在全国棒球联赛的复赛中惨败，之后拉里·金把他请到了直播间。从他的热情中绝对看不出他的球队刚刚吃过一场败仗。当拉里·金问他为何能够如此乐观时，他说："生活中最美妙的事就是当一个赢球球队的经理，其次就是当一个输球球队的经理。"这种达观以及对事业的热情使他成为一个成功的球队经理。

3. 不要忘记让对方说话

聆听会使你的讲话水平提高，如果能提出循循善诱的问题来，那就证明你已经是一个相当不错的交谈者了。

拉里·金每天早上都要提醒自己一下：今天我所说的任何内容都不会使自己提高，因为它们都是我所知道的，如果自己想学到东西，最好听听别人说些什么。

4. 开阔你的视野

最好的交谈者能够谈论他日常生活以外的话题和经历。你可以通过旅游拓宽视野，但也完全可以在自家后院做这一点。

当拉里·金还是孩子时，母亲因为要工作，就请了年长的女人来当保姆。保姆的父亲参加过美国内战，她本人在小时候还见过林肯总统。通过和她交谈，上个世纪的历史就像窗子一样在他面前打开了。

请记住，与有不同生活阅历的人交谈可以帮助你增长见识，并开阔你的思维空间。

5. 营造轻松的谈话环境

拉里·金的交谈原则中非常重要的一条就是不要长时间地谈论一个严肃的主题。事实上，在每次访谈中，他都尽力发现每个嘉宾幽默的一面，尤其是他们的自我解嘲。

歌星弗兰克·辛那特拉就是一个不怕亮家丑的人。在一次访谈节目中，他回忆起自己被喜剧演员唐·雷克斯捉弄的故事。当时两人都在拉斯维加斯的一家餐馆吃饭，雷克斯走过来请他帮个忙。

"弗兰克，你和我的女朋友打个招呼好吗？有这样一个大明星肯赏光她会很有面子的。"

"当然可以，把她叫过来吧！"

"如果你能亲自过去，她会更感动的。"

善良的弗兰克信以为真。过了一会儿，他穿过整个大厅来到雷克斯的桌前，拍了拍他的后背说："见到你真高兴！"

没想到雷克斯扭过头说："走开，弗兰克，我们正谈私事呢！"

弗兰克讲起此事时津津乐道，仿佛是别人的笑话一样。他的这种风格不仅吸引了电视观众，更为他赢得了大批歌迷。

其实，不管你是对 1 个人还是对 100 万人讲话，原则都是相同的。你只要设法在自己和他人之间建立起沟通的桥梁，表现出同情、热情和倾听的愿望就会成为一个健谈的人。

·第二章·

巧言慧语，聪明女人因口才加分

话多不如话少，话少不如话好

赞扬一个人会说话我们会说他"一语中的""一鸣惊人"，而不是"滔滔不绝"。说话简练而到位的人才是真正的能说会道者。在现实生活中，很多女性都是人群中的活跃者，她们喜欢以自我为中心，在喋喋不休之中让自己占尽风头，而忽视了别人也有表达自己的欲望，别人也渴望交流，最终，在有意无意间，令人感到压抑和被忽视。她们伤害了别人，自己当然也不会得到好人缘。还有一些女人，总是将自己的生活泡在苦水里。生活中，无论大事还是小事，都会给她们带来很多痛苦，她们将这些痛苦不断地向别人倾诉，向别人抱怨。

王燕是一家保险公司的业务员。开始时，王燕向别人推销时总是赖在别人面前不走，直到把对方累垮，业绩却毫无起色，久而久之，她对自己的推销能力也产生了怀疑。后来在别人的帮助和指点下，她决定："并不一定要向每一个我拜访的人推销保险。如果超过预订的时间，我就要转移目标。为了使别人快乐，我会很快离开，即使我知道如果再磨下去他很可能会买我的保险。"

谁知这样做竟然产生了奇妙的效果："我每天推销保险成功的数目开始大增。还有，有些人本来以为我会磨下去，但当我愉快地离开他们之后，他们反而会对我说：'你不能这样对待我。每一个推销员都会赖着不走，而你居然不再跟我说话就走了。你回来给我填一份保险单。'"

俗话说："话多不如话少，话少不如话好。"话多的人不一定有智慧。不要一上来就开始你的牢骚，唠叨往往会破坏你的好人缘，也会给别人带来很不好的影响。如果有什么不满的地方，先创造一个尽可能和谐的气氛。做错事的一方，一般都会本能地有种害怕被批评的情绪，如果很快地进入正题，被批评者很可能会产生抵触情绪。即使他表面上接受，也未必表明你已经达到了目的。所以，先让他放松下来，然后再开始你的"慷慨陈词"。

徐丽在半年前被公司辞退，理由是老板不喜欢她。她说自己工作业绩好、能力强，所以同事总排挤她，在老板面前说她的坏话，老板就总找她茬。不久后，她被朋友介绍到另一家公司。可是上班不久，她就又开始数落她的新老板了，说老板能力差、水平低，根本无法理解她想要做的事情对公司有多么重要。于是，在试用期满之前，她又被辞退了，害得她的朋友再见这个老板的时候，十分不好意思。现在徐丽仍然四处飘荡，找不到一份满意的工作。

沟通不是一件容易的事情。人是复杂多样的，各有各的癖好，各有各的脾性，与跟自己气味相投的人在一起就舒服惬意，话很多；一遇见气味不投的人，就感觉别扭，不想开口。所谓"酒逢知己千杯少，话不投机半句多"，就是这种情形的写照。但是，真正投机的人又有多少呢？所以，一般人就有"知己难得"的感叹。善于跟别人交谈的人是很善于适应别人的。只有把话说到对方的心坎上，才能给交际架起绚丽的彩桥。

说服别人时，要给对方台阶下

女人在说服别人的时候，一定要为对方留足情面，不要让别人下不来台。这时候如果能巧妙地给人台阶下，就可以为对方挽回面子，缓和紧张难堪的气氛，使事情能顺利进行。要达到这样的目的，女人就应该学会使用下列技巧，在说服别人时给对方台阶下。

1. 给对方寻找一个善意的动机

装作不理解对方尴尬举动的真实含义，故意给对方找一个善意的行为动机，给对方铺一个台阶下。

有一位老师曾经讲过这样一个故事：一天中午，他路过学校后操场时，发现前两天帮助搬运实验器材的几位同学正拿着一枚实验室特有的凸透镜在阳光下做"聚焦"实验。当时那位老师就想：他们哪来的透镜？难道是在搬运时趁人不备拿了一枚？实验室正丢了一枚。是上去问个究竟还是视而不见绕道而去？为难之时，同学们发觉了那位老师，从同学们慌张的神情中老师肯定了自己的判断。当时的空气就像凝固了似的，但是这位老师很快想出了一条妙方，他笑着说："哟，这凸透镜找到了！谢谢你们！昨天我到实验室准备实验，发现少了一枚，我想大概是搬运过程中丢失了，我沿途找了好几遍都未能找到，谢谢你们帮我找到了。这样吧，你们继续实验，下午还给我也不迟。"同学们放松地点了点头，一场尴尬就这样被轻松解决了。

这位老师采用了故意曲解的方法，装作不懂学生的真实意图，反而说是他们帮助自己找到了凸透镜，将责怪化成了感激，自然令学生在摆脱尴尬的同时又羞愧不已。

2. 顺势而为

依据当时当场的势态，对对方的尴尬之举加以巧妙解释，使原本只有消极意味的事件转而具有积极的含义。

有一次县教委的一些同志来学校听课，校长安排 1 班的李老师讲课，这下可使李老师犯难了。他既怕课讲得不好，又忧虑有的学生答问题时成绩不佳，有失面子。

课上，他重点讲解了词的感情色彩问题。在提问了两位同学取得良好效果后，接着提问县教委单位领导的"公子"："请你说出一个形容 ××× 的美丽的词或句子。"

或许是课堂气氛紧张，或许是严父在场，也可能兼而有之，这位"公子"一时为难，只是呆站着。

李老师和那位领导都现出了尴尬的脸色。瞬间，这位老师便恢复正常，随机应变地讲道："好，请你坐下，同学们，×× 同学的答案是最完美的，他的意思是说这个人的美丽是无法用文字和语言来形容的。"

这一妙解为县委领导"公子"尴尬的"呆立"赋予了积极的意义，使他顺利下了台阶，而李老师本人和那位领导本人也自然摆脱了难堪。

3. 将过错推给不在现场的第三者

故意将对方的责任归于不在现场的他人，主动地为对方寻找遮掩不妥行为的借口。

一位女顾客在某商场给丈夫购买了一套西服，回家穿后，丈夫不大喜欢这种颜色。于是，她急忙包好，干洗后拿商店去退货。面对服务员，她说那件衣服绝没穿过。

服务员检查衣服时，发现衣服有干洗的痕迹。机敏的服务员并没有当场找出证据来拆穿她，因为服务员懂得一旦那样，顾客会为了顾及自己的面子而死不承认的。这位服务员就为顾客找了一个台阶。她微笑着说："夫人，我想是不是您家的哪位搞错了，把衣服送到洗衣店去了？我自己前不久也发生过这类事，我把买的新衣服和其他衣服放在一起，结果我丈夫把新衣服送去洗了。我想，您大概也碰到了这种事情，因为这衣服确实有洗过的痕迹。"

这位女顾客知道自己错了，并且意识到服务员给了她台阶下，于是不好意思地拿起衣服，离开了商场。

4. 将尴尬的事情严肃化

故意以严肃的态度面对对方的尴尬举动，消除其中的可笑意味，缓解对方的紧张心理。

第二次世界大战时，一位德高望重的英国将军举办了一场祝捷酒会。除上层人士之外，将军还特意邀请了一批作战勇敢的士兵，酒会自然热烈隆重。没料想，一位从乡下入伍的士兵不懂酒席上的一些规矩，捧着面前的一碗供洗手用的水喝了，顿时引来达官贵人、夫人小姐的一片讥笑声。那士兵一下子面红耳赤，无地自容。此时，将军慢慢地站起来，端着自己面前的那碗洗手水，面向全场贵宾，充满激情地说道："我提议，为我们这些英勇杀敌、拼死为国的士兵们干了这一碗。"言罢，将军一饮而尽，全场为之肃然，少顷，人人均仰脖而干。此时，士兵们已是泪流满面。

在这个故事里，将军为了帮助自己的士兵摆脱窘境，恢复酒会的气氛，采用了将可笑事件严肃化的办法，不但不讥笑士兵的尴尬举动，而且将该举动定性为向杀敌英雄致敬的严肃行为。乡下士兵的尴尬不但一扫而尽，而且获得了莫大的荣誉，成为在场的焦点人物。

能言善道，让口才为魅力加分

无论是在工作、生活，还是在商界、政界中，一个拥有出色的说话办事能力的女人都是有非凡魅力的，这种魅力足以让她吸引更多人的注意，从平庸中脱颖而出。因此，一个能言善道的女人，内心会散发出更多的优雅与自信，不但在社交场合中到处受人欢迎，获得别人的好感与赞赏，而且在个人事业上也会获得意想不到的成就。所以，女人一定要锻炼好自己的语言能力，让口才为自己的魅力加分。

1. 交谈要有好话题

当你在路上遇见一个朋友或熟人的时候，一时找不到开场白，找不到好的话题来交谈，那实在是一个相当尴尬的局面。为了你的快乐与幸福，谈话的艺术是不可不被注意的。首先要选择一个比较适合双方交谈的话题。

话题即谈话的中心。话题的选择反映着谈话者品位的高低。选择一个好的话题，使双方找到共同语言，预示着谈话成功了一半。

2. 交谈时要有好态度

常听见别人这样说："不管他多么有学问，不管他的话多么有道理，可是他的态度不好，我实在不愿跟他多谈。"这是一种普遍的情形。一个人要是没有良好的态度，别人就会讨厌他、避开他、不愿和他谈话，这样的人只会越来越被孤立，慢慢失去自己的朋友圈。

那么，什么才是良好的态度呢？

（1）对别人表示友好。如果你对人表现出不屑的神情，对他们所谈的话表示冷淡或鄙视，那么，对方与你交谈的兴致也就消失了。无论别人说的话你喜不喜欢听，同意不同意，对于他个人还是应该表示友好的，一定不要把消极的情绪写在脸上。

（2）对别人的谈话表现得有兴趣。在别人讲话的时候，要很专注地望着他，如果你东瞧西看，或是玩弄着别的小物件，或是翻弄报纸、书籍等，别人就会以为你对他的话不感兴趣。这时，交谈就不能继续，而关系也就受影响了。

（3）谦虚有礼。谦虚有礼不是一种虚伪的客套，更不是说一些不着边际的客气话。谦虚有礼，一方面真诚地尊重对方，关心对方的需要，尽力避免伤害对方；一方面严格要求自己，能对自己的意见与看法带着一种"可能有错"的保留态度，虚心听取别人的意见。

（4）轻松、快乐、富有幽默感。真诚温暖的微笑、快乐生动的目光，舒畅悦耳的声调，就像明媚的阳光一样，可以使谈话进行得生动活泼，使大家谈笑风生、心旷神怡。

富有幽默感的人，常常能使人群充满欢声笑语，有时，一个笑话或是一两句妙语，就能驱散愁云，消除敌意，化干戈为玉帛。

3. 交谈要恰到好处

交谈要恰到好处，就是说既要不卑不亢，又要热情、谦虚，富有幽默感，这样的谈吐才能给别人留下深刻的印象。

谈话时不盛气凌人，不自以为是。即使你是一个很有学识的人，也不要轻视别人，而要用心倾听别人的意见。更何况"智者千虑必有一失，愚者千虑必有一得"，别人的意见不见得完全不可取，而自己的意见也不见得全都可取。如果你总是以高人一等的口吻说话，好像处处要教训别人，这样只会引起别人的反感。反过来，交谈时有自卑感也是不可取的。一个对自己没有信心的人，是难以得到别人的重视和信任的。比如在谈话时，你处处都表现得畏畏缩缩，或者显出一副未经世事、幼稚无知的样子，这也是很糟糕的。

女人在交谈时态度诚恳、亲切，是会受人重视的。如果你碰到一个油腔滑调、说话不着边际的人，你一定会觉得非常不舒服，甚至会反感。因此，在社交的谈话中须特别注意端正态度。好的口才不仅能够营造一个好的沟通氛围，也能更巧妙地展现出自己的魅力。

不会说赞美的话，就学会倾听

倾听是一种动听的语言，倾听是对别人最好的一种恭维，很少有人拒绝接受专心倾听所包含的赞许。刚踏入社会的女人，如果你不能像别人那样，说出很多赞美的话，让对方开心，也可以做一个会倾听的女人，善于倾听，就会让你处处受欢迎。倾听同样可以让你成为一个有魅力的女人。因为懂得倾听的女人，能够给予别人足够的重视，让对方感受到心理上的满足。另外，懂得倾听的女人，往往表现出大度与接纳，散发出女人特有的温情魅力，更容易受到倾诉者的欢迎。

1. 倾听时要有良好的精神状态

良好的精神状态是倾听的重要前提，如果倾听者精神萎靡不振，是不会取得良好的倾听效果的，它只能使沟通质量大打折扣。良好的精神状态要求倾听者集中精力，随时提醒自己交谈到底要解决什么问题；听话时应保持与谈话者的眼神接触，但对时间长短应适当把握。如果没有语言上的呼应，只是长时间盯着对方，那会使双方都感到局促不安。

2. 使用开放性动作

开放性动作是一种信息传递方式，代表着接受、容纳、兴趣与信任，意味着控制自身的偏见和情绪，克服思维定式，做好准备积极适应对方的思路去理解对方的话，并给予及时的回应。

热诚地倾听与口头敷衍有很大区别，前者是一种积极的态度，传达给他人的是肯定、信任、关心乃至鼓励的信息。

3. 及时用动作和表情给予呼应

作为一种信息反馈，沟通者可以使用各种对方能理解的动作与表情，表示自己的理解，传达自己的感情以及对于谈话的兴趣。如微笑、皱眉、迷惑不解等表情，给讲话人提供相关的反馈信息，以利于其及时调整。

4. 适时适度地提问

沟通是为获得信息，是为了知道彼此在想什么，要做什么，通过提问可获得信息，可以从对方回答的内容、态度等其他方面获得信息。因此，适时适度地提出问题是一种倾听的方法，它能够给讲话者以鼓励，有助于双方的相互沟通。

5. 要有耐心，切忌随便打断别人讲话

有些人话很多，或者语言表达有些零散甚至混乱，这时就要耐心地听完他的叙述。即使听到你不能接受的观点或者某些伤害感情的话，也要耐心听完，听完后才可以表达你的不同观点。当别人流畅地谈话时，随便插话打岔，改变说话人的思路和话题，或者任意发表评论，都是一种没有教养或不礼貌的行为。

在别人伤口上撒盐，苦的是自己

女人在说话时，经常会因口无遮拦而触碰到别人的痛处，为自己的人际关系埋下隐患。赞美人本应算好事，但若心直口快，犯了忌讳，好事也会变成坏事。即使赞美者和受赞者关系十分密切，也要注意，不能一时兴起就不管三七二十一了，别人有点错误，就揪住不放；如果牙尖嘴利地在别人伤口上撒盐，最后吃不了兜着走的可能是你自己。

郭经理和杨经理很要好，志趣相投，无所不谈，甚至对方的忌讳也是酒后茶余的谈资。

在一次宴会上，郭经理有点儿喝多了，为了表达对杨经理曲折经历和能力的敬佩，他举起酒杯说："我提议我们大家共同为杨经理的成功干杯！总结杨经理的曲折历程，我得出一个结论：凡是成大事的人，必须具备三证！"

接着郭经理提了提嗓门答道："第一是大学毕业证；第二是监狱释放证；第三是离婚证！"

话音刚落，众人哗然，杨经理硬着头皮，脸色铁青喝下了那杯苦涩的酒。这"三证"中的两证无疑是杨经理的忌讳，他不想让更多的人知道，也不想让人们议论，但郭经理与他太好太熟太没有界限了。

这则故事警示我们，在称赞与自己关系很好的人时，如果是当着其他人的面，千万不要触犯他的忌讳，毕竟我们每个人都不愿意提那些不愉快的事情。

但是有的人口齿伶俐，在交际场上口若悬河、滔滔不绝，假若口无遮拦，说错了话，说漏了嘴，也是很难补救的。故说话应讲究"忌口"，否则，若因言语不慎而让别人下不了台，或把事情搞糟，是不礼貌的，也是不明智的。

女人，说话之前一定要三思而后行，在与人交谈时必须注意以下几点：

（1）不要当众揭人的短。谁都不愿把自己的短处或隐私在公众面前"曝光"，一旦被人曝光，就会感到难堪而恼怒，甚至会迁怒于人。因此在交往中，如果不是为了某种特殊需要，一般应尽量避免接触这些敏感区，以免使对方当众出丑。必要时可采用委婉的话暗示你已知道他的错处或隐私，让他感到有压力而不得不改正。知趣的、会权衡的人只需"点到为止"，一般是会顾全他人的脸面而悄悄收场的。当面揭短，对方说不定会恼羞成怒，或者干脆要赖，令局面难堪。至于一些纯属隐私、非原则性的错，最好的办法是装聋作哑，权当不知道，千万别去追究。

（2）不要故意渲染和张扬对方的失误。在交际场上，人们难免碰到这类情况：讲了一句外行话，念错了一个字，搞错了一个人的名字，被人抢白了两句等，对方本已十分尴尬，生怕更多的人知道。作为知情者，一般说来，只要这种失误无关大局，你就不必大加张扬，故意搞得人人皆知，更不要抱着幸灾乐祸的态度，拿人家的失误做笑料，显示你的聪明。因为这样做不仅对你无益，而且还会伤害对方的自尊心，你就可能多了一个怨敌，少了一个朋友。同时，这也有损你自己的社交形象，人们会认为你是个刻薄饶舌的人，会对你反感、有戒心，因而敬而远之。所以渲染他人的失误，实在是一件损人而又不利己的事。

（3）给别人留余地就是给自己留余地。在社交场合中，有时会遇到一些竞争性的文体活动，比如下棋、乒乓球赛等，尽管只是一些娱乐性活动，但人的竞争心理总是希望自己成为胜利者。一些"棋迷""球迷"就更是如此。有经验的社交者，在自己取胜把握比较大的情况下，往往不会把对方搞得太惨，而是适当地给对方留点儿面子，让他也胜一两局。尤其在对方是老人、长辈的情况下，你若图一时之快，让他狼狈不堪，丢了面子，有时还可能引起意想不到的后果，让你难以应对。

其实，只要不是正式比赛，作为交流感情、增进友谊的文体活动，又何必酿成不愉快的局面呢？在其他事情上也一样，集体活动中，你固然多才多艺，但也要给别人一点儿表现自己的机会。口下留情，脚下有路，不要轻易在别人的伤口上撒盐，不然最终苦的是自己。

从话里听出话外音

有些话，女人有时需要细细揣摩，不然就会给自己带来不必要的困扰。有些人有很强的自尊心，有时候喜欢通过说些客套话来提升一下自己在别人心目中的形象。如果你不能从他们的场面话里听出其真实的意图，或者天真地把客套话信以为真，就可能经常曲解他们的意思，使自己处于被动的地位。如果对那些场面话抱有太大的希望，时时放不下，就会影响自己的心情。比如，一个小气的男同事，经常抛出社交辞令客套邀约："哪天我请大家吃饭！"如果你真对这顿饭抱有希望，最终必然会失望。

不过，有时候客套话也是一种生存智慧，不仅男人需要说，女人也应该会说。但前提是，只有你听懂了他们的场面话，才能充分利用，最终皆大欢喜，否则便常常会被客套话伤害。

雪华毕业后在外地某中学教书，她一直想找机会调回本市，一天她的一个好朋友告诉她，市一中正好缺一个语文老师，看她能不能调回来。雪华东打听西打听，还真打听到有一个远房亲戚在市教育局上班，虽然不是一把手，但还是能"说上话"的，于是她拿了点东西便去拜访这位从未谋过面的亲戚。

他看上去还挺斯文的，不愧是文化部门的，对雪华也很热情，当面拍胸脯说："没问题！"雪华一听这话，便高高兴兴地回去等消息，谁知几个月过去，一点消息也没有，打电话过去，他不是不在就是正在开会。后来那个朋友告诉她，那个位置早已被别人捷足先登了。雪华一听这话，非常生气地说："自己没本事你早说啊，我还可以想别的办法，这不是害我嘛！"事实上，那位亲戚只不过说了一句场面话，雪华却信以为真了。

客套话有的是实情，有的则与事实有相当的差距。听起来虽然不实在，但只要不太离谱，听的人十之八九都会感到高兴。诸如"我全力帮忙""有什么问题尽管来找我"等，人们经常把这些话挂在嘴边，因为他们觉得，当面拒绝别人自己会很没面子，所以用客套话先打发，能帮忙就帮忙，帮不上或不愿意帮忙就再找理由。

因此，对于人们拍胸脯答应的场面话，你只能持保留态度，以免希望越大，失望也越大。因为人情的变化无法预测，你测不出他的真心，只好先做最坏的打算。

总之，对于别人的客套话，一定要保持清醒的头脑，否则可能会坏了大事。对于称赞、同意或恭维的场面话，也要保持冷静和客观，千万别因别人的两句话就乐过了头，从而影响你的自我评价。要知道，客套话里有门道，女人不要太计较，不然最后受伤害的还是自己。说场面话只是一种交流技巧，会听才是大智慧。

委婉含蓄，学点语言"软化"术

刚刚踏入社会的女人，还没有摆脱校园里的学生气，有时说话直来直去，认为直言快语就是真诚，就能受欢迎，其实这样很容易碰钉子，甚至好心却办了坏事。善解人意的女人，往往会绕开中心话题和基本意图，委婉含蓄地表达自己的想法，避免一些不必要的阻力，从而达到理想的交际效果。

委婉是指在讲话时不直陈本意，而用委婉之词加以烘托或暗示，让人思而得之，而且越揣摩含义越深越远，因而也就越具有吸引力和感染力。委婉含蓄的说话艺术，能有效地避免由于生硬和直率带来的各种弊端，让你的人际往来更加顺畅。

现代文学大师钱钟书先生，是个自甘寂寞的人。居家耕读，闭门谢客，最怕被人宣传，尤其不愿在报刊、电视上扬名露面。他的《围城》再版以后，又拍成了电视，在国内外引起轰动。不少新闻机构的记者，都想约见采访他，均被他执意谢绝了。一天，一位英国女士，好不容易打通了他家的电话，恳请让她登门拜见他。他一再婉言谢绝没有效果，就妙语惊人地对英国女士说："假如你看了《围城》，像吃了一只鸡蛋，觉得不错，何必要认识那只下蛋的母鸡呢？"洋女士终被说服了。

钱先生的回话，不仅无懈可击，又引人领悟话语中的深意，令人格外敬仰。

可见，委婉含蓄主要具有如下三方面的作用：第一，人们有时表露某种心事，提出某种要求时，常有种羞怯、为难心理，而委婉含蓄的表达则能解决这个问题。第二，每个人都有自尊心。在人际交往中，对对方自尊心的维护或伤害，常常是影响人际关系好坏的直接原因；而有些表达，如拒绝对方的要求，表达不同于对方的意见，批评对方等，又极容易伤害对方的自尊。这时，委婉含蓄的表达常能实现既达成任务，又能维护对方自尊的目的。第三，有时在某种情境中，例如碍于某第三者在场，有些话就不便说，这时就可用委婉含蓄的表达。

这便是说话委婉含蓄的美妙之处。

使用委婉含蓄的话时要注意，委婉含蓄不等于晦涩难懂，它的表现技巧是建立在让人听懂的基础上的。如果说话晦涩难懂，便无委婉含蓄可言；如果使用委婉含蓄的话不分场合，便会引起不良后果。运用方圆之道，要切记掌握好语言的"软化"艺术。

说话别说绝，给别人留点儿余地

日常生活中，有许多女人守不住自己的嘴巴，为了一吐为快，不顾别人的感受，也不管别人能否接受，就把一些不中听的话抛给别人。殊不知，这么做已经严重地伤害了别人，为拓展人际关系筑起了一堵高高的墙。

刘丽是个很自律的女人，但她的几个同事举止随便，嘻嘻哈哈，刘丽很看不惯他们的行为。

一次，正下着雨，一名女同事想出去办点事，拎起刘丽的伞就走。刘丽心想："怎么不打招呼就拿人家的东西，太欺负人了！"

她勉强忍住气说："你好像拿错了伞吧？"

女同事大大咧咧地回答："我忘了带伞，只好借你的用一下。"

"你好像没跟我说'借'。"刘丽气愤地说。

"哎哟，还用得着说'借'吗？我的东西还不是谁爱用就用！"

刘丽冷冷地说："借我的东西就得说'借'，我不同意，谁也不准拿！"

没想到，这件小事使刘丽的处境发生了很大的改变，那几位同事再也不愿意理她，不知情的领导经常提醒她注意搞好同事关系，根本不听她的解释。

刘丽常常愤懑不平地想："我只不过是为了维护自己的权利，难道这也错了吗？"

在工作和生活中，我们经常会遇到一些人，说对不起自己的话或做对不起自己的事。这时，我们应当怎么办呢？

1. 委婉地提醒对方

当同事、朋友、亲人说了一些对不起自己的话时，可以旁敲侧击、委婉地提醒对方，给对方造成一定的心理压力，让对方意识到自己的过错，但要把握一个度，点到为止。

2. 用客气、礼貌的言语感染别人

生活中，有些人在言语方面没有太多的忌讳，想说什么就说什么。当遇到这种人时，没有必要用过于激烈的言语讽刺对方，这样很可能出现不愉快的场面，甚至有大打出手的可能。此时，可以用客气、礼貌的言行感染对方，让对方意识到自己的过错。

人生好比行路，总会遇到道路狭窄的地方。每当此时，最好停下来，让别人先行一步。如果心中常有这种想法，人生就不会有那么多抱怨了。

经常让人一步，别人心存感激，也会让你一步。事事不肯让人，别人心怀怨恨，就会设法阻碍你、损伤你。即使一条大路摆在你面前，也是充满障碍的。

人与人之间往往是心与心的交往，诚心换来的是真情，坏心换来的是歹意。如果每遇到令自己不平之事，就要动用那伶牙俐齿，硬要把别人斗败不可，在言语上不给别人留任何余地，这样的人是不能在社会上立足的。

其实，人都是有感情的动物，为别人留了情面，别人自然会处处为你着想，不定在什么时候就会还一个人情给你。所以，女人在与人相处时一定要注意说话的方式，要随时随地给别人留点儿余地。

·第三章·

心中有尺，智慧女人说话有分寸

不该说的"四话"

传说王安石的儿子王元泽从小口齿伶俐，常常以惊人妙语博得四座叫绝。有一次，客人要考他，指着厅里的笼子问他，人家都说你聪明，告诉我，这笼子里关的两只兽，哪是鹿，哪是獐？王元泽从未见过这两种动物，便发挥口才，说道："獐旁边的是鹿，鹿旁边的是獐。"果然博得满堂喝彩。

其实，王元泽在这里答非所问，算不得高明，充其量是要点小聪明而已。他根本没有见过这两种动物，不肯承认无知，又卖口乖，可谓"说风"不正。

说话禁忌多，而常有人犯说假话、说大话、说空话、说套话的错误，对此我们不能掉以轻心。

1.不说假话

我国人民历来赞颂说真话的美德，反对说假话。《韩非子·外诸说左上》中关于曾子教子的故事，流传至今。

曾子的妻子要去市集，孩子哭着也要跟去。曾子的妻子哄他说，你在家等着，等回来给你杀头猪吃。等妻子回来后，曾子为了让孩子相信母亲的诺言，把妻子开玩笑说的话付诸实施，将猪杀了，维护了母亲诚实的形象。

曾子的妻子是有意骗孩子吗？恐怕未必。但起码可以说，她没有意识到这种哄孩子的教育方式有多么深的危害性。一次谎话可以使孩子从小沾染不必负责这种不良习气。曾子的行动虽近乎愚拙，也未必有效，但他坚持了最可贵的精神——不说假话。

一个不说真话的人事实上是不能与人沟通、交流的，即使在一段时间内可能获得某种交际效果，但最终还是要付出代价的。

然而，在现实生活中，说真话不是任何人在任何情况下都能办到的，特别是在交际环境不正常时更是如此。

有时，说话人受某种环境的制约，在进行言辞表达时，也可能在"真实"上打一些折扣。应当说，这是一种说话的策略，与我们所强调的真实性原则是有区别的。

2. 不说空话

吹肥皂泡是孩子喜爱的游戏，一个个大大小小的肥皂泡，在阳光下闪耀着五彩的光泽，随风飘荡，异常美丽，但升不了多高，就一个接一个破了。因此人们常常把说空话比作吹肥皂泡，实在恰当不过了。空话总是充塞着各种动听、虚幻而迷人的词句，却没有半点实在的内容，迟早会被揭穿。

有一次，列宁参加一个会，议题是讨论关于彼得格勒的工业恢复计划的问题。人民委员施略普尼柯夫做这一问题的报告时，用了许多美丽动听的词句，描绘出一幅十分诱人的前景。做完报告后，洋洋自得的施略普尼柯夫认为那些精彩的演说词必定会受到列宁的称赞。可是列宁却向他提了几个问题：目前在彼得格勒有哪家工厂生产钉子？产量多少？纺织厂的原料和燃料还能保证用多少天？这些简单的问题把做报告者问得张口结舌，只好老老实实承认没有下去看过。列宁批评说："谁需要你们那些大吹大擂毫无保障的计划？针线、犁、纺织品在哪里？你们如何为农村保证生产出这些东西？你不能回答这些问题，原因只有一个，就是实际的计划工作被你们用漂亮的言辞和废话代替了，这是欺骗。"

3. 不说大话

为了让人留下印象而夸大事实，常常反倒造成了负面印象，因为真相迟早都会被揭穿。

甲用暴发户的口气告诉乙："我把100元大钞往柜台上一扔，要店员把领带给我包好。"

乙听了禁不住想笑，因为当时他也在场，知道店家还找了甲30元，此君的说法非但有违事实，竟还大言不惭地说自己将钱扔在柜台上，对店员颐指气使，实在俗不可耐到了极点。

说话的态度可显示我们的修养，客观说话正是品质的表现。

4. 不说套话

还有一种令人反感但又常听到的话就是套话，我们也要坚决杜绝。

长期以来，形式主义的恶习禁锢着一些人的头脑，他们惯于用一些现成的套话来代替自己的语言，用一些流行的名词代替自己的思想，三句不离口号，颠来倒去几个名词，既没有思想性，又没有艺术性。前些年，有人做报告一开口就是"国内形势一片大好"，然后就是社论式的语言，结尾又离不开"奋勇前进""争取胜利"之类的话，由于没有切实生动的内容，没有独特的语言，使人感到单调干瘪。

苏联的教育家加里宁曾讽刺过那些说套话的人，他说："什么叫作现成话呢？这就是说，你们的脑筋没有起作用，而只是舌头在起作用。说现成的套话不能使人产生印象。为什么呢？因为这话用不着你们说，大家也知道了。你们害怕若按照自己的意思来讲话，那就会讲得不漂亮，其实你们错了。"

总之，"四话"危害性很大，它们使人沉浸在一种夸夸其谈的恶劣氛围中，如果"四话"不除，很难锻炼出良好的口才。

不揭他人短，给人留台阶

世界上没有十全十美的人，每个人总有自己的弱点、缺点或污点，在谈话时一定要避开对方所忌讳的短处，因为忌讳心理人皆有之。如果在交际场合揭人家短处，轻则遭人冷眼，重则可能引发事端，祸及自身。

老任身材高大、外形俊朗，美中不足的是中年微秃。虽然这纯属白玉微瑕，老任却深以为憾。如果有人戏说他"怒发难冲冠"，他准会茶饭无味，三天三夜难以入睡；即使在他面前无意中说"这盏灯怎么突然不亮了"或"今天真是阳光灿烂"等话，这位平素温文尔雅的知识分子也会愤然变色，有时竟至于怒目圆睁，拂袖而去，弄得说话者莫名其妙，十分尴尬。

这使人联想到鲁迅笔下的阿Q。阿Q惯用精神胜利法安慰自己，因而少有耿耿于怀之事。别人欺他、骂他、打他，他都善于控制自己，心理很快会平衡，唯独忌讳别人说他"癞"，因为他头皮上确有一块不大不小的癞疮疤。只要有人当着他的面说一个"癞"字，或发出近于"癞"的音，或提到"光""亮""灯""烛"等字，他都会"全疤通红的发起怒来，估量了对手，口讷的他便骂，力小的他便打"。

其实，不仅老任和阿Q如此，忌讳心理人皆有之。当过长工、后来揭竿而起并终于称王的陈胜就忌讳别人说他是庄稼汉出身。有几位患难弟兄在陈胜面前不知趣地提起"有损领袖形象"的往事，结果招来杀身之祸。你看，陈胜的忌讳心理是多么强烈，这几位患难弟兄因不谙忌讳之术而丢了脑袋又是多么可悲！

摩洛哥有句俗语叫："言语给人的伤害往往胜于刀伤。"这是实情。同事之间为搞好关系，不要揭人短处。

揭短的言语不论是对人或对事，都会让人受不了的，会使人际关系出现阻碍。同事们宁可离你远远的，免得一不小心被你的直言直语灼伤；即使不能离你远远的，也要想办法把你赶得远远的，眼不见为净，耳不听为静。

一天，在公司的集会中，张先生看到一位女同事穿了一件紧身的新装，与她的胖身材很不相称，便直言直语道："说实话，你的这件衣服虽然很漂亮，但穿在你身上就像给水桶包上了艳丽的布，因为你实在是太胖了！"

女同事瞪了张先生一眼，生气地走开了，从此再也没有理过他。

揭短犹如一把利剑，在伤害别人的同时，也会刺伤自己。

俗话说"打人不打脸，骂人不揭短"。人既是最坚强的，也是最脆弱的。尤其是当一个人觉得他的自尊受到伤害，他将要颜面扫地时，他的潜能就会爆发出来，他会死要面子，死"扛"到底。因此，在说话交谈时，必须注意不能揭他人伤疤。

传说清朝乾隆年间，杭州南屏山净慈寺有一名叫诋毁的和尚。人如其名，这和尚聪明机灵，又心直口快，常常议论天下大事，指点江山、激扬文字，少不了对朝政指指点点，而且有什么说什么，想讲就讲，想骂就骂。

后来，乾隆下江南时来到杭州，听说了此人。乾隆心中不悦，暗想：天下竟有如此狂妄之人，我去会会他，只要让我抓住把柄，我就狠狠地治治他。

于是，乾隆便乔装打扮一番，扮作秀才模样来到了净慈寺。

乾隆找到诋毁和尚，相互寒暄一番。忽然，乾隆看见地上有一些劈开的毛竹片，便随手捡起一片问道：

"老师父，这个叫什么呀？"

按照当时的说法，这种竹片叫"篾青"，就是"灭清"的谐音。诋毁刚想回答，觉得有点不对劲，再看看眼前这位秀才，气宇轩昂，不像是个普通的秀才，于是眼珠一转，答道：

"这个我们都叫它竹片。"

乾隆一听，心中赞叹：好个竹片，和尚你有两下子。但乾隆不甘心，随即将竹片翻过来，指着白的一面问：

"老师父，这个又是什么呢？"

"这个嘛……"诋毁心想，若回答"篾黄"又是"灭皇"的谐音，肯定不妥，便改口道："噢，我们管它叫竹肉。"

乾隆又失败了。

从这个小故事中我们可以看出诋毁和尚的机智。其实每个人都一样，如果多注意回避他人忌讳的东西，就能省去很多不必要的麻烦。

凡是弱点、缺点、污点，一切不如别人之处都可能成为忌讳之处。总结起来，有3个方面一定要多加注意。

1. 丑陋之处

人人都有爱美之心，不幸的丑陋者和残疾者大多有自卑感，不愿听到跟自己的短处有关的话题。谢顶者忌说"亮"，胖子忌说"肥"，矮子忌说"武大郎"，其貌不扬者忌说"丑八怪"，跛子忌说"举足轻重"，驼背忌说"忍辱负重"，等等。这种完全正常的心理应该得到充分理解。

有生理缺陷的人本来就很痛苦，如果再被别人拿来取乐，会给他们造成很大的伤害，这样很容易激怒他们。比如有的人很胖、有的人很瘦、有的很高、有的又很矮、有的人长得很丑等等。这些本是有目共睹的事实，别人不提也罢，但是如果以讥讽的口气当众指出，就会使人感到难堪，产生不满。

报上曾有过一则新闻：一位女中学生，只因为有人说了她一声"胖女人"，羞愧至极，竟绝食身亡。

有时候，说话者由于不小心而在言辞中触及他人的生理缺陷，人家虽然当面没对你发火，但心里却在记恨你。

有些人因不明情况而在谈话内容中无意触到对方短处，还情有可原，因为不知者不为罪，可有人偏偏口下无德，爱揭人短处。

这种人，时时处处注意他人的生理短处，拿来取笑，可也要小心自己有把柄被别人抓住，后患无穷。即使伤了别人，对自己也不见得有多少好处，还是少说这类话为佳。

2. 失意之处

人生在世，总希望自己能一帆风顺、有所作为，实现人生的价值。但是，月有阴晴圆缺，人难免有失意之处，或高考落榜，或恋爱受挫，或久婚不育，或夫妻反目，或就业不顺利，或职称评不上，诸如此类的失意之处暂时忘却倒也轻松，有人有意无意提起就使人心灰意懒，沮丧不已。万事如意、踌躇满志之人则多以昔日的失意为忌讳，生怕传播开去，有失脸面。

3. 痛悔之事

人的一生中免不了要犯这样或那样的错误，而一旦认识到错误便会痛悔之至，以后一想起自己曾犯过的错误就自觉脸上无光。犯过品质错误（如曾有偷窃行为或生活作风问题）者更是讳莫如深，如果听到有人说起类似的错误，就会有芒刺在背、无地自容之感。

在人生道路上人人都难免失足、犯错误，只要改了就好。有些问题一旦改正了，成了历史，当事人就不愿意提及这不光彩的一页，更不希望有人拿它当话把儿，到处去说。如果有人拿这些问题做文章，就等于在人家伤口上撒盐，就有损于人家的名誉，这也是不能容忍的。

有一位青年工人，小时候不懂事，曾犯过错误被劳教一年。从此他接受教训，参加工作后，严格要求自己，积极工作，多次受到表扬，后来当上了车间的一个组长。可是有人不服气、不服管。有一次，小许在工作中私自外出被他发现，便提出批评。小许不服气，揭人家的短说："你是多大个官呀？还想管我？一个劳教释放犯，哼！"要是说别的他也许并不急，可是揭过去的疮疤他就急了，火气十足地说："你再说一遍！""我就说，劳教释放……"没等他说完，组长的拳头就打了上去。

翻人家的污点，触及人家的短处，不管是有意还是无意，对己对人都是不利的，我们在交际时应该小心这一点。

滑稽 ≠ 幽默

很多研究表明，在演讲中运用幽默是有益处的。最重要的一点是听众喜欢具有幽默感的演讲者，也许听众不会自动将演讲者的话视为真理，但是他们会更乐意接受演讲者所传达的信息。

将幽默巧妙地融入演讲，能把听众的注意力吸引到主要观点上。社会学研究表明：人们对于融入笑话或者逸事中的信息的记忆时间要长于对于纯粹信息的记忆时间。许多演说家追求的理想境界是将观点融入一个笑话中，当听众记住这个笑话并将它讲给别人听时，他们会很自然地记住其中的观点。

因此一个初次登台演说的人，常认为自己应该像一个演说家那样带有幽默性，即使他在平时言行庄严，但是，当他站在讲台上要讲话的时候，一开始就想先讲一则幽默故事，尤其是在饭后举行演讲时，更易发生这种情形。结果，他自以为十分得意的作风，竟会使听众感觉到像读字典一样乏味，他的故事根本不会引起人家的兴趣。

遗憾的是有很多人把滑稽与幽默混为一谈，其实滑稽和幽默是不同的。滑稽是一些笑话或有趣的动作等，而幽默是一种更高层次的智慧积淀。那些在马戏团、喜剧俱乐部或者议会工作的人具有滑稽的天赋。但是我们都知道，一个具有幽默感的人甚至可能不会讲笑话。他不会使你开怀大笑，但是能让你感到气氛很友好，博得你的浅浅一笑。这恰好是你在演讲中应努力达到的境界。你要学会在演讲中运用幽默感，而不是用笑话展现自己滑稽的一面。

你听说过哪一个演讲者以一个毫无意义的笑话开始他的演讲？如果演讲者在演讲开始讲一个毫无意义、毫不相关的笑话，听众会有什么反应呢？可能这个笑话很滑稽，你会开怀一笑。即使是这样，这个笑话也只是分散一下听众的注意力，因为它对演讲毫无帮助，只是在浪费时间。

另一种糟糕的情况是听众对演讲者讲的笑话没有反应，这称作笑话的"炸弹效应"。听众都明白演讲者的意图，试图展现滑稽的一面，但是没有人回应，这时演讲者会在一片寂静中感到很紧张，听众也会感受到这种紧张的气氛（听众甚至会看到演讲者脸上渗出的汗珠）。在这种情况下，演讲者就陷入笑话炸弹效应的尴尬境地中了，而且很难摆脱。

一个舞台上的演员，如果他对观众说了几则自以为幽默而实际上乏味的故事，他立刻会被喝倒彩并驱逐下台。当然，演讲台下的听众要文雅得多，他们比较具有同情心，但是他们虽然被同情心驱使勉强在表面上克制着，或不至于对演说者发出嘘嘘声，心里却不禁要为他的演说失败而深感失望！

整个演说中，没有比让听众高兴得发笑更为困难的。幽默是一件十分微妙的事，和一个人的个性有着密切的关系，有的人生来就有这种天赋，但有的人却没有。一个没有幽默天赋的人，如欲勉强做得幽默，就如一个碧眼的人想把他的眼睛改成黑色一样。

要知道，一个故事的趣味很少含在故事本身里，故事之所以有趣，完全得看讲故事的人是怎样的讲法。100个人同讲一个幽默的故事，有99个人是要失败的。如果你确知你是一个具有幽默天赋的人，你就应该努力培养你的这份天赋，使你无论到什么地方都备受欢迎。但是，如果你的天赋不在这方面，而你硬要去学幽默，就是东施效颦、愚不可及了。聪明的演说家们从不会为了只想幽默而讲一则故事。幽默有如糕饼上的糖霜，而不是饼本身，所以只能巧妙地穿插一些在演说里面。例如，驰名美国的幽默演说家利兰，为自己定了一个规矩，在开始演说后的3分钟内绝不讲述故事，这个规矩也值得我们效法。

另外要强调的是，使用伤害性的幽默也属假作幽默之列。有的人为了表现幽默，不惜使用一些令人反感的言辞，以牺牲感情为代价，结果只会适得其反。幽默本来应该是演讲者与听众之间的桥梁，然而在此却变成了一种伤害，这不能算作是真正的幽默。

因此，首先应该尽量避免有关个人性别和种族的笑话，这是一个基本常识，很多人认为种族和性别问题是很令人反感的。能够起控制作用的不是演讲者的想法，而是听众的感受。可能有些人会很反感你讲的笑话，而这些人实际上并不是笑话的攻击对象。这里要提醒一下：有关艾滋病的笑话同样令人反感。

假如你正在听笑话，并且你是爱尔兰人，而笑话正是有关爱尔兰人的，你的感觉如何？专家们建议不要使用这种话题的笑话，但是有些人还是要冒险使用。请你牢记一点，你是想利用幽默交友，而不是树敌。

其次，你听过演讲者使用"男女混合公司"这个短语吗？演讲者可能是这么说的："我知道一个笑话，但是我不能在男女混合的公司里讲。"应避免说这个短语，因为它的使用要考虑听众的性别。如果公司中只有男性职员，演讲者可以讲这个笑话，因为它只会冒犯女性而不会使男性职员反感。

很多女性都反感黄色幽默。所以辞典中将"男女混合公司"定义为具有高雅品位和低俗品位的人的混合。通常听众不全是由低俗的人组成的，如果你总是在男女混合公司里讲黄色笑话，肯定会冒犯听众的。

最后，"讽刺"这个词起源于古希腊，在文学作品中被演化成"摧残肉体"。现在人们已经很少使用讽刺这个词了，但是这并不意味着它已经被人们完全遗忘了。那些使用大量讽刺性质笑话的演讲者的主要目的是显示他们的智慧，不幸的是，这些伤害人的话语只能表现演讲者邪恶的一面。

虽然讽刺有时可以用来有效地攻击演讲者与听众的公敌，但是这并不意味着听众可以坦然地面对讽刺。听众都知道讽刺随时会转向他们，尤其是在他们提出敏感话题的时候。面对尖刻的演讲者，听众会感觉很不自在。很多演讲者利用幽默来缓解紧张气氛，讽刺则会起到相反的作用。

那么，难道演说的开头应该严肃吗？不，如果你能够，不妨在开头先引用几句名演说家说过的话，或是谈一些涉及当时的事情使大家发笑，或是故意夸大地批评一些矛盾的事。这样的幽默，比引用那些引人发笑的故事有更多的成功机会。

引人发笑的最简便的方法，是讲一些关于你本人可笑的事件，把自己说得十分可笑，而又装得好像有些发窘，那么听众的心理，恰如见到一个人因果皮滑了一跤，或一个人正在拼命追赶他那被风吹去的帽子一般，觉得十分好笑。

瞅准对象说好话

讲话的目的是让别人听，要使人家能听懂、听清、听进去，你就应该注意说话的对象。

每一个人在社会中都扮演着一些不同的角色，而不同的角色使人在心理上、在意识上等方面有一些不同的特点，而由此又决定了人们对于语言表达的内容、方式的选择和接受的某些取向。

正因为如此，同一个意思，不同的人可能就会采取不同的表达方式，而我们这里尤其要强调的是同样一句话，不同的人听来，会有不同的甚至是截然相反的反应。

这样，说话要看对象就成了口语交际中必然而又重要的要求了。如果忽略了或无视这一要求，就必然会给交际带来不好的影响，甚至还会使交际无法正常进行。

人与人之间的差别是多方面的，就口语表达和接受而言，最大的现实差别主要有以下几个方面，而口语交际中的"不看对象"，也主要表现为对以下一些方面的"不注意"。

1. 不注意年龄差异

我们经常可以发现，小孩之间的吵架常常是互相诋毁导致的。

"阿军，你为什么又跟小亮打架呢？"妈妈问道。

"谁叫他骂我是个秃子！"阿军愤愤地说。

"你长得真像个包子！"一个小男孩对旁边的女孩说。

女孩马上反驳道："你以为你长得美呀，哼，芦柴棒一根！"

年龄的不同，会导致听话者对话题反感的程度不同。像小孩，你就不能指责他；而对于老人，最忌讳提及"死"字。

2. 不注意语言差异

世界上有许多种语言，受各方面因素的限制，大部分人只能掌握和运用本国或本民族的语言。即使是本国或本民族语言，还存着方言不同的问题。如汉语，使用它的人遍布全国各地，但每个地区都有自己的方言，这给口语交际带来了极大不便。同样的话在不同的地区可能会有不同的意思，所以说，交谈时要注意对象在语言上的差异。

有些人不注意这一点，在不同地域的人面前也用方言，结果闹出笑话，有时候甚至会产生不良后果。

有这样一个笑话，说是有个广州人在北京排队买东西，他对站在最后的一位女青年说："同志，你最美（尾）吧？"结果，那个女青年白了他一眼。那个广州男子见她不出声，就顺口又说一句："我爱（挨）你站着！"这一下可把那个女青年惹火了，劈头盖脸就骂："你这个人怎么回事，想要流氓吗？大白天的，又不认识你，什么'美'呀！'爱'呀！想到派出所去是不是……"那个广州人挨了一顿骂，有口说不清。后来，一位到过广州的女同志才给那个女青年解释清楚了。原来那个广州人说的是："同志，你排的是最后一个吧？"他把"最后"说成"最尾"，"尾"字和"美"字，广州人用普通话表达不容易分得清；同样，"挨"和"爱"字也容易混淆。

我们国家疆土辽阔，文字同而言语异，南人不习北语，北人不懂南话，这不仅影响了社会交际，而且每每闹些误会，令人啼笑皆非。上述故事正反映了这种现实。

可见，进行口语交际时，如果不注意交际对象在语言上的差异是会妨碍交际的。

3. 不注意文化层次差异

一位大学毕业生分到一家厂子工作，起初感觉不错，但没过几个月，发现车间主任对他越来越冷淡了，他很迷惑。后经一位好心师傅指点他才恍然大悟，原来他在学校待惯了，说话爱用些术语，像什么"最优化方案""程序化""目标管理"等，而车间主任只上过技校，最烦别人在他面前咬文嚼字、卖弄学识。

到什么山唱什么歌，当你与不同层次的听话者说话时，你就必须用他所具有的文化水平说话。一般来说，文化层次越高的人越喜欢用一些典雅的言辞。

4. 不注意风俗习惯的差异

由于人们所处的地域不同，所以形成了不同的风俗习惯。不同的交谈对象可能会有不同的风俗习惯。如果不注意交谈对象的风俗习惯，也可能会造成失误，影响交际。

一位美国生意人来到一家公司洽谈生意。美国客商刚走下小车，公司经理迎了上去，一句生硬的英语脱口而出："You had breakfast yet？"（您吃过早饭了吗？）

经理这一问可把美国客商问蒙了，他看了看周围的人，又拿出表看时间，很是莫名其妙。他问身边陪同的翻译人员："这家公司的先生没有邀请我吃饭呀！现在都 10 点钟了，还没吃早饭吗？"这位翻译员突然醒悟过来，连忙解释，才避免了一场误会。

原来，在西方国家，如果你问对方吃过饭没有，他们会以为你想邀请对方就餐或吃点东西。假如对方回答"还没有吃过"，你又不发出邀请，对方则会认为你在要弄他们。前文经理的"您吃过早饭了吗"本来是一句典型的中国客套话，可是外商理解不了，险些造成误会。

此例告诉我们，说话要注意区分对象，注意交际中的习俗，即使客套话也不例外。

5. 不注意心理因素

由于人们性别、年龄、经历等方面不同，造成人与人之间的心理差异。例如有人性格开朗，有人性格内向；有人是多血质，有人是抑郁质；有人爱好玩乐，有人爱好学习……这些都表现出人与人之间的心理差异。交谈时如果不注意这一点，也容易出问题。

切忌"哪壶不开提哪壶"。这是一句老话，指的是在交际中，一方提到了另一方最不想提的话题。而在日常的口语交际中，这样的人确实有不少。

哪壶不开提哪壶是极不明智的，尽管你的出发点可能并不坏，但是绝对不会有好的效果。

跟得意人谈你的失意事，他至多做表面功夫，绝不会表示真实的同情，有时也许会引起误会，以为你是请求帮助，他会预先防备，使你无法久谈。所以要诉苦应向"同病"的人去诉苦，同病自会相怜，可得到精神上的安慰，可以稍解胸中不平之气。你要谈得意事，应该向得意的人去谈，志同道合。若你涵养功夫不够，稍有得意事便要逢人告诉、自鸣得意，结果会让人骂你小人得志、笑你沾沾自喜，也许无意中引起别人的妒忌。另外，偶有不如意事，你觉得抑郁牢骚，有如骨鲠在喉，总想一吐为快，最好的办法是：得意事要放在肚里，失意事也要放在肚里，不要随便对人乱说。

总而言之，你要说话先要看准对象，他是愿意和你说话的人吗？如果不是，还是不说话为妙；这个时候，是你说话的时候吗？如果不是时候，还是沉默的好。说话的成功与失败与时机有关系，多说话未必当你是能干；少说话未必当你是呆子。

用恰当的方式说恰当的话

在交际中，如果不注意说话方式，所用的说话方式不恰当，对方就会误解你的语意。出现理解上的歧义时，可能会造成不良后果，从而影响正常交际，违背表达者的初衷。

讽刺、挖苦是一种有强烈刺激作用的表达方式。它往往是以嘲笑的口吻说出对方的缺点、不足之处，使人当众丢丑，难以忍受，轻则导致对方反唇相讥，重则大打出手，造成很恶劣的后果。

某主任如此议论他的下属："黄 × 那个人这辈子算是白活了，堂堂大学毕业生，找不上一个老婆，姑娘们见面就摇头。他写的那个文章，就像小学生作文，前言不搭后语，字还没有蜘蛛爬得好。我要是他，早找根草绳上吊了……"

黄 × 后来听到这些议论，索性在工作时一字不写，利用业余时间写小说、写报告文学。

作为工作中的上级和情感上的朋友，看到下级及朋友身上存在缺点和不足，应该正面指出来，指导他、帮助他，促使他前进，而不应该取笑他。那些总是取笑别人的人往往缺乏自信心，对前途有一种恐惧感，害怕别人看不起自己，因而借取笑别人来释放心中的压抑，试图提高自身的地位。岂不知，这样做恰恰破坏了自我形象，引起他人的反感与对立。

因此，讽刺、挖苦的表达方式不可轻易使用。粗俗谩骂的说话方式也应该予以摒弃。

说话要讲究文明礼貌，这是最起码的要求。口语交际中，说话粗俗不雅、满口脏话，甚至谩骂、恶语伤人等不文明谈吐，是对他人的侮辱，是令人难以忍受的。这种说话方式往往造成不愉快的结果，影响交际，破坏风尚。

比如，在交际中发生了矛盾。有人在气急的情况下，常常骂人，口吐脏话。不管在什么情况下，谩骂都是无礼的行为，都易激怒人。

从表达的语气语调来看，说话方式还有刚柔软硬之分。一般情况下，柔言谈吐，语气温和、用词恰当，如和风细雨，听来亲切，易于被人接受，产生好感。即便是在内容上有违对方的意思，也不至于当场把对方得罪。相反，刚烈之言，语气生硬、高声大嗓，如同斥责训教，听来刺耳，使人感到难受、反感，有时甚至说话的内容并无问题，但就因使用了这种刺激人的说话方式，仍然会使人生气、发火，得罪人。

对于一个不同意自己观点的辩论对手，如果说："你这个人不可理喻！"对方必然要做出激烈的反应。

当自己的意见不被对方理解时，就生气地说："和你说话，简直是对牛弹琴！"对方会感到是一种侮辱，与你对抗。

某人要外出，找人代买一张车票，他硬邦邦地说："你给我带回一张车票，送到我家去，我要出差，听见了吗？"对方听了这口气，心里会痛快吗？他可能一句话就顶回来："对不起，我今天没有空儿。"

对一个在工作上信心不足的人，同事恨铁不成钢地说："你也太不像话了，人家能做到你为什么就做不到？你也太不争气了！"他马上会不满地接话说："你算老几呀？用你来教训我！"说完拂袖而去。

类似的生硬说法都会在不同程度上得罪人。

生硬话、愤怒话，大多是顺口而出的，没有经过推敲，因而有失分寸是很自然的事。这种语言又多是"言出怒出"，它如同烈火一般，常常起到破坏作用。

每个人都有很强的"自我意识"。在说服对方的过程中，为了不伤害对方的自尊心，就应尊重对方的"自我意识"。

很早以前就听说过，设计相同、质地相同的高级女装，价格越贵越容易销售。一家服饰店的老板讲了这样一件事。有一次，店中刚雇用不久的店员对一位正在挑选西装的顾客说道："这边是比较便宜的！"结果这位顾客突然大怒。当老板慌忙跑来之后，她又气势汹汹地说道："什么比较便宜？我又不是没钱，你太没礼貌了！"后来老板赶紧连声道歉才算了事。

这种情况不仅限于商业中，在我们与对方交流的过程中，常常因为没有考虑到对方的自尊心、虚荣心，使用了不慎重的态度或语言而导致失败。尤其是说服自尊心、虚荣心强的人时，这种情况便会成为必然。因此，说话就必须注意不伤害对方的自尊心、虚荣心，而应照顾到对方的强烈的"自我意识"，使他接受你的观点。

我们在交谈时常常会犯这样一个错误，就是当发现对方有明显的错误时，会不客气地批评对方说："那是错的，任何人都会认为那是错的！"这样一来，对方的自尊心会受到伤害，而突然陷入沉默。

批评是我们常要做的事，尤其当你是一位长辈或领导时。但我们有些人批评起来简直让他人无地自容，下不了台阶。其实，这种批评方式不但无法达到让他人改正错误的目的，而且有碍于你的人际关系。既然如此，为何还要使用这种"残酷"的手段呢？在生活和工作中，我们不可能没有批评，但要学会巧妙地批评，让他人既意识到自己的错误，并尽快改正，同时也理解你善意批评的意图，使他对你心存感激。或者批评之前先总结一下他人的优点，然后慢慢引入缺点。在他人尝到苦味之前，先让他吃点甜味，再尝这种苦味时就会好受些。

约翰找了一个就是最擅长奉承的人也无法说漂亮的女士为妻，可是几个月之后，他妻子却变得像"窈窕淑女"一般美丽，简直是判若两人。

这位女士在结婚之前，不知为什么对自己的容貌有强烈的自卑感，因此很少打扮。当时大战刚结束，物质极端贫乏，人们的穿着都很普通。当然，她也太不讲究了。不，不是不讲究，而是认识出现了偏差，认定自己不适合打扮。她有一个非常漂亮的姐姐，这也使她产生了强烈的自卑感。每当有人建议她"你的发型应该……"时，她都怒气冲冲地说："不用你管，反正我怎么打扮也不如姐姐漂亮。"她把自己的容貌未得到赞美的不满情绪转嫁到不打扮这一理由上，并且加以合理化。

到底约翰是怎样说服他的太太，使她发生变化的呢？根据他自己说，当他的太太穿不适合她的衣服时，他什么也不说，但是，当她穿上适合她的衣服时，他便夸奖说"真漂亮"；发型、饰物也是如此。慢慢地，她对打扮有了信心，对于容貌所产生的自卑感自然也消除得无影无踪了。

间接指出别人的不足，要比直接说出口来得温和，且不会引起别人的反感。不管说话目的是什么，我们都应该采取委婉的方式，这样效果会好很多。

"常有理"最终会变成"常无理"

在日常的许多事情中，没有几件是值得我们以牺牲友谊为代价来换取的。而有些人却偏偏如此做，好像他的精神和时间都不值钱，更不用说感情的损害了。除了彼此都能虚心地、不存半点成见地在某一个问题上专门讨论之外，一切的争辩都是应该避免的，即使这是一个学术性的争辩。

哲学的唯物与唯心争论了两千余年，至今胜负未分；心理学各种理论的争辩也至少有几百年历史，现在还是不分高下。你可以写书阐述你的主张，但是不可在谈话中处处争辩。才智是可敬佩的，但好胜不是。而且，你应该听过"大智若愚"吧！修养高的人，绝不肯轻易与人计较。

留心我们的周围，争辩几乎无处不在。一场电影、一部小说能引起争辩，一个特殊事件、某个社会问题能引起争辩，甚至，某人的发式与装饰也能引起争辩。而且往往争辩留给我们的印象是不愉快的，因为它的目标指向很明确：每一方都以对方为"敌"，试图把自己的观点强加于别人。

你喜欢和人争辩，是否是以为你用争论压倒了对方，就会得到很大的利益呢？你要明白，你必定压不倒对方。即使对方表面屈服了，心里也必悻悻然，你一点好处也得不到，而害处却多了。好争辩，第一，它使你损害了别人的自尊心，令人对你产生反感；第二，它使你很容易形成专去挑剔别人缺点的恶习；第三，它使你变得骄傲；第四，你将因此失掉所有朋友。

请从体育精神做起吧，输了不必引以为耻，而后竭力去学习尊重别人的意见。好胜是大多数人的弱点，没有人肯自认失败，所以一切的争辩都是没有必要的。谈话的艺术就是提醒你怎样游出这愚蠢的旋涡，更清醒地去应付一切。如果能够常常尊重别人的意见，你的意见也必被人尊重，如此，你所主张的就很容易得人拥护，而不必把精神花在无益的争辩上。你可以实现你的主张，你可以左右别人的计划，但不是用争辩的方法来获取。如果你想借某一问题增加你的学识，你应该虚心地请教，而不要企图借助争辩。请记住：争辩是一场漫漫无期的战争。

每个人的见解、主张都是经过长期的生活经验形成的，你不可能在短时间内通过一场争论改变它。因此，当你遇到与别人意见不同的情况时，一方面不要太过心急地要求别人立刻同意你的看法，应该学会理解、同情对方，容许别人做更多的考虑；另一方面也不要因别人的意见一时和自己不同，就说什么"话不投机半句多"，跟人断绝交往，闭口不说话。如果你能很礼貌又很谦虚地听取别人不同的见解、主张，必然会受到人们的欢迎和尊敬。

我们都知道推销员一般能说会道，有好的口才，但这种口才是说服客户或顾客购买自己的产品，而不是让对方承认自己说得有道理。

小王是公司的推销高手，销售业绩连续3年居公司第一，是公司公认的金口才。他刚刚从事推销时的一件事对他触动很大、影响很深。

小王公司生产的产品是一种更新替代型产品，与原有产品相比，功能加强了，售价也不高。小王刚开始去推销时，遇到的第一个顾客可能思想有点保守，接受新事物有些慢，只承认原产品好，对新产品的优点视而不见。小王不服气，他拿出新旧产品的产品说明书，两相对照给顾客讲解；同时又进行实际操作，证明新产品功能确实比旧产品好；然后进行性价比、产品生命周期对比。最终，顾客在小王的攻势下不得不承认小王说的是对的，替代产品确实比原有产品好，但顾客却没有购买新产品。

让顾客认同了自己的观点，小王成功了吗？没有，推销员应该有好的口才，口才体现在让顾客购买自己的产品，而不是让顾客不得不承认你正确。

小王正是从这件事中吸取了教训，以后经过刻苦的学习和训练，才坐上了公司推销的第一把交椅，成为公认的金口才。

切记："常有理"不是金口才，在谈话中，有输才有赢。给对方留一点空间，也就给自己留下了回旋的余地，离你的目的也就更近了。

当你觉得某些情况下不得不争论一番时，最好先问自己几个问题：

（1）这次争辩的意义何在？如果是一些根本就不相干的小事情，还是避免争论为妙。

（2）这次争辩的欲望是基于理智还是感情（虚荣心或表现欲等）？如果是后者，则不必争论下去了。

（3）对方对自己是否有深刻的成见？如果是，自己这样岂不是雪上加霜？

（4）自己在这次争论当中究竟可以得到什么？又可以证明什么？

心理学家高伯特普曾经说过："人们只在不关痛痒的旧事情上才'无伤大雅'地认错。"这句话虽然不甚幽默，但却是事实。由此也可以证明：愿意承认错误的人是少的——这就是人的本性。

开玩笑不能越过底线

开玩笑是生活的调味品。开玩笑可以减轻疲劳、调节气氛，缩短和朋友、同事之间的距离；彼此之间产生矛盾时，一句玩笑话可以化干戈为玉帛，消除积怨；开玩笑也可以用作善意的批评或用来拒绝某人的要求。

但开玩笑要把握尺度、掌握分寸，若玩笑开得过火，会给人一种被耍弄的感觉；弄不好"说者无意，听者有心"，会加深或引发与他人的矛盾。

爱说笑的人一般都心怀善意，他们想做的只不过是要多给人增加一份快乐而已。但无论如何，玩笑话有伤人的可能，其界限是耐人寻味的。必须随时记住，开玩笑和诙谐会有伤人的危险，要小心翼翼不能踏错一步，否则真是得不偿失。

万一说了伤人的话，一定要诚心诚意地道歉，不能就此放任不管。

开玩笑要注意对象，大大咧咧的人可以经常和他开个玩笑；和过于严肃、喜欢安静的人开玩笑就要轻一些。开玩笑还应注意内容，不能太庸俗、太低级下流，这样会有损于你的形象；也不能拿同事的生理缺陷或隐私来做笑料，因为有些人最害怕别人揭自己的伤疤，一旦有人冒犯他，他的自尊心会让他产生很不理智的行为，生活中这类事情时有发生。

每个人都有自己的隐私，而且每个人都不允许别人触及自己的隐私，当然更不允许别人拿自己的隐私开玩笑。如果谁在开玩笑时违犯了这一游戏规则，谁就会变成一个不受欢迎的人。

所以，说笑话要先看看对哪些人说，先想想会不会引起别人误会。

开玩笑之前，先要注意你所选择的对象是否能受得起你的玩笑，一般人可分为3类：第一种，狡黠聪明；第二种，敦厚诚实；第三种则介乎上面二者之间。对第一种人开玩笑，他是不会使你占便宜的，结果是旗鼓相当，不分高下。第二种敦厚诚实者，喜欢和大家一齐笑，任你如何取笑他，他脾气绝好，不致动怒。对这两种人，你可以先看看对方当时的情形能否开玩笑。而第三种人你要小心。这种人一般也爱和别人笑在一起，但一经别人取笑时，既无立刻还击的聪明机智，又无接纳别人玩笑的度量，如果是男的则变得恼羞成怒、反目不悦，如果是女的就独自痛哭一顿，说是受人欺侮。所以开玩笑之前，要先认清对方。

再者，开玩笑要有轻有重，重的玩笑多半是开不得的，它只能在比较特殊的场合才能开。若在一般场合开比较重的玩笑，可能就不再可笑了，甚至会变成悲剧。朋友聚会，为了活跃气氛，应该选择一些比较轻松的玩笑开，如果不是特殊需要，切不可开比较重的玩笑。

开玩笑之前，务必要考虑这个玩笑带来的后果，不该开的绝不要随便开。有时开玩笑还要考虑到自己的特殊身份及开玩笑的对象，不然也会发生意外，这是应该引起我们注意的。

总之，开玩笑不能过分，尤其要分清场合和对象。开玩笑的忌讳主要有以下几点：

（1）和长辈、晚辈开玩笑忌轻佻放肆，特别应忌谈男女情事。几辈同堂时的玩笑要高雅、机智、幽默，解颐助兴、乐在其中。在这种场合忌谈男女风流韵事。当同辈人开这方面玩笑时，自己以长辈或晚辈身份在场时，最好不要掺言，只若无其事地旁听就是。

（2）和非血缘关系的异性单独相处时忌开玩笑（夫妻自然除外），哪怕是开正经的玩笑也往往会引起对方反感，或者会引起旁人的猜测非议。要注意保持适当的距离；当然，也不能拘谨别扭。

（3）和残疾人开玩笑，注意避讳。人人都怕别人用自己的短处开玩笑，残疾人尤其如此。俗话说，不要当着和尚骂秃子，癞子面前不谈灯泡。

（4）朋友陪客时，忌和朋友开玩笑。人家已有共同的话题，已经形成和谐融洽的气氛，如果你突然介入与之开玩笑，转移人家的注意力，打断人家的话题、破坏谈话的雅兴，朋友会认为你扫他面子。

·第四章·

委婉拒绝，女人说"不"也动听

拒绝求爱这样说

如果爱你的人正是你所爱的人，被爱是一种幸福。但是，假如爱你的人并不是你的意中人，或者你一点也不喜欢他（她），你就不会感觉被爱是一种幸福了，你可能会产生反感甚至是痛苦，这份你并不需要的爱就成了你的精神负担。

别人爱你，向你求爱，他（她）并没有错；你不欢迎，你拒绝他（她）的爱，你也没错。最关键的是看你怎样拒绝。如果拒绝得恰到好处，对双方都是一种解脱，也可以免去许多麻烦；如果你不讲方式，不能恰到好处地拒绝别人的求爱，你就可能犯错误，不但伤害他人，说不定也会危害自己。

你也许曾经有过这样的左右为难，因为对方的条件实在让人爱不起来。但是，由于是你的上司介绍的，或者是上司的子女，你在拒绝时产生了犹豫，虽然每次见面都会使你感到不舒服、不愉快，你一想到对方的身份、上司的威严，屡次想谢绝却又不好开口。有时候，也许你为了顾全对方的面子而难以开口说个"不"字，或者慑于对方的威严，你不知所措。你被这份多余的爱折磨得痛苦不堪，不知该如何去做。生活中处在这种矛盾中的人太多了。有些人遇到这些情况时不知该如何拒绝，因处理不当，造成了很不好的后果。

那么该如何巧妙而不失体面地拒绝求爱呢？

首先要做到直言相告，以免产生误会，这是非常必要的。

你若已有意中人，又遇求爱者，那么就直接明确地告诉对方，你已有爱人，请他（她）另选别人，而且一定要表明你很爱自己的恋人。同时，切忌向求爱者炫耀自己恋人的优点、长处，以免伤害对方的自尊心。

倘若你认为自己年纪尚小，不想考虑个人问题，那正好，你可以直言不讳，讲明情况。

其次，倘若你不喜欢求爱者，根本没有建立爱情的基础，可以在尊重对方的基础上婉言谢绝。

对自尊心较强的男性和羞涩心理较重的女性，适合委婉、间接地拒绝。因为有这类心理的人，往往是克服了极大的心理障碍，鼓足勇气才说出自己的感情，一旦遭到断然地拒绝，很容易感觉受伤害，甚至痛不欲生，或者采取极端的手段，以平衡自己的感情创伤。因此拒绝他们的爱，态度一定要真诚，言语也要十分小心。你可以告诉他（她）你的感受，让他（她）明白你只把他（她）当朋友，当同事或者当兄妹看待，你希望你们的关系能保持在这一层面上，你不愿意伤害他（她），也不会对别人说出你们的秘密。

你不妨说："我觉得我们的性格差异太大，恐怕不合适。"

"你是个可爱的女孩，许多人喜欢你，你一定会找到合适的人。"

"你是个很好的男人，我很尊重你，我们能永远做朋友吗？"

"我父母不希望我这么早谈恋爱，我不想伤他们的心。"

如果这些自尊心和羞涩感都挺重的人没有直接示爱，只是用言行含蓄地暗示他们的感情，那么你也可以采取同样的办法，用暗含拒绝的语言，用适当的冷淡或疏远来让他（她）明白你的心思。

要记住，拒绝别人时千万不要直接指出或攻击对方的缺点或弱点，因为你觉得是缺点或弱点的东西，对他（她）自己来说也许并不认为是缺点。所以，不能以一种"对方不如自己"的优越感来拒绝对方。特别是一些条件优越的女青年，更不能认为别人求爱是"癞蛤蟆想吃天鹅肉"一推了之，或不屑一顾、态度生硬，让人难以接受。

不过，对于带有骚扰性的某些求爱方式，就不必手下留情，一定要果断出击。

如果你是一名美女，你难免会遇到性骚扰。随着开放程度的日益提高，许多女性走出家庭，与男子一样，在社会工作中担任着重要的角色，而且敢于展示自己的美，这就招来一些好色之徒，使他们有了非分之想。爱美之心人皆有之，但对美女的垂涎太过分，就成了性骚扰。女性遭到来自于男性的性骚扰，如果太过软弱，就会使好色之徒得寸进尺；如果义正词严怒目斥之，就可能陷入麻烦之中弄得自己不开心。比较聪明的办法是，以机智的讥讽言辞使其退却。

试看这位漂亮的少妇是如何抗拒性骚扰的。

一位生性风流的男子，看到了一个漂亮的少妇迎面走过来，便跟在她后面，寻找机会和她搭话，但因素不相识，不好开口。忽然瞥见她手上挎了个提包，于是找到了话题。他嬉皮笑脸地说："请问，您这漂亮的小提包是从哪儿买的，我也想给我妻子买一个。"没想到这位少妇冷冷地说："你妻子有这种包会倒霉的。""为什么呀？"少妇幽默地回答说："因为不三不四的男人会以提包为借口找她的麻烦。"

这位少妇看穿了这个风流男子的意图，但没有揭穿他，而是接过男子的话头，以嘲讽而幽默、机智的言辞给了他当头一棒，这个男子见难以得手，只得灰溜溜地逃之天天了。

年轻漂亮的女性，单身独处，往往容易受到骚扰。

一位年轻美貌的女子独自坐在酒吧里，被一个油头粉面的青年男子瞧见了，于是他走过来主动搭话："您好，小姐，我能为您要一杯咖啡吗？""你要到舞厅去吗？"她喊道。"不，不，您搞错了。我只是说，我能不能为您要一杯咖啡？"青年男子说。

"你说现在就去吗？"她尖声叫道，比刚才更激动了。

青年男子被她彻底搞糊涂了，红着脸悄悄地走到一个角落坐下。这时几乎所有的人都把目光转向了他，愤慨地看着他。

过了一会儿，这个年轻女子走到他的桌子旁边。"真对不起，使你难堪了，"她说，"我只是想调查一下，看看他人对意外情况有什么异常反应。"

这位聪明女子的做法真让人叫绝，她故意装糊涂，大声叫嚷，引起别人注意，好色之徒只好灰溜溜地躲开了。

约会是男女开始真正意义上的恋爱的标志，所以，接受别人的约会请求也意味着接受别人的求爱。对于不愿意接受的示爱者，我们首先应该拒绝与其约会，不能因为一时心软而使对方误会，导致真正明确两人关系时牵扯不清，给对方造成更大的伤害。拒绝约会应该有"快刀斩乱麻"的魄力，因为这不仅仅代表对一次约会的推搪，而且暗示着自己对对方的爱情的谢绝，这就要求我们一方面要把握说话的分寸，不损害对方的感情，另一方面要表明心意，断绝对方再次邀请的念头。

找各种各样的借口来推搪约会，使对方体会到拒绝之意。

上课、加班、身体欠安、天气不好……这些都可以成为拒绝约会的好借口。在搬出这些借口的同时，可以有意地露出破绽，让对方从借口的不严密性中明白自己是在有意敷衍。此外，也可以以委婉的方式暗示自己确实不愿意与对方交往。总之，借口不能找得太严密、太合乎情理，不要让对方误认为是客观原因导致不能赴约，从而把约会的时间推至以后，令自己再次处于被动局面。

张京对同事小洁暗恋已久，这天，他终于鼓起勇气约小洁出来看电影。小洁也觉察到了张京的感情，无奈自己对他实在没有"触电"的感觉，于是对他说："真是对不起。这段时间我正在上夜大的电脑培训班，每天晚上都有课。上完夜大后又要准备英语的等级考试，实在没有看电影的空闲时间。要不，你找刘伟吧，你们哥俩不是常在一起讨论好莱坞的影片吗？"张京听了，只好怏怏而归，从此再也没向小洁提出过约会的请求。

看一场电影只需要一两个小时的时间，如果小洁愿意接受张京的话，怎么也能抽出点时间来赴约，而她的推辞却根本没有流露出任何的遗憾和改日赴约的愿望。想清楚了这一点，张京自然明白小洁的拒绝之意，只得收回自己的感情。

暗示已经有了意中人，俾对方知难而退。

由于约会是恋爱的前奏，当对方刚刚提出约会，尚未表露爱意时，可以"先发制人"，间接说明已经心有所属。对方听了之后，明白自己希望渺茫，自然不敢强求，有时为了避免尴尬甚至，还会找理由取消此次约会。

郭建对新来的同事孙红一见钟情，星期五下午下班前，他打电话给孙红："我听朋友说，这两天香山的枫叶红得最美，你有兴趣和我一起去看看吗？"孙红立刻明白了他的意思，于是笑着答道："哎呀，真是不巧。明天恰好我男朋友的妈妈过生日，我要赶着去拜寿，要不我们改天再叫几个朋友一起去吧？"郭建听了，心里凉了半截，只得敷衍道："那……那就以后再说吧！"

孙红以男朋友的母亲过生日为由，既推掉了郭建的邀请，又表明自己已"名花有主"，郭建只好识趣地知难而退，不会提出什么约会的邀请了。

无论如何，在爱情的历程中，当遇到不满意或不能接受的求爱时，最好采用恰当的语言，婉言拒绝，巧妙收场。

多说"不过"和"但是"

有时对方提出的要求有一定的合理性，但因条件的限制又无法予以满足。在这种情况下，拒绝的言辞可采用"先肯定后否定"的形式，使其精神上得到一些满足，以减少因拒绝而产生的不快和失望。例如，一家公司的经理对一家工厂的厂长说："我们两家搞联营，你看怎么样？"厂长回答："这个设想很不错，只是目前条件还没有成熟。"这样既拒绝了对方，又给自己留了后路。

对对方的请求最好避免一开口就说"不行"，而是要表示理解、同情，然后再据实陈述无法接受的理由，获得对方的理解，自动放弃请求。

李刚和王静是大学同学，李刚这几年做生意虽说挣了些钱，但也有不少的外债。两人毕业后一直无来往，忽一日，王静向李刚提出借钱的请求。李刚很犯难，借吧，怕担风险；不借吧，同学一场，又不好拒绝。思忖再三，最后李刚说："你在困难时找到我，是信任我、瞧得起我，但不巧的是我刚刚买了房子，手头一时没有积蓄，你先等几天，等我过几天账结回来，一定借给你。"

先扬后抑这种方法也可以说成是一种"先承后转"的方法，这也是一种力求避免正面表述，而间接拒绝他人的一种方法。先用肯定的口气去赞赏别人的一些想法和要求，然后再来表达你需要拒绝的原因，这样你就不会直接地去伤害对方的感情和积极性了，而且还能够使对方更容易接受你，同时也为自己留下一条退路。一般情况来说，你还可以采用下面一些话来表达你的意见："这真的是一个好主意，只可惜由于……我们不能马上采用它，等情况好了再说吧"；"我知道你是一个体谅朋友的人，你如果对我不十分信任，认为我没有能力做好这件事，那么你是不会找我的，但是我实在忙不过来了，下次如果有什么事情我一定会尽我的全力来支持你"；等等。

有的时候对方可能会很急于事成而相求，但是你确实又没有时间，没有办法帮助他的时候，一定要考虑到对方的实际情况和他当时的心情，一定要避免使对方恼羞成怒，以免造成误会。

拒绝还可以从感情上先表示同情，然后再表明无能为力。

黄女士在民航售票处担任售票工作，由于经济的发展，乘坐飞机的旅客与日俱增，黄女士时常要拒绝很多旅客的订票要求。黄女士每每总是带着非常同情的心情对旅客说："我知道你们非常需要坐飞机，从感情上说我也十分愿意为你们效劳，使你们如愿以偿，但票已订完了，实在无能为力。欢迎你们下次再来乘坐我们的飞机。"黄女士的一番话叫旅客再也提不出意见来。

拒绝领导不要让他难堪

领导委托你做某事时，你要善加考虑，这件事自己是否能胜任？是否不违背自己的良心？然后再做决定。

如果只是为了一时的情面，即使是无法做到的事也接受下来，这种人的心似乎太软。纵使是很照顾你的领导委托你办事，但自觉实在是做不到，你也应该很明确地表明态度，说："对不起！我不能接受。"这才是真正有勇气的人，否则你就会误大事。

如果你认为这是领导拜托你的事不便拒绝，或因拒绝了领导会使其不悦而接受下来，那么，此后你的处境就会很艰难。因畏惧领导报复而勉强答应，答应后又感到懊悔时，就太迟了。

领导所说的话有违道理，你可以断然地驳斥，这才是保护自己之道。假使领导欲强迫你接受无理的难题，这种领导便不可靠，你更不能接受。

尽管部下隶属于领导，但部下也有他独立的人格，不能不分善恶是非什么事都服从。倘若你的领导以往曾帮过你很多忙，而今他要委托你做无理或不恰当的事，你更应该毅然地拒绝，这对领导来说是好的，对你自己也是负责的。

当然，拒绝领导的要求不是一件容易的事。谁都不愿因此而得罪领导，因为领导有可能掌握你一生的前程。然而，若你知道一些拒绝领导的技巧，就能两全其美，既不得罪领导，又可以表明拒绝之意。不过要强调的是，这些技巧仅限于那些领导的非合理要求。

当领导提出一件让你难以做到的事时，如果你直言答复做不到，可能会有损领导颜面，这时，你不妨说出一件与此类似的事情，让领导自觉问题的难度而自动放弃这个要求。

甘罗的爷爷是秦朝的宰相。有一天，甘罗看见爷爷在后花园里走来走去，不停地唉声叹气。

"爷爷，您碰到什么难事了？"甘罗问。

"唉，孩子呀，大王不知听了谁的教唆，硬要吃公鸡下的蛋，命令满朝文武想法去找，要是3天内找不到，大家都得受罚。"

"秦王太不讲理了。"甘罗气呼呼地说。他眼睛一眨，想了个主意，说："爷爷您别急，我有办法，明天我替您上朝好了。"

第二天早上，甘罗真的替爷爷上朝了。他不慌不忙走进宫殿，向秦王施礼。

秦王很不高兴，说："小娃娃到这里捣什么乱！你爷爷呢？"

甘罗说："大王，我爷爷今天来不了啦，他正在家生孩子呢，托我替他上朝来了。"

秦王听了哈哈大笑："你这孩子，怎么胡言乱语！男人家哪能生孩子呢？"

甘罗说："既然大王知道男人不能生孩子，那公鸡怎么能下蛋呢？"

甘罗的爷爷作为秦朝的宰相，遇到皇帝提出的不可能做到的请求，却又找不到合适的办法拒绝。甘罗作为一个孩童，能如此得体地拒绝秦王，并让秦王不得不放弃自己的无理请求，实在是大出人们的意料。也正因为如此，秦王才有"孺子之智，大于其身"的叹服。以后，秦王又封甘罗为上卿。现在我们俗传甘罗 12 岁为丞相，童年便取高位，不能不说正是甘罗的那次智慧的拒绝，才使秦王越来越看重他的。

当上司要求你做违法或违背良心的事时，平静地解释你对他的要求感到不安，你也可以坚定地对上司说："你可以解雇我，也可以放弃要求，因为我不能泄漏这些资料。"如果你幸运，老板会自知理亏并知难而退；反之，你可能授人以柄。但假若你不能坚持自身的价值观，不能坚持一定的准则，那只会迷失自己，最终会影响工作的成绩，以致断送自己的前途。

当上司器重你并将你连升两级，但那职务并不是你想从事的工作时，你可以表示要考虑几天，然后慢慢解释你为何不适合这工作，再给他一个两全其美的解决方法："我很感激您的器重，但我正全心全意发展营销工作，我想为公司发挥出我的最佳潜能和技巧，集中建立顾客网络。"正面地讨论，可以使你被视为一个注重团体精神和有主见的人。

当领导提出某种要求而你又无法满足时，设法造成你已尽全力的错觉，让领导主动放弃其要求，这也是一种好方法。

比如，当领导提出不能满足的要求后，就可采取下列步骤先答复："您的意见我懂了，请放心，我保证全力以赴去做。"过几天，再汇报："这几天 ××× 因急事出差，等下星期回来，我再立即报告他。"又过几天，再告诉领导："您的要求我已转告 ××× 了，他答应在公司会议上认真地讨论。"尽管事情最后不了了之，但你也会给领导留下好印象，因为你已造成"尽力而为"的假象，领导也就不会再怪罪你了。

通常情况下，人们对自己提出的要求总是念念不忘。但如果长时间得不到回音，就会认为对方不重视自己的问题，反感、不满由此而生。相反，即使不能满足领导的要求，只要能做出些样子，对方就不会抱怨，甚至会对你心存感激，主动撤回让你为难的要求。

你也可以利用群体掩饰自己说"不"，这不失为一大妙招。

例如，被领导要求做某一件事时，你其实很想拒绝，可是又说不出来，这时候，你不妨拜托两位同事和你一起到领导那里去，这并非所谓的 3 人战术，而是依靠群体替你作掩护来说"不"。

首先，商量好谁是赞成的那一方，谁是反对的那一方，然后在领导面前争论。等到争论一会儿后，你再出面含蓄地说"原来如此，那可能太牵强了"，而靠向反对的那一方。

这样一来，你可以不必直接向领导说"不"就能表明自己的态度。这种方法会给人"你们是经过激烈讨论后，绞尽脑汁才下结论"的印象，而包括领导在内的全体人士不管哪一方都不会有受到伤害的感觉，从而领导会很自然地自动放弃对你的命令。

对于超负荷工作的要求，你即使是力不能及，也不能马上怒形于色。不妨先动手来做，让事实来证明领导的要求是不可能达到的。

下面是发生在职场中的一件事情：

"小康，请你今晚把这一叠讲义抄一遍。"经理指着厚厚一叠稿纸对秘书小康说。小康听到此言，面对讲义，面露难色，说："这么多，抄得完吗？""抄不完吗？那请你另觅轻松的去处吧！"也许经理正在气头上，于是小康被"炒了鱿鱼"。

小康的被"炒"实在令人惋惜。像她这样生硬、直接地拒绝上司的要求，给上司的感觉是她在对抗，不服从指示，因而扫了上司的威信，被"炒"也就难免了。其实，她可以处理得更灵活些。她不妨这样，立即搬过那一堆稿子埋头就抄起来，过一两个小时后，把抄好了的稿子交给经理，再委婉地表示自己的困难，那么经理肯定会很满足于自己说话的威力，并意识到自己的要求的不合理处，而延长时限；小康就不至于被解雇。

拒绝上司必须把握以下 3 点。

1. 要有充分的拒绝理由

首先设身处地，表明自己对这项工作的重视；然后再表明自己的遗憾，具体说明自己为什么不能接受，比如说："我有件紧急工作，必须在这两天赶出来。"充足的理由、诚恳的态度一定能取得上司的理解。

2. 不可一味地拒绝

尽管你拒绝的理由正当，但是上司也许仍坚持非你不行。这时，你便不能一味地拒绝，否则上司可能会以为你是在推脱，从而怀疑你的工作干劲和能力，以致失去对你的信任，在以后的工作中，有意无意地使你与机会失之交臂。

3. 提出合理的接替方法

对上司所交代的事，你不能接受，又无法拒绝，这时，你可得仔细考虑，千万不可怒气冲天，拂袖而去。你可以与上司共商对策，或者说："既然这样，那么过两天，等我手头的工作告一段落就开始做，您看怎么样？"你也可以向上司推荐一位能力相当的人，同时表示自己一定会去给他出点子、提建议。这样，你一定能进一步地赢得上司的理解和信任，也会为你以后的工作、生活铺开一条平坦的大道，因为上司也和你一样是个普普通通、有血有肉、有感情的人。

把握好以上要点，才能不让自己难堪，也不会失去上司的信任。

从对方口中找到拒绝的理由

在交际过程中，当自己处于不利态势时，为了寻找转机，加强己方的立场，也需要找借口拒绝对方。这时，如果你能灵活机智地用对方的话来拒绝对方，就能使对方不再坚持，从而达到自己拒绝对方的目的。

有一次，萧伯纳的脊椎骨出了毛病，需从脚上取一块骨头来补脊椎的缺损。手术做完后，医生想多捞一点手术费，便说：

"萧伯纳先生，这是我们从来没有做过的新手术啊！"

萧伯纳当然听出了医生的言外之意，但向病人收取额外的手术费显然是不合规定的，萧伯纳不愿意再给医生"红包"，但又不便明确拒绝，便装傻卖愚地顺着另一层意思说下去：

"这好极了！请问你们打算支付我多少试验费呢？"

医生顿时窘住了，只好讪讪地离开。萧伯纳的思维是：既然你要强调这是从来没有做过的新手术，那我的身体便变成试验品了！萧伯纳合理地从对方的话里引出了一个合乎逻辑的相反结论，巧踢"回传球"，让对方哑巴吃黄连——有苦说不出。

有很多的问题，我们还可以巧妙地把对方设置在同样的情景，以此来引诱对方做出他的判断，从而让对方明白自己的处境或意思，巧妙地拒绝对方的要求。

小李从一个朋友那里借了一架照相机，他一边走一边摆弄着，这时刚好小赵迎面走来了。他知道小赵有个毛病：见了熟人有好玩的东西，非得借去玩几天不可。果然，小赵看见了他手中的照相机又非借不可。尽管小李百般说明情况，小赵依然不肯放过。小李灵机一动，故作姿态地说："好吧，我可以借给你，不过我要你不要借给别人，你做得到吗？"小赵一听，正合自己的意思。他连忙说："当然，当然。我一定做到。""绝不失信？"小李还追加一句说。"绝不失信，失信还能叫作人？"小赵赶紧表态。小李斩钉截铁地说："我也不能失信，因为我也答应过别人，这个照相机绝不外借。"听到这儿，小赵也是目瞪口呆了，这件事也只有这样算了。

通过设问，抛砖引玉，以对方的回答来作为拒绝的依据，使对方就此作罢。因为人不可以出尔反尔，自我推翻。

小陈是小杨的一个好朋友。有一天，小陈来到小杨的单位，找小杨帮他做一件事，为他的未婚妻报仇。原来小陈的未婚妻被车间主任欺侮了，小陈发誓要为未婚妻报仇，而且还买了一把锋利的弹簧刀，想杀掉那个车间主任，但考虑到车间主任牛高马大，自己一个人对付不了他，于是就想请小杨帮忙。小杨听后，心中很明白，尽管那个车间主任不是好东西，应该教训教训他，但如果感情用事将他杀了，那是会犯罪的。因此，小杨决定拒绝小陈，也不能让他做错事。他问小陈："你爱你的未婚妻吗？"

"爱，当然爱，如果不爱我才不管这事呢。"小陈回答说。

"这就好，爱一个人不容易，真正爱上一个人，是不管她遇上多么大的不幸，都会永远爱她，并且在她遇到不幸时还要帮她解脱出来。如果你将主任杀了，只是感情用事，这不是爱她，是在伤害她，使她更伤心。她也不会为此而感谢你，相反会恨你。坏人总是要受到惩处的，这要靠法律。车间主任的行为是犯法的。这样吧，我帮你和你的未婚妻运用法律的手段来惩处车间主任吧，我相信，法律会给你们一个满意的答复的。"

小陈听了小杨的一番话，放弃了报仇的想法，最终运用法律惩处了那位车间主任；而小陈也非常感谢小杨对他的帮助。

小杨先拿到一个肯定的答案：小陈爱自己的未婚妻。既然是爱，那就应该采取一种正确的态度和方式来帮她摆脱困境。小杨透彻地阐释了什么才是真正的爱，如果小陈还不放弃报仇的想法，那就说明他并不爱自己的未婚妻。因此，小陈只好放弃了找小杨协助犯罪的念头。

在寻求拒绝技巧的过程中，要知道，拒绝对方最有力的武器往往是对方自身。我们应该懂得引导对方的谈话，从对方口中找到自己拒绝对方的理由。

巧妙利用"沉默"和"答非所问"

对一些不合理的要求、无法做到的要求或自己不愿意允诺的要求，本来是应该拒绝的，只是由于人情关系、利害关系等，很难说出一个"不"字。

你可以以沉默来表示拒绝。狭义的沉默就是徐庶进曹营——一言不发，即缄口不语。广义的沉默则是不通过言语，而是综合运用目光、神态、表情、动作等各种因素，或明或暗地表达自己的思想感情，这是拒绝艺术中一种最常见的手段。

在处理问题时，沉默具有丰富的内涵，作用也十分明显。

一是沉默可以用来避免冲突升级。

当人们被拒绝时难免会产生不良的情绪，甚至会与拒绝人产生激烈冲突。当一方怒火冲天、严厉责备时，另一方应保持沉默，即使有理也暂时不争，以免火上浇油，使冲突进一步升级。这样既维护了对方的尊严，又避免了矛盾激化，还为进一步向对方陈述自己的观点留了余地。保持沉默，不仅可以避免矛盾激化，保全对方面子，而且也可以显示出你的豁达大度和良好修养。有时，面对一些难处理的问题，如果保持沉默，并伴以严厉的目光、严肃的神情，就可能会产生一种威慑作用，使对方迅速警醒，从而很快明白自己的要求不够合理。

二是沉默可以用来做暗示性表态。

沉默有时候是模糊语言，不置可否，但在特定的背景下，其实就是明确表态。如果对方提出一种意见或处理办法，而你却不敢苟同，但出于全面平衡关系的考虑，你又不能明示反对，这时的沉默看似不偏不倚，但聪明人却可意会神通，知道自己的要求令你为难，十有八九办不成。其实沉默就是不同意、不支持。此时彼此心照不宣，也不用固执己见，伤了和气。

在有的场合，对对方的提问不管做出怎样的回答，都于己不利，这时不妨佯装没有听见、没有看到，不做任何表示，也是一种行之有效的方法。1953年6月，已79岁的英国首相丘吉尔到百慕大参加英、法、美三国会谈。他以自己年事已高为借口，时常装聋，在需要回避的问题上就装作没有听见，不予回答，在感兴趣的问题上就与美国总统艾森豪威尔和法国外交总长皮杜尔讨价还价，使与会者颇感头痛。艾森豪威尔幽默地说："装聋成了这位首相的一种新的防卫武器。"

然而有的时候采取一种答非所问、话不投机的做法，比光是沉默来得更有效。

有这样一个例子：

一位名叫宫一郎的青年去拜访广源先生，想将一块地卖给他。

广源听完宫一郎的陈述后，并没有给出"买"或者"不买"的直接回答，而是在桌子上拿起一些类似纤维的东西给宫一郎看，并说："你知道这是什么东西吗？"

"不知道。"宫一郎回答。

"这是一种新发现的材料，我想用它来做一种汽车的外壳。"广源详详细细地向宫一郎讲述了一遍，谈论了这种新型汽车制造材料的来历和好处，又诚诚恳恳地讲了他明年的汽车生产计划。广源谈的这些内容宫一郎一点儿也听不懂，摸不着头脑，但广源的情绪感染了宫一郎，他感到十分愉快。广源在送宫一郎时顺便说了一句：我不想买那块地。

广源的高明之处在于他没有一开始就回拒宫一郎，如果那样，宫一郎就一定会滔滔不绝地劝说他买那块地。而广源采取了答非所问的做法，装作没有听见宫一郎说的事情，把话题引到其他地方，没有给他劝说的时间，在结束谈话时才拒绝，这不失为拒绝他人的好方法。

还有一种方法是：将问题丢给时间。当你无论如何实在无法拒绝对方的时候，就先接受他的要求，然后再假装忘记。

"对不起，我忘得一干二净了！"

"你叫过我帮你什么吗？"

这一招只要一句"忘了"就能轻松搞定一切，因此我们常会用上它。然而，虽然它用法简单，但如果仔细想想，这招实在不值得推荐。这招容易使对方不悦，甚至会让人认为你是一个"随随便便、马马虎虎"的人。再说，别人会请你帮忙做的事，多半都是非做不可的事，因此在他对你死心，转而去找其他人帮忙之前，要"一直"忘记似乎也不太容易。

不过，不管是真忘还是假忘，在公司里像这种"忘记委托"的人，其实还真不少。

找一个替身代你说"不"

有一次，约翰的一位好朋友的孩子，4岁的毛毛，一手拿苹果、一手拿橘子，跑到约翰面前炫耀。约翰故意逗他说："毛毛，伯伯的嘴好馋。你看，你是愿意把苹果给伯伯吃呢，还是愿意把橘子给伯伯吃？"毛毛听了约翰的话，很快就出人意料地回答："伯伯你快去，妈妈那里还有！"

啊，这小家伙的回答真是太绝了！他并没有直截了当地拒绝，但让人无法从他那里捞到一点油水，因为他想到了一个替代方案来拒绝别人。

这个例子，显示了替代方案的妙用。他没有正面表示拒绝，你也没有得到任何东西，彼此既不伤和气，也不会丢什么面子。

这种方法就叫替代法，是以"我办不到，你去拜托某某比较好"的说法，来转移给他人的做法。工作中常常会有人来请你帮忙，而你又因为种种原因不想插手，你应该怎么谈呢？

"我对电脑没办法，不过小王对电脑很熟，你去拜托他帮你看看怎么样？"

"我对计算工作最头大了，我记得小芸好像是簿记二级的，她应该做得来！"

像这样搬出一位在这方面能力比自己强的人，然后要对方去拜托他就行了。

只有在大家都知道那个人的确比较胜任时才能用这招。

不只能力的问题，像下面这个例子中的场合也能适用。

"我如果要做这件事，恐怕要花掉不少时间。小范好像说他今天工作分量不怎么多！"

这个办法有一个问题，就是可能会招致那个被你"转嫁"的人的怨恨。想拜托你的人一定会说："是某某说请你帮忙比较好！"对方也就会知道是你干的好事。这么一来，那个人心里一定会想：可恶的家伙，竟然把讨厌的事推给我！

尤其当需要帮忙的工作内容是人人都不想做的事情的时候，惹来怨恨的可能性就更高。所以，最好在多数人都知道"某某事情是某某最擅长的"这样的场合才用此招。

当然，这一招不仅仅可以用在工作中，还能用在日常生活中。假如你抽不开身，实事求是地讲清自己的困难，同时热心介绍能提供帮助的人，这样，对方不仅不会因为你的拒绝而失望、生气，反而会对你的关心、帮助表示感谢。

贬低自我让对方知难而退

有很多既没有什么实际意义又浪费时间与精力的活动，我们要对它进行拒绝，可以采取自我贬低的方法。

"自我贬低"是一种特殊形式，表示自己无能为力，不愿做不想做的事，也就是说："我办不到！所以不想做！"

　　根据心理学的调查发现，人们的确有在日常生活中自我贬低的现象。例如，在上班族中，有12%的人曾对上司装过傻，而14%的人对同事装过傻。虽然它跟"楚楚可怜"法一样，会导致别人对自己的评价降低，但令人惊讶的是，仍有一成以上的人是在自己有意识的情况下用了这个办法。

　　上班族会用到"自我贬低法"的场合有以下3种。

　　第一，遇到不想做的事。例如，像是打杂般的工作、很花时间的工作或单调的工作等；还有像公司运动会之类，筹办公司内部活动也是其中之一。像这些情形便有不少人会用"我不会呀"或"我对这方面不擅长"等理由，来把不想做的事巧妙地推掉。

　　第二，拒绝他人的请求。当别人找上你，希望你能帮他的忙时，你很难直接说"不！"因此便以"我很想帮你，可是我自己也没有那个能力"的态度来婉转拒绝。拒绝别人时，很难直接以"我不愿意"这种态度来拒绝，而且如果拒绝不恰当还可能会让对方怀恨在心。因此，若是用没有能力，也就是自己无法控制的原因来拒绝（想帮你，可是帮不了）的话，拒绝起来便容易多了。

　　第三，降低别人对自己的期望值。一个人若能得到他人的高度期待固然值得高兴，但压力也会随之而来，因为万一失败，受到高度期待的人带给其他人的冲击性会更大。因此，借由表现出自己的无能来降低期望值，万一将来失败，自己的评价也不会下降得太多；相反，如果成功，反而会得到预期之外的肯定。

　　根据工作的内容，"无能"的内容也应有所不同。例如：

　　别人要求你处理电脑文书资料时——

　　"电脑我用不好，光一页我就要打一个小时，说不定还会把重要的资料弄丢！"

　　别人要求你做账簿时——

　　"我最怕计算了，看到数字我就头痛！"

　　不过，所表明的"无能"的理由不具真实性，那可就行不通。例如，刚才要求处理电脑资料的例子，如果是在电脑公司，说这种话谁信！后面那个例子，如果发生在银行，也绝对会显得很突兀。平常很少接触到的工作，说这种话时，所获得的可信度就越大。所以要说"我没做过""我做得不好"这些话的时候，这些话一定要具有可信度才行。

"自我贬低"如果使用过度，很容易给人留下"无能""不可靠"的印象；而当自己反过来想求人帮忙时，被拒绝的概率也会大幅提高。因此要注意，绝对不要使用过度。

"自我贬低"使用时的第一重点就在于慎选使用的场合，也就是只在与自己的工作无关的地方使用。

举个极端的例子。如果一个跑业务的说："我在别人面前讲话会很紧张！"以此拒绝参加公司的会议，那么这对他来说可是致命伤；但如果是做研究工作的人说这种话，那就另当别论，效果完全不同。要自我贬低时，切记：只用对自己不重要的部分来贬低自己。

第二个重点是，尽量避免招来"无能"或"不可靠"的负面印象。记住善用"如果是某某就没问题，但这件事我实在心有余而力不足"这句话。例如：

"对文字处理机我还有办法，可是资料输入我真的不行！"

"公司旅行的账目我倒是做过，但太复杂的东西我没自信能做好！"

这么说总比直接拒绝对方好，而且这种说法听起来比较具有真实性，也比较容易成功。

在拖延中解决问题

在大学的课堂上，有一名学生提出与正课毫无关联的问题，几乎让那位教授失态。起初那位教授很用心地答复他的问题，但不料却与学生的意见发生了冲突。其实这时教授大可拒绝对方的质问，同时不必正面拒绝，可以用"像你这种问题我们不妨等下了课再谈"这句话轻易带过。

如果是在私人场合，就可以说："像你这样的问题我们还是等会儿再谈，怎么样，喝一杯吧！"轻松愉快地将话带过。若在会议中不幸形成了一场火爆的局面，此时你不妨暂时承认对方所言的重要性，同时也让他感觉此问题事关重大，难以解决，无法立刻作答，于是你便说："关于这一问题我们日后再做讨论，今天我们还是讨论会议的主题。"

至于"日后"，此刻也不甚为人关心，这种做法也比直接拒绝回答来得恰当，容易让人接受。虽然表面上你是在对他摆出低姿态，实际上却是拒绝正面作答，以保持他心理的平衡。

发言者若来势汹汹，你不妨说"像这样的难题我们日后再谈"来缓和当时的紧张气氛。

在别人向你提出请求时，如果你能做到，就可以答应别人，但如果你感到这一请求超出了你的能力范围时，你当然可以立即回绝："不行，这个忙我帮不了！"但是你如果用延时法来说："嗯，我来想想办法，是不是能办成我一定尽快给您一个回音，您看怎么样？"如果你过一两天再打电话表示无能为力，那你至少不是"一口回绝"，而是已经尽心尽力了。有时候，被拒绝的人耿耿于怀的往往是别人回绝时的态度，或是官腔十足，或是盛气凌人，或是漫不经心。若是别人已经尽心竭力，那么即使事情最终没有办成也不至于牢骚满腹。

对方提出请求后，不必当场拒绝，可以采取拖延的办法。你可以说："让我再考虑一下，明天答复你。"这样既为你赢得了考虑如何答复的时间，又会使对方认为你是很认真地对待这个请求。

张艳一心想当一名记者，于是想从学校调到某报社工作，她找到了同事的丈夫——某报社黄总编。黄总编知道报社现在严重超编，但又不好直接拒绝，于是对张艳说："刚刚超编进来一批毕业生，短期内社里不会考虑进人的问题了，过一段时间再说吧。"黄总编没说这事绝对不行，而是以条件不利为理由，虽然没有拒绝，但为后来的拒绝埋下了伏笔。

有时，在直接拒绝时也可使用"延时"法。

小张想观摩一位特级教师上课。那位教师出于谦逊婉言谢绝了，他说："行啊。不过这课要讲得成功，让学生、老师都满意，还得符合教改精神，得让我好好考虑考虑教学方案。看来你得给我一年时间。这 365 天我得天天想，多痛苦啊！"

这位教师对小张的请求采用延时法予以拒绝，本来，别人慕名来观摩自己的课对自己来说是一种尊重，如果直接拒绝，会使对方认为自己不识抬举。而采用"拖延"的技巧来拒绝对方，先爽快地答应，然后把时间推到一年之后。谁都知道，准备一堂课怎么也用不了一年的时间。因此，请求者也明白这位教师是在间接地谢绝，当然也就不会勉强了。

·第五章·

来点幽默，快乐女人受欢迎

借题发挥，皆大欢喜

借题发挥法，顾名思义，就是借现场的人、事、物甚至对方的语言为题，加以发挥、阐述，诠释出全新的思想来，从而制造了幽默。

德国科学家亚历山大·冯·洪保尔特拜访美国总统杰斐逊的时候，看见他书房里的一张报纸上面刊载了对他攻击、辱骂的言论。

"为什么让这种诽谤言论在报上发表呢？"洪保尔特拿起那张报纸说，"为什么不查禁这家胆大妄为的报社？或对该报的编辑加以罚款？"

"把报纸放进你的口袋里吧，先生，"杰斐逊笑嘻嘻地回答说，"万一有人怀疑我们是否有新闻自由，你可以把这张报纸给人们看看，并且告诉他们你是在什么地方找到它的。"

上例中，杰斐逊接过对方的话题，把它与"新闻自由"联系起来，令人拍案叫绝。

借题发挥常能让人巧妙地达到自己的目的，尤其是在某些场合，它比直言其事更显得委婉曲折。借题发挥是指巧妙地借助别人的某一话题，引申发挥，出人意料地表达自己的某种思想。在日常生活中，有些场合，有的话不宜直截了当地说，这时巧用借题发挥，会起到意想不到的效果。

相传南唐时，京师连日未下雨，大旱。于是某日，烈祖问群臣："外地都下了雨，为什么京师不下？"在场的艺人申渐高说："因为雨怕抽税，所以不敢入京城。"烈祖听后大笑，并决定减税。

申渐高的话就是借题发挥，巧借烈祖的话，表达出京城的税多，应该减税的意思。非常巧妙，效果也很好，烈祖在笑声中接受了他的意见。

借题发挥能让坏事变成好事，让平淡生出幽默。

在现实生活中，由于受传统文化的影响，人们的大脑中存在着许多忌讳观念。如大年三十不能说"死""亡""灭"等不吉利的词语，吹灭蜡烛应当说成"止烛"；婚宴上不能说"离""散""死"等词语。诸如此种禁忌，在我们的生活中有很多很多，但有时不自觉地说出或做出了一些有违"大忌"的话或事时，如何应付呢？这就要用到一种"临时发挥，化忌为喜"的幽默术。

所谓"临时发挥，化忌为喜"式幽默术，就是在不自觉地做了或说了一些有违"大忌"的事或话时，或者由于客观的原因而带来一些不愉快、不吉利的事情时，及时地用一些双关语、名诗佳句、谐音字词等化忌为喜，消除尴尬，抹掉人们心头的阴影，使快乐重新回来。

大刘应邀参加一位朋友的婚礼，可天公不作美，小雨从早到晚一刻也未停过。等大刘赶到朋友家时，衣服上溅满了星星点点的泥水。当新人双双向他敬酒时，朋友看到他满身泥水，略带歉意地说："冒雨前来，叫你辛苦了。这都怪我没选好日子。"大刘赶忙接过话茬幽默地说："老兄此言差矣，自古道：'久旱逢甘雨，他乡遇故知，洞房花烛夜，金榜题名时。'这人生的四大喜事，让你们小两口一天就赶上了两个，这才叫双喜临门呢。"一句话说得满堂喝彩，大大活跃了当时的气氛。大刘意犹未尽，接着说道："既然说到了雨，敝人有首打油诗，借此机会赠给两位新人。"接着便吟道："好雨知时节，当婚乃发生。随风潜入夜，听君亲吻声。"一首歪诗吟罢，新娘被逗得面颊绯红，引来满座欢笑。

上例中，大刘机智地临场发挥，使本来不受婚礼欢迎的雨，瞬息之间带上了逗乐、喜庆的色彩。

有一顽童，正月初一那天，一大早便出门找伙伴戏耍去了。玩了一段时间后，发现自己头上一顶崭新的帽子不知何时丢了。于是心惊胆战地跑回家去，对他母亲"汇报"了一下大伙情况。要是在平时发生这种情况，母亲一定会大声斥责他，可是今天是大年初一，不能骂孩子，尽管心里很火，也硬忍着没有爆发。这时，来他家串门的邻居李叔听了后，笑着说："帽子丢了，这没关系，这不正好意味着'出头'了吗？今年你一定走好运，有好日子过了。"一句话，说得孩子的母亲转怒为喜，并附和着说："对！对！从此出头了。"于是大家一阵哈哈大笑。

大年初一丢了帽子，可谓是使人大大扫兴。可是邻居李叔的一句话，化忌为喜，形成了一种皆大欢喜的吉祥气氛。

临场发挥是很讲艺术性的，要发挥得出彩而又得体是不容易的。但只要在这方面做个有心人，那么不久的将来，你也会妙语连珠、幽默诙谐。

活学活用，以谬还谬

人的一生都在不停地学习。这个学习包括两个方面，第一种是学习文化知识，如学生们每天坐在教室里听老师讲课；另一种则是在实践中学习，学习各种技术技巧。学习的效果也可以分成两种，一种是潜移默化式的，另一种是立竿见影式的——我们把这一种叫作活学活用。幽默技巧中也有一种方式叫作活学活用式的幽默。

活学活用式的幽默是指在学习别人的做法时，立刻理解并掌握别人的方法，然后将这种方法运用到自己的实践中来，当时学习，马上应用。

一次，小王向邻居借了一笔钱，借钱的时候说好一个月后归还。一个月后，邻居向他要钱。他故作惊讶地说："我没有借你的钱呀！"邻居看了看他说："你忘了吗？上个月的时候你向我借的。"

小王故作惊讶地说："对，上个月的确我借了你的钱，但是你应该知道，哲学上讲'一切皆流，一切皆变'。现在的我已不是上个月向你借钱的我了，你怎么叫现在的我为过去的我还钱呢？"

邻居气得一时无言以对。他回到家里想了一会儿，拿了一根木棍，跑到小王家里狠狠地把小王痛打了一顿。小王抱着头气势汹汹地叫道："你打人了，我要到法庭去告你，等着瞧吧。"邻居放下木棍，笑嘻嘻地对小王说："你去告吧，你刚才不是说'一切皆流，一切皆变'吗？现在的我早已不是刚才打你的我了，你确实要去告，就告那个刚才打你的那个我吧。"小王听了无话可说，被痛打一顿也只好自认倒霉了。

一个吝啬的老板叫仆人去买酒，却没有给他钱，仆人问："先生，没有钱怎么买酒？"

老板说："如果不花钱买酒，那才是有能耐的人。"

一会儿，仆人提着空瓶回来了。老板十分恼火，责骂道："你让我喝什么？"

仆人不慌不忙地回答："从有酒的瓶里喝到酒，这是谁都能办到的。如果能从空瓶里喝到酒，那才是真正有能耐的人。"

不花钱买酒与空瓶里喝酒一类比，其内在就出现了针锋相对的矛盾，谐趣顿生。仆人"现学现卖"的学习灵性，表现了智慧。

球王贝利向足球爱好者们赠送过各式各样的礼物，像明信片、手帕、袜子、护腿、球鞋、球衣等，甚至有几次他被球迷团团围住，不得不剪下头发相赠。

在一次比赛之后，有个足球俱乐部的老板挤到贝利跟前，竟然向贝利要"几滴血"，他央求贝利道："请给我几滴血吧，我要把您的血输到我的球队的中锋身上，这样会大大增强他们比赛的意志。"

贝利风趣地答道："先生您能不能送我几滴血呢？那样就能大大增加我的财气啦！"

输贝利的血能增强比赛的意志，那么输老板的血自然也就应该能增加财气啦！只要前者能够成立，那么后者也应该能够成立！看来贝利不仅是球王，而且还很有"学以致用"的幽默精神。

活学活用式的幽默同别的幽默技巧，如以谬还谬、仿造仿拟式的幽默有共通、相似的地方，也有不同的地方。活学活用式的幽默关键的地方是要尽快学习掌握对方的方式方法，深刻地理解对方的意图；然后就是马上学以致用，将学到的方式方法尽快投入使用。在这一使用过程中，要注意巧妙地置换条件，否则按照正常的方式去理解，则没有幽默可讲了。幽默的力量只有突破常规才能显示出来。

拿自己开开玩笑

如果你有风趣的思想，轻松地面对自己，你便会发现自己可以原原本本地接受自己的身高、体重或其他身体特征；你也会发现幽默能帮你以新的眼光去看你对经济的忧虑。也许你无法得到真诚的爱，但是你能使你的人际关系充满温暖和谐——与人分享欢乐，甚至和仅仅有一面之缘的人也会有很好的关系。

自嘲是自己对自己幽默，是消除自己在沟通中胆怯的良方。

自嘲是运用戏谑的语言，向别人暴露自身的缺点、缺陷与不幸，说得俗一些，就是把脸上的灰指给对方看。

有句话说得好："醉翁之意不在酒。"自嘲同样是这个道理，有着独到的表达功能以及实用价值。

在前文的例子中，钱钟书自比"母鸡"，虽然是有意贬低自己，但却是在说英国女士没有必要来拜访他。

正如人们喜欢谈论一些关于别人的笑话一样，在适当的时候，也要拿自己开开玩笑，要善于自嘲。

美国著名的律师乔特是最善于讲关于自己笑话的人。有一次，哥伦比亚大学的校长蒲特勒在请他做演讲时，曾极力称赞他，说他是"我们的第一国民"。

这实在是一个卖弄自己的绝好机会。他可以自傲地站起来，一副得意扬扬的神气，仿佛是要对听众说："你们看，第一国民要对你们演讲了。"

但是聪明的乔特并没有如此。他似乎对这种称赞充耳不闻，却转而调侃自己的"无知"。这种自嘲很快博得了听众的好感。

他说："你们的校长刚才偶然说了一个词，我有点听不太懂。他说什么'第一国民'，我想他一定是指莎士比亚戏剧里的什么国民。我想，你们的校长一定是个莎士比亚专家，研究莎士比亚很有心得，当时他一定是想到莎士比亚了。诸位都知道，在莎氏的许多戏剧中，'国民'不过是舞台的装饰品，如第一国民、第二国民、第三国民等等。每个国民都很少说话，就是说那一点点话也说得不太好。他们彼此都差不多，就是把各个国民的号数彼此调换，别人也根本看不出有什么分别的。"

这实在是一种非常聪明的方法，他使自己与听众居于同等的地位，拉近了自己与听众的距离。他不想停留在蒲特勒所抬举的那种高高在上的地位上。如果他换一种说法，用庄重一点的言辞，比如"你们校长称我为第一国民，他的意思不过是说我是舞台上的一个无用的装饰品而已"。虽然表达的意思是一样的，但是绝对不能把那种礼节性的赞词变为一种轻松的笑话，也绝对不会取得这样的效果。

无论是在一帮很好的朋友中，还是在一大群听众中，能够想出一些关于自己的笑话，能够适当地自嘲，是赢得别人尊敬与理解的重要方法，这远远要比开别人玩笑重要得多。拿自己开开玩笑，可以使我们对世事抱有一种健全的态度，因为如果我们能与别人平等地相待，就可以为自己赢得不少的朋友。相反，如果我们为显示自己是怎样的聪明，而拿别人开玩笑，以牺牲别人来抬高自己，那我们一生一世也难以交到一个朋友，更不用说距离成功有多遥远了。

成功的人士从不试图掩饰自己的弱点，相反，有时他们会拿自己的弱点开开玩笑。而现实生活中，我们却经常可以遇到一些专喜欢遮掩自己弱点的人，他们也许脸上有些缺陷，也许所受教育太少，也许举止粗鲁，他们总要想出方法来掩饰，不让别人知道。但这样做以后，他们却于无形中背弃了诚恳的态度，毫无疑问，与之交往的朋友会对他们形成一种不诚恳的印象，不敢再与他们交往。

世界上最不幸的就是那些既缺乏机智又不诚恳的人。很多人常常自以为很幽默，经常喜欢拿别人开玩笑，处处表现出小聪明，结果弄得与他交往的人不敢再信任他，以前的朋友也会敬而远之，纷纷躲避。

适当地拿自己开开玩笑吧，这不仅是一种机智，更是驱散忧虑、走向成功的法宝。

区分伪幽默与真幽默

何为幽默？

对于幽默的含义各人都有不同的理解，当年鲁迅、蔡元培、林语堂等大家为译成"幽默"还是"诙摹"有过一番争论。"幽默"一词在中国得以广泛流传，林语堂先生功不可没。

林语堂说，humor既不能译为"笑话"，又不尽同于"滑稽"；若必译其意，或可用"风趣""谐趣""诙谐"，无论如何，总是不如音译的直截了当，也省得引起别人的误会。凡善于幽默的人，其谐趣必愈幽隐；而善于鉴赏幽默的人，其欣赏尤在于内心静默的理会，大有不可与外人道之之滋味。

幽默，生动有趣而意味深长。中国古代称笑话为雅谑或雅浪，而幽默从字义看，幽者雅也，默则可理解为机智冷静，林语堂的译法可谓独到。

列宁说，幽默是一种优美的健康的品质。

幽默应是对噱头、调侃、贫嘴、说教、卖弄、装傻卖乖或尖酸刻薄的超越。在我们当下流行的文化里，在我们的电视里，在我们广播的电波里，让人感到非常遗憾，实在是因为噱头、调侃、贫嘴、说教、卖弄、尖酸刻薄和装傻卖乖等伪幽默已经泛滥成灾。相声、小品、文娱节目，演员们、主持人们、追逐时髦的少男少女们，几乎都在"幽默"着，而现场的观众居然也被逗笑了。

幽默这个外来词在我们生活中经历了很长时间，随着时间的流逝，幽默的定义逐渐被曲解了，幽默这个高雅的词也被滥用了。被称为"有趣"的东西实际上是低级趣味；被称为"可笑"的东西常常令人感到乏味；被称为"意味深长"的东西实际上是意味"伸长"到无影无踪。

拿无知当个性，拿无聊当有趣，这不是真正的幽默，这是幽默的大误区。

有个不争的事实，荤段子已经臭了大街。起初大众还能容忍，然而一旦泛滥，便难免倒了人的胃口。

在幽默语言中，不管是舞台表演的，还是人际交往的，性暗示过分强烈的叫作荤幽默或黄色幽默，反之则可以理解为"素幽默"。黄色幽默发生在公开场合，有伤大雅，引人反感，即使本来可能接受它的人，也往往因顾忌朋友师长的态度而不知如何反应是好。所以，这种荤幽默最不宜在公众场合讲，否则不但令人不愉快，而且会有损自己的形象。

中国是深受儒家文化熏陶的国家，讲究的是"非礼勿听，非礼勿视"。所以，我们要注意绝对不要在公众场合，尤其是有异性、长辈、上级等在场的情况下谈及这种笑话。不顾国情、毫无节制地讲露骨的笑话，其实也是对别人的一种侵害，更是对自己人格的贬低。

另外要记住，制造幽默千万不要拿别人的要害当原料，勿以讽刺他人为乐。

众所周知，幽默是以社会生活为基础产生的，它不是虚飘在空中的幻景，它的存在本身体现了人们多方面的社会功利需要，包括惩恶扬善、沟通心灵、调解纷争等等，这使幽默必然地要和讽刺、嘲笑、揭露联系在一起。但是，幽默所有的善意的讽刺、温和的嘲笑，其中灌注着深厚的情感因素，正像萨克雷所说的："幽默是机智加爱。"爱减弱了幽默批评的锋芒，通过诱导式的意会产生潜移默化的作用。苛刻的幽默很容易流于残忍，使人受到伤害、陷于焦虑之中。通常，讥讽、攻击、责怪他人的幽默也能引人发笑，但是它却常常造成意想不到的后果，使本应欢乐的场面变得十分难堪。

一位中学教师在出差途中拎了一兜香蕉去看望一个多年未见、新近升为副处长的老同学。老同学心宽体胖，雍容富态，开门见是同窗好友，一边让进屋，一边指着他手中的兜戏谑道："你何时落魄到走门子了？本处长清正廉明，拒绝歪风邪气腐蚀贿赂。"一句讥讽的调侃，使教师自尊心受了伤，反感顿生，扭身就走。

显而易见，幽默既不等同于一般的嘲笑、讥讽，也不是为笑而笑或轻佻造作地贫嘴耍滑。幽默毕竟是修养的体现，它与中伤截然不同。幽默好似"维生素"，中伤却似恶人剑；幽默笑谈是美德，恶语中伤系丑行。真正好的幽默是真情实感的自然流露，是严肃和趣味间的平衡，它以一种古怪的方式激发出来，却经常表现出心灵的慷慨仁慈。

正因为这样，讥讽他人受到许多幽默理论家的一致反对。林语堂认为幽默与讽刺极近，却不能以讽刺为目的。讽刺每趋于酸腐，去其酸辣，而达到平淡心境，便成幽默。玛科斯·雅克博似乎更率直："不要讽刺！讽刺会使你和受害者都变得冷酷无情。"

如果总是在与你地位、处境相差很远，确切地说是比你背景差的人身上打主意，对那些不如你的人拼命调侃，这可算是幽默的一大伪造。

客观而论，站在你的角度上，比你混得差的人可笑之处肯定不少；但如果总是津津乐道地笑话不如你的人，你就会被别人笑话，笑你不厚道、笑你没出息，专捡软的柿子捏。高明的幽默一般是避开、淡化了题材中人物的面目，或者将聚光灯对准"大人物"戏乐子。

有的农民由于长期的贫困而缺乏知识，我们整个社会都负有改变这种状况的责任。如果我们缺乏同情，去嘲笑他们，那就不是幽默，而是残忍。

一般来说，无知是可笑的，无知还偏要装得有学问、精明就更可笑了。将无知作为幽默"原料"，虽然有些道理；若问题牵涉农民的无知时，如果忘记当时的背景，只是嘲笑他们，那是不公平的，也是不近人情的。

幽默之所以成为幽默，其必要条件就是使人快乐，而一切痛苦或不愉快的因素都不能因它而生，否则就不是真正的幽默。

另外，千万别轻视别人的职业或种族。

职业歧视很致命。你嘲笑对方本来就不满意的职业无异于嘲笑对方的才干、信仰、人品甚至人格，因而随意玩笑的结果只能是造成彼此很深的隔阂。一位向来内向、腼腆的女大学生在自谋职业时，被迫改变初衷做了一家宾馆的公关小姐，她讨厌终日在客人面前说笑周旋，而渴望当一名文静的女教师。一日，当她出席同学聚会时，她最亲密的女友迎过来："哇，好漂亮！全体起立，向我们的卖笑女郎致敬！"欢快的笑声中，本来春风满面的她顿时目瞪口呆，随即伤心地冲出了聚会厅。

人的职业选择有自愿和不自愿两种，因而心理上也会产生骄傲或自卑两种截然不同的情绪。洋洋得意者固然从你的风趣中感受到了羡慕，而更多的失意者则只能从你的调侃里嗅出轻蔑的气味，由此产生无法消除的误解。

同样，种族蔑视也是施展幽默的一大障碍。人，特别是东方人最讲宗族，民族的一切都被披上神圣的色彩，轻慢抑或戏谑对于民族感情来说是十分危险的，不但费力不讨好，还可能招致灾祸，引起强烈的不满。

幽默大师赫伯·特鲁有一次去看一个朋友，他以这样一句话来开始彼此的谈话："我来讲个波兰人的笑话。"

"算了，赫伯，"他的朋友说，"我不愿听。"

"我真不明白，"他抗议道，"你是波兰裔的美国人，而我也算半个波兰裔的美国人。为什么我们不能说个波兰人的笑话来听听呢？"

"算了吧，"朋友坚持，"不要告诉我任何波兰人的笑话。"

这个例子中所蕴藏的正是一种"说不清道不明"的微妙情绪，如果冒犯它无疑会引发冲突，从而带来关系与感情的破裂。

越荒谬效果越好

归谬法，归根到底是将对方的观点归结到荒谬的程度，从而显现其荒谬性，也就在同时产生了幽默。这在中国古代人的口才中经常可以见到。

古代，有个叫徐雅的读书人，非常爱护树木。一天，他看见邻居正挥动着大斧，砍伐院内一棵枝叶茂盛的大桂树，忙上前阻止说："这棵树长得这么好，您为什么要砍掉它呢？"

邻居叹息道："我这院子四四方方，院中有这么一棵树，正好是个'困'字，我怕不吉利，所以才狠心砍去。"

徐雅听后笑道："依照您的讲法，砍去这棵树后，院中只留下人，这岂不成了囚犯的'囚'字，不是更不吉利了吗？"

邻居听了连连点头称是，收起斧子再也不砍树了。

"囚"比"困"更不吉利，从而使追求吉利的邻居幡然醒悟。

连锁归谬法是归谬法的经典展现，利用连锁反应"一是百是，一非百非"的特点，推出荒唐的结论。我们通常用"连锁反应"一词来表示一事物发展过程中呈现出的严格的因果联系，其实在幽默的具体应用中往往也有相同的情况。然而简单而一般的因果推理并不见得就有出其不意的幽默功能，为了将幽默的主题不断推向高潮，强化幽默的效果，还必须将连锁推理与归谬法有机地结合起来。归谬是就推理的结果而言的。在具体推理过程中用连锁法，在最后结论上用归谬法，这就是这里所说的连锁归谬法的基本程序。

东汉哲学家王充，曾和一些有迷信思想的人发生过一场辩论。有人说："人死了，人的灵魂就变成了鬼，鬼的样子和穿戴跟人活着的时候一模一样。"

王充反驳道："你们说一个人死了他的灵魂能变成鬼，难道他穿的衣服也有灵魂，也变成了鬼吗？照你们的说法，衣服是没有精神的，不会变成鬼，如果真的看见了鬼，那它该是赤身裸体、一丝不挂才对，怎么还穿着衣服呢？并且，从古到今，不知几千年了，死去的人比现在活着的人不知多多少。如果人死了就变成鬼，就应该看到几百万、几千万的鬼，满屋子、满院子都是，连大街小巷都挤满了鬼。可是，有几个人见过鬼呢？那些见过的，也说只见过一两个，他们的说法是自相矛盾的。"

有人辩解说："哪有死了都变成鬼的？只有死的时候心里有怨气、精神没散掉的才能变成鬼。古书上不是记载过，春秋时候，吴王夫差把伍子胥放在锅里煮了，又扔到江里。伍子胥含冤而死，心里有怨气，变成了鬼，所以年年秋天掀起潮水，发泄他的愤怒，可厉害呐，怎么能说没有鬼呢？"

王充说："伍子胥的仇人是吴王夫差。吴国早就灭亡了，吴王夫差也早就死了，伍子胥还跟谁做冤家，生谁的气呢？伍子胥如果真的变成了鬼，有掀起大潮的力量，那么他在大锅里的时候为什么不把掀起大潮的劲儿使出来，把那一锅滚水泼到吴王夫差的身上呢？"

王充在这里反驳论敌时就是使用了条件归谬法。他先假设论敌的观点是正确的，由此推出了一系列的荒谬结论，这就给了论敌当头一棒，使他们张口结舌，哑口无言。

归谬法幽默不仅可以用来批判错误观点，也可以用来教育学生。

某小学一位语文老师拿着一叠作文本走进教室，进行作文评讲。作文题目是"记一件好事"，结果全班50个同学中，有40个同学分别写救了一个落水的小孩。这位语文老师决定要学生重写一篇作文，他是这样对学生说的："同学们，这次作文写得好不好呢？我先不下结论，下面先请大家算一道算术题。

一个班级 50 个学生，有 40 个学生分别救起一个落水小孩。按这个比例，全校 1300 个学生一共救了多少落水小孩？全国 2 亿学生一共救起多少落水小孩？"

全班学生哄堂大笑起来！许多学生异口同声地说："老师，让我们重新写一篇真实的！"

这个带有启发性质的归谬法幽默，教育效果是如此之好，学生们异口同声地主动要求重写作文，从另一个侧面展现了归谬法幽默的魅力。

在运用归谬法的时候，所引申出来的谬论要求越荒谬越好，越荒谬幽默色彩越强烈。来看一个古希腊的幽默小故事：

一场可怕的暴风雨过去后，一位大腹便便的暴发户对阿里斯庇普说："刚才我一点也没害怕，而你却吓得脸色苍白。你还是个哲学家，真不可思议。"阿里斯庇普回答说："这并不奇怪，我害怕是因为想到希腊即将失去一位像我这样的哲学家……但是，你有什么可担心的呢？你如果淹死了，希腊最多也不过是损失了一个白痴！"

故事中，阿里斯庇普没有否认自己的害怕，他的聪明之处是在暴发户结论的基础上另辟蹊径，为暴发户的结论做了一个更加幽默的解释，从而将暴发户的结论推上不打自败的境地。这种方法从表面上来看是荒谬的，但实际上通过智慧的转化，往往能够谬中求胜。从这一点来看，它一点也不荒谬，而且处处闪耀着智慧的灵光。

这种以谬攻谬的幽默的特点是后发制人。关键不在于揭露对方的错误，而是在荒谬升级中共享幽默之趣。而要达到这个目标，得有模仿对手错误推理的能耐。

19 世纪末，X 射线发现者伦琴收到一封信，写信者说他胸中残留着一颗子弹，须用射线治疗。他请伦琴寄一些 X 射线和一份说明书给他。

X 射线是绝对无法邮寄的，如果伦琴直接指出这个人的错误，并无不可，但多少有一点居高临下教育的意味，伦琴采用了以谬还谬法。

伦琴提笔写信道："请把你的胸腔寄来吧！"

由于邮寄胸腔比邮寄射线更为荒谬，也就更易传达伦琴的幽默感。

这样的回答是给对方留下了余地，避开了正面交锋的风险。在家庭生活中、社会交际中，针锋相对的争执常会引起不良的后果，而以谬还谬的幽默把一触即发的矛盾冲突缓和了。

在人际交往中，幽默地互相攻击有两种：一种是纯粹戏谑的，主要为了显示亲切的情感引起对方的共鸣，或者为了展示智慧，引发对方欣赏；一种是互相斗智的，好像进行幽默的比赛，互相争上风，这时的攻击性更重要。当然有时攻击性是很凶猛的，但表现形式是很轻松的。不管有无攻击性，都以戏谑意味升级为主。将谬就谬乃是使戏谑意味升级的常用办法，即明明知道对方错了，不但不予以否定，反而予以肯定，而肯定的结果是更彻底的否定。

正理不妨歪说

什么事都有一个"理"，"理"的存在为人们司空见惯。如果擅自改变事物的前后关系、因果关系、主次关系、大小关系，"理"就会走向歪道，有时歪得越远，谐趣越浓。

下面的例子是最好的说明。

一位乞丐常常得到一位好心青年的施舍。一天，乞丐对这个青年说："先生，我向你请教一个问题。两年前，你每次都给我10块钱，去年减为5块，现在只给我1块，这是为什么？"

青年回答："两年前我是一个单身汉，去年我结了婚，今年又添了小孩，为了家用，我只好节省自己的开支。"

乞丐严肃地说："你怎么可以拿我的钱去养活你家的人呢？"

乞丐喧宾夺主，对青年的责怪过于离谱、荒谬，令人们在吃惊之余哑然失笑。

故意对某些词句的意思进行歪曲的解释，以满足一定的语言交际需要，造成幽默风趣的言语特色，叫人忍俊不禁，从而可以营造轻松愉快的谈话气氛，更好地协调人际关系。

一位姑娘问自己的恋人："小张，你怎么夏天胖、冬天瘦啊？"

小伙子应声而答："这叫热胀冷缩嘛！"一句话逗得姑娘咯咯笑个不停。

这里，小伙子对"热胀冷缩"做了曲解。

词语有它固定的含义，绝大多数不能按其字面的意思来机械解释，而曲解词语法却偏偏"顾名思义"，突破人们固定的思路或者说脱开常理，从而产生幽默感。

语文课堂上，老师问道："'待人接物'是什么意思？"一学生起立说道："就是待在家里，等着接受别人送的礼物。"教师："啊？咳！'少壮不努力，老大徒伤悲'呀！"这学生接口道："那没关系，我是老二！"

地理考试时，老师要学生简略描述下列各地：阿拉伯、新加坡、好望角、罗马、名古屋、澳门。

小明这样写：从前有个老公公，大家叫他阿拉伯，有一天他出去爬山，当他爬到新加坡的时候，突然看见一只头上长着好望角的罗马直冲过来，吓得他拔腿跑进名古屋，赶紧关上澳门。

静态的词语大多是多义的，但是在一定的语境之下使用就可以转为动态。动态词语一般是单义。曲解词语法就是利用语言的多义性，即明知是甲义，偏理解为乙义，有意混淆它们，以求产生幽默的效果。

曲解词语法除了经常"顾名思义""利用多义"之外，还常利用音同音近的谐音。比如，歇后语即是用这种曲解词语的手法创造成功的。当你使用这些歇后语时，也就是在不知不觉地使用曲解词语法。如：

嗑瓜子嗑出臭虫来了——什么仁（人）儿都有；

石头蛋子腌咸菜——一盐（言）难进（尽）；

一二三五六——没四（事）。

从上面我们可以看出，强烈的幽默效果往往产生在故意曲解某些词语的含义中。所以，当你使用曲解词语法时，一定要让人感到你是故意曲解词语，而不是"无意"，否则，也许会让人以为你是天字第一号的大傻瓜。当然，特定的语境加你的聪慧会使你成功的。

"望文生义"的原意是：只按照字面去牵强附会，而不探求其确切的含义，含有明显的贬义。望文生义法，即明知故错地只按照字面解释词义，得到与原解释截然不同的结果，使说话十分诙谐，充满幽默感。

有位同志主持会议，开宗明义地宣布："今天的会议十分重要，研究全厂改革大计，故应明令禁止说普通话。"

与会者不禁愕然：普通话是宪法规定的大力推广的汉民族的共同语言，为什么要禁止呢？不说普通话，莫非要说方言或英语不成？

望着众人迷惑不解的目光，主持人这才缓缓解释说："所谓'普通话'，就是指那些普普通通、平平庸庸、四平八稳、不痛不痒、没有独到见解、缺乏实际内容的套话、空话。这种话难道不应禁止吗？所以我提议，在今天的会上，大家一定要说切实有用的话！"

听到这里众人才恍然大悟，全场大笑，鼓掌表示赞同。主持人巧用望文生义法，开场白极富幽默感，既点出了会议的宗旨，又活跃了会场的气氛。

望文生义法是一种巧妙的幽默技巧。运用它，一要"望文"，即故作刻板地就字释义；二是"生义"，要使"望文"所生之"义"变异，与这个"文"通常的意义大相径庭，还要把"望文"而生的义引向一个与原意风马牛不相及的另一个内容上，从而在强烈的不协调中形成幽默感。因为所有的幽默从总体上说都是来源于不协调。

逻辑上，一个词语可以表达不同的概念。将错就错、巧换概念就是在论辩中故意曲解某一词语在对方论辩中的意思，巧妙换意，出其不意地驳倒对方。

威尔逊在任新泽西州州长时，接到来自华盛顿的电话，说新泽西州的一位议员，即他的一位好朋友刚刚去世了。威尔逊深感震惊和悲痛，立刻取消了当天的一切约会。几分钟后，他接到了新泽西州的一位政治家的电话。

"州长，"那人结结巴巴地说，"我，我希望代替那位议员的位置。"

"好吧，"威尔逊对那人迫不及待的态度感到恶心，他慢吞吞地回答说，"如果殡仪馆同意的话，我本人没有什么意见。"

　　面对这位迫不及待地企望登上议员位置的新泽西州的政治家，沉浸在深深悲痛之中的威尔逊非常委婉幽默却又毫不留情地予以了嘲讽和回击。威尔逊运用的幽默手法，是用曲解的办法暗中转换了对方话中的希望得到的"位置"的概念。对方原来觊觎的是议员的席位，而威尔逊故意临时置换为已去世的议员在殡仪馆所在的位置，从而在幽默之中表达了对对方的反感和讽刺。

　　歪解幽默法就是以一种轻松、调侃的态度，随心所欲地对一个问题进行自由的解释，硬将两个毫不沾边的东西捏在一起，以造成一种不和谐、不合情理、出人意料的效果，在这种因果关系的错位和情感与逻辑的矛盾之中产生幽默的手法。

　　歪解就是歪曲、荒诞的解释。一本正经地从事实出发、从科学出发、从常理出发，那就找不到幽默。说咸鸭蛋是咸水煮的不是幽默，说咸鸭蛋是咸鸭子生的这才是幽默。

　　请看这样一则幽默：

　　3位母亲自豪地谈起她们的孩子，第一位说："我之所以相信我家小明能成为一名工程师，是因为不管我给他买什么玩具，他都把它们拆得七零八散。"

　　第二位说："我为我的儿子感到骄傲，他将来一定会成为一名出色的律师，因为他现在总爱和他人吵架。"

　　第三位说："我儿子将来一定会成为一名医生，这是毫无疑问的，因为他现在体弱多病，俗话说'久病成良医'。"

　　读到这儿，我们都会忍俊不禁。这种幽默的力量是从哪儿来的呢？很显然，是从这3位母亲滑稽的解释中得来的。如果说儿子能当上工程师是因为喜欢用积木搭桥、盖房子，说儿子能当律师是因为喜欢法官的大盖帽，说儿子能当医生是因为他常玩给布娃娃打针的游戏，那就没有多少幽默可言了。这种解释是从生活中的常理来的，人们听来丝毫不觉得意外，所以并不可笑。

　　而这里的3位母亲却都从这些常理中跳了出来，给这些问题找到了一个似是而非、牛头不对马嘴的解释，结果和原因之间显得那样不相称、那样荒谬，两者之间的巨大反差就形成了幽默感，这就是歪解幽默的奥秘所在。

　　幽默不是科学，不是逻辑，而是一种雍容豁达的生活态度，是用巧妙的手段来宣泄情感而又不致造成伤害的一种方式。只有把握了幽默只属于人的情感、人的心灵这一本质，才会潇洒自如地突破常规，用看似荒谬的理由去解释生活、解释自己与他人，为生活制造一点笑声、一点乐趣。歪解幽默法最常用于自嘲。

> 某人有一次在宴席上问鲁迅："先生，您为什么鼻子塌？"
>
> 鲁迅笑答："碰壁碰的。"

这个回答里面既有对社会现实的不满，又有对自己生活经历坎坷的嘲讽。这样丰富且具有社会意义的内容与"塌鼻梁"这样一个具有丑陋因素的自然生理特征结合在一起，便产生了无法言喻的幽默感。

> 有人问一个作家："你为什么能写那么长的大部头小说？"
>
> 作家答道："因为我有失眠症，晚上只好做点文字游戏来解闷。"

这种自嘲都透着一种自信，而不是把自己说得一文不值。

歪解幽默法作为一种幽默技巧，并不神秘，也不深奥，只要是出于表达情感的需要，只要是不那么死心眼地有一说一、有二说二，那么，在日常交际中谁都可以用它幽默一下。

中篇

会办事

第一章

有礼有节，淑女办事先知礼

礼仪是女人社交的必修课

一个受欢迎的女人一定是一个深谙礼仪之道的女人，女人要想在社交中拥有好人缘，就要精通各种礼仪。

礼仪、礼节、礼貌的内容丰富多样，但有着基本的原则：一是敬人的原则；二是自律的原则，就是在交往过程中要克己、慎重、积极主动、自觉自愿、礼貌待人、表里如一，自我对照、自我反省、自我要求、自我检点、自我约束，不妄自尊大、口是心非；三是适度的原则，适度得体，掌握分寸；四是真诚的原则，诚心诚意，以诚待人，不逢场作戏，言行不一。

由于礼仪规范是人的自我修养的重要内容之一，因此在现代社会生活、工作交往中，发挥着越来越重要的作用。

礼仪能够起到美化形象的作用，它要求人们在人际交往中树立良好的形象，其内容十分丰富，包括礼貌、礼节和仪容、仪表两个部分，如仪表整洁大方，待人有礼貌，谈吐文雅，举止端庄，服饰得体，尊重他人等。总之，只有自己的仪表举止合乎文明礼仪，才能使人乐于与你交往，人与人之间的关系才会趋于融洽。

礼仪能够起到打造人际关系的作用。人际关系之所以能够维持，一个重要的因素就是双方在心理上能够得到满足。在交往中懂礼仪、有礼貌、知礼节，会令对方产生一种被尊重感，取得一种心理愉悦，自然能够为打造良好的人际关系铺平道路。

礼仪就像一座桥梁或一条纽带，使彼此间的陌生感和距离感瞬间消失。礼仪的不同形式就是各种"沟通语言"，它比一般的语言显得更高雅、含蓄，更容易让人接受。

礼仪是人类文明的标尺，是一个人美好心灵的展现。人与社会都离不开礼仪，反过来说，也只有人类才懂得礼仪。生活在社会里，注重仪表形象，养成文明习惯，掌握交往礼仪，融洽人际关系，这是每一个女人人生旅途中的必修课程。作为一个有理想、有追求的现代女人，要注重礼仪的自我修养，在仪容、举止、服饰、谈吐和待人接物等方面都展现出一个女人的教养，并在社会交往中，有所为有所不为，自觉地运用礼仪规范，尊重别人，方算知书达理，方称得上是一个有教养的女人。

礼仪是女人需要在交际中不断修炼的功课，它会使女人增添无限魅力，赢得他人的青睐和尊重。

直面陌生人，"被选择"的自信

"有自信的人最美"是因为那种自信的状态，会让人觉得充满希望，让人觉得活力十足、魅力万分。培养自己的自信心，要从自己有兴趣的事情着手，多接触自己喜好的事物，这样自信自然而然就产生了。

在人际关系上，不论在什么场合，初次见面时太过热衷于争取某件利益，只会使人们以为你是一个惯于使用手段的女人，还是一个自以为聪明的女人，其结果大多是聪明反被聪明误。

人们对于使用手段的女人往往心存一道防线，并且本能地降低对她的人格评价，怀疑她为人的诚实性，认为她心怀叵测，别有企图。

这种急于成功的女人，其实还是对自己没有信心，她们害怕得不到别人的友情、喜欢、支持，害怕得不到自己所期望的东西。她们不敢告诉自己："对方是喜欢我的，支持我的。"甚至会不安地怀疑自己："对方是否讨厌我？"她们的这种想法传染给对方，无意中流露出了自己没有信心的真相。

与陌生人初次见面时，不论是何种状况，都要做到镇定，并善于用眼神表达自己的友善、关怀和愿望，这是一种自信的表现。说话时善用眼神接触，能给对方留下认真、可靠的印象。一般来说，人们对于自信的人，都会另眼相看，并对其产生信赖的好感。如果你含含糊糊、流露出羞怯心理，会使对方感到你不能把握自己，以致对你有所保留。这样，彼此之间的沟通便有了阻隔。

有个求职者自我介绍道："俗话说'胆小不得将军做'，对此，我却不敢苟同，有例为证：汉代韩信为度过险境，忍受街上小人的胯下之辱，可谓胆小，但是最终成了将军。本人素以胆小著称，却偏有鸿鹄之志，故斗胆前来应聘，我自信能够胜任酒店的这份工作。"言辞之间，充分展现了求职者的聪慧与自信，具有一定的吸引力。

因此，任何时候都要相信自己，按照你的想法开始吧！做事可以胆小，而做人只要你有足够的实力，你就可以鼓起勇气面对，这是一种心态，这种心态决定了你的命运。

在交往中，如果你缺乏信心，不妨穿戴上最华贵的"服饰"，找出足以荣耀自我的优点，那么你将不会因感到低人一等而自卑了。所以，聪明的女人要尽量找到自己的长处，即使是自认为不值一提的特长，利用自我扩大法，扩大成足以让你感到自豪的优点，借以缩短与对方的心理距离，这样就会增加自己的自信心。

热情地叫出他人的名字，让他倍感亲切

在日常生活中，我们常有这样的尴尬：一个似曾相识的人跟你打招呼时，你却一下子叫不出他的名字来。这种场合，碰上一两次还好，要是碰上多次那就说不过去了，可能会有损你们之间的关系，原本很不错的朋友也会因此而疏远你。

卡耐基曾经说过："一个谁都喜欢的女孩，应该记住对方的名字。"名字对一个人来说，应该算是最重要的东西之一。一个人从出生到去世，名字就一直和他缠在一起。人们不能没有名字，因为这是一个人区别于其他人的重要标志。叫响一个人的名字，这对于他来说，是话语中最动人的声音。聪明的懂社交心理的女人都明白，在与人交往中，记住对方的名字是建立友谊的第一步。

一般人对自己的名字比对地球上所有事物的名字之和还要感兴趣，记住人家的名字，而且很轻易就叫出来，等于给予了别人一个巧妙而有效的赞美。若

是把人家的名字忘掉，或写错了，你就会处于一种非常不利的地位。比如说，曾有一个人，一天收到了一封很不客气的信，是由巴黎一家大的美国银行的经理写来的，原来他曾经把这位经理的名字拼错了。

我们应该注意一个名字里所能包含的奇迹，并且要了解名字是完全属于与我们交往的这个人，没有人能够取代。名字能使他在许多人中显得独立。

有时候要记住一个人的名字真是难，尤其当它不太好念时，一般人都不愿意去记它，心想：算了！就叫他的小名好了，而且容易记。

锡得·李维拜访了一个名字非常难念的顾客，他叫尼古得玛斯·帕帕都拉斯，别人都只叫他"尼克"。李维说：在我拜访他之前，我特别用心地念了几遍他的名字。当我对他说"早安，尼古得玛斯·帕帕都拉斯先生"时，他呆住了，在几分钟内，他都没有答话。最后，眼泪滚下他的双颊，他说："李维先生，我在这个国家15年了，从没有一个人会试着用我真正的名字来称呼我。"

李维在尼古得玛斯·帕帕都拉斯这个名字上的良苦用心，起到了让他也没有想到的神奇效果，也让自己和尼克成为了好朋友。

卡耐基说过，多数人记不住别人的姓名，只是因为他们没有下必要的功夫和精力去记忆。他们给自己找借口：太忙。然而既然我们已经意识到一个人名字的重要性，就要刻意用心去牢记他人的名字，这样，从记住他人的名字入手，和对方相互认识。一位心理学家研究了如何牢记他人姓名的方法，有以下3个步骤：

1. 印象

心理学家指出，人们记忆力的问题其实就是观察力的问题。如果不正确地牢记别人的名字，那简直是不可原谅的无礼行为。可怎么正确地记住呢？如果没有听清其名字，那么恰当的说法是："您能再重复一遍吗？"如果还不能肯定，那么正确的说法是："抱歉，您可以告诉我怎么写吗？"

2. 重复

你是不是有过这样的情况，新介绍给你的人在10分钟之内就忘记其名字了？除非多重复几遍，否则，一般人都会忘记。

在谈话中记住别人名字的办法是用多种谈话方式使用他人的名字。比如，

"莫斯格拉夫先生，您是不是在费城出生的？"如果一个名字较难发音，最好不要回避，但很多人都采取回避的方式。如果碰上一个较难发音的名字，可以问："您的名字我念得对吗？"人们是很愿意帮助你把他们的名字念对的。

3. 联想

我们是怎么把需要记住的事物留在头脑中的呢？毫无疑问，联想是最有效的方法。

卡耐基开车到新泽西大西洋城的一个加油站加油，加油站的主人认出了他，虽然他们只在40年前见过面。这太让卡耐基吃惊了，因为以前他从未注意过这位先生。

"我叫查尔斯·劳森，咱们曾在一所学校，是同学。"他急切地说道。

卡耐基并不太熟悉他的名字，还在想他可能是搞错了。他见卡耐基还是有些疑惑，就接着说："你还记得比尔·格林吗？还记得哈里·施密德吗？"

"哈里！当然记得，他是我最好的朋友之一。"卡耐基回答道。

"你忘了那天由于天花流行，贝尔尼小学停课，我们一群孩子去法尔蒙德公园打棒球，咱们俩一个队？"

"劳森！"卡内基叫着跳出汽车，使劲和他握手。

之所以发生这一幕恰恰是因为联想在起作用，有点像是魔术。如果一个人的名字实在太难记了，不妨问问其来历。许多人的名字背后都有一个浪漫的故事，很多人谈起自己的名字比谈论天气更有兴趣。

现实生活中，如果你交往的对象是显要人士，那么你更应该用心记下他的名字。空闲的时候，就在笔记本上写下别人的名字、交往的日期以及主要事情等等，集中精力记忆。拿破仑三世记名字的办法是用心、手、眼、耳、嘴，虽然比较麻烦，但是很有效果。

社交成功，一半的功劳在于说话技巧

女性要想在交际中占据优势，口才是一大武器。在现代社会中，语言艺术对社会交际的重要性已越来越明显。美国人类行为科学研究者汤姆士指出："说话的能力是成名的捷径。它能使人显赫，令人鹤立鸡群。能言善辩的人，往往受人尊敬，受人爱戴，得人拥护。它使一个人的才学充分拓展，熠熠生辉，事半功倍，业绩卓著。"他甚至断言："发生在成功人士身上的奇迹，一半是由口才创造的。"

美国资产阶级革命时期的著名政治家、外交家富兰克林也说过："说话和事业的进步有很大的关系。"无数事实证明，说话水平是事业成功的重要因素之一，口语表达的好坏直接关系到事业的成败。

说起来，女性天生就有"能说会道"的本事，若成为一个健谈者，运用你在交流沟通方面非同一般的技能，就能够引起别人的兴趣，吸引他们的注意力，并自然地使他们聚集到你的周围。

这是一种非常重要的交往技能，其重要性无可比拟。它打开了人与人之间沟通的大门，使彼此的心灵变得亲近。它可以使你在各种各样的人群中广受欢迎，使你能与别人融洽相处，在社会交往中如鱼得水。

不管你在其他艺术或技能方面的专业造诣有多高，是否达到炉火纯青的地步，你都不可能像运用说话技术一样随时随地表现专业才能。比如你是一个钢琴家，不管你的音乐天赋如何了得，不管你花费了多少年的时间来提高自己的演奏技巧，也不管你耗费了多少金钱，也只有相对很少的一部分人可能听到或欣赏到你的音乐。然而，如果你是一个健谈者，那么任何一个与你交谈过的人都将强烈地领略到你的幽默和聪明，并感受到你的魅力和影响力。

在社交场合中，能说会道的女性总是广受欢迎的。比如，几乎所有人都希望邀请卡耐基的好朋友比尔夫人参加宴会或招待会，主要是因为她善于言谈。不论在哪种宴会或招待会上，她总能够给别人带来愉悦，使人们如沐春风。或许比尔夫人也和其他人一样有许多缺陷和不足，但是人们仍然乐于与她交往，因为她健谈，她善于运用谈话技巧，而且几乎达到了炉火纯青的地步。与其他方式相比，谈话最能迅速地反映出一个人在文化修养上的水准，是高雅还是粗俗，是温文尔雅还是毫无教养。从一个人的谈话中，我们还可以窥知其生活的全貌，你说话的内容和方式将揭示你的信仰，并向世人展现你最真实的一面。

在现实生活中，有相当多的好人缘女性在很大程度上把自己受人欢迎的原因归功于出色的说话能力。比起口才一般的女性，能言善辩的女性更容易被人理解、受人欢迎。因此，我们说，女人拥有一张能说会道的嘴巴，就等于拥有了一笔取之不尽的财富。良好的口才能使你在社会交往中如鱼得水，对你的幸福生活起到推波助澜的作用。

适当贬低自己，迅速拉近心理距离

适当地贬低自己，也就相对地捧高了对方，这会让对方心生愉快。例如，当你听到对方说"我前天做了一件丢脸的事情"时，想必你会浮现出微笑，并心情轻松地听他继续说下去。因为炫耀自己会引起他人的反感，而谈及自己失败的经验，不但会增强对方的自尊心，更能打开对方的心扉，让他坦然地接受你。

在某些时间、场所，我们不便坦然对他人说出礼貌性的赞美。在这种情况下，不妨换种方式来表达，效果是同等的，甚至会超过所期望的效果。这个方式就是适当地贬低自己。适当贬低自己，也就相对捧高了对方。即使是不善言辞、不善于称赞的人，也能轻而易举地使用这种方法，达到捧高他人的目的。

比如说，当我们参加某店铺开张的庆祝会时，即使那是一家不怎么样的店铺，我们也要依场合不同来为庆祝增添一些喜气。我们可以贬低自己，捧高对方，说："这店铺看起来真不错，室内的装潢也很考究。不像我经营的那家店，门没做好，窗户也是一大一小的。"这样，将对方和自己做具体的比较，并有技巧地批评自己略逊一筹，对方将因被人高抬而产生优越感，心中的舒坦自是不言而喻。相反的，如果以轻视的口吻对主人说："店铺的柜台再宽一点会比较好，你们下次再整修时，可要记住啊！"对方在庆祝会上听到这样毫不客气的批评，一定会大感不快，从此对你产生敌意，这就是不谙人情世故所要承受的恶果。

日本有位国会议员，常对别人说："我仅有小学毕业的学历。"他实际上却拥有高学历。他之所以贬低自己，无非是要给予别人心理上的平衡感。须知谦虚会让别人觉得轻松。知道了这一点，在平常的交往中，我们就不妨适当地运用一下贬低自己的诀窍，来捧高对方的地位，达到感情投资的目标。如此，成功便离你不远了。

适当地贬低自己，可以避免在一些场合下过分显露锋芒，给自己带来不必要的麻烦，聪明的女性要想有良好的社交关系，要想得到幸福，就必须深谙此道。

收敛自己的锋芒，会获得更多人的认同

女人如何才能在人际交往中获得别人的认可和喜爱呢？

现在，有的女孩很自以为是，动不动就在别人面前标榜自己，"王婆卖瓜，自卖自夸"，尤其在她们取得了一点成绩或者有着别人没有的优势后更喜欢卖弄、炫耀，似乎深恐有人不知。殊不知，你越张扬别人越不买账，你越卖弄，后果可能越不堪设想。中国有句古话叫："显眼的花草易遭摧折。"说的是，越显眼出众的人（或事物）越容易遭到破坏。一个声名显赫的人，越张扬越容易遭到算计；一个人越爱自吹自擂，越容易不受欢迎。

要想不"惹是生非"，最好的办法就是收敛自己的锋芒、平和待人、放低自己、抬高别人，让别人时时有备受敬重的感觉，这样不仅能免遭祸患，更能赢得别人真心的认同和尊重。

女人，有时候不应把自己太当回事，坦诚而平淡地生活，没有人把你看成是卑微、怯懦和无能的。如果你老是把自己当作珍珠，反而时时有被埋没的危险。

做人还是谦虚一些好，谦虚往往能得到别人的信赖。谦虚，别人才不会认为你会对他构成威胁。谦虚不仅是人们应该具备的美德，从某种意义上说，也是获胜的力量。尤其是在双方地域不同、文化背景各异的情况下，偶然一句"我不太明白""我没有理解你的意思""请再说一遍"之类谦恭的言语，会使对方觉得你富有涵养和人情味，真诚可亲。

越是有成就的人，态度越谦虚，相反，只有那些浅薄地自以为有所成就的人才会骄傲。为此，俄国的列夫·托尔斯泰打了一个很有意义的比方："一个人就好像是一个分数，他的实际才能好比分子，而他对自己的估价好比分母，分母越大，则分数的值越小。"

越是谦逊的人，你越是喜欢找出他的优点；越是把自己看得了不起，孤傲自大的人，你越会瞧不起他，喜欢挑出他的缺点。所以，平时要谦逊地对待别人，这样才能博得人家的支持，从而为你的事业奠定基础。当你以谦逊的态度来表达自己的观点或处理事务时，就能减少一些冲突，还容易被他人接受。

每个人都非常重视自己、喜欢谈论自己，也希望别人能重视自己、关心自己，如果你在和别人交往时，表现出一种谦虚的精神，让他谈出自己的得意之处，或由你去说出他的得意之处，他肯定会对你产生好感，肯定会与你成为好朋友。

用恰当的措辞拉近彼此的距离

与人谈话时若要营造轻松和谐的气氛，拉近彼此之间的距离，使用什么样的词语很重要。实际上，针对不同的人挑选不同的词汇，是一个很重要的谈话技巧。

恰当地使用词汇，有以下几个方面女人要注意。

1. 重复对方的词汇

在谈话时，对方刚刚说的某个术语、俚语或是口头语，你可以马上把它用在自己说的话里面，这会让对方感到很亲切。尤其是对于一些术语或是俚语，使用对方所说的词能够表现出对对方极大的支持和肯定。

如果对方说："我喜欢这个 logo（标志）！"你听了以后可以说："哦，这个 logo 确实非常有创意。"这时候你和对方使用了同一词汇——logo。如果你说："这个标志确实很好看。"那么你的话虽然对方也能够理解，但是就不如用 logo 让对方听起来顺耳。实际上，对于有多种表述或名称的同一事物，你应当留意对方所采用的表达方式，尽量和对方用同一种词语表达，这会大大增加你谈话的效率和你的亲和力。

2. 识别对方的感官用词

你要把握好不同感官偏好的人对于不同的词汇也有偏好。不同类型的人所习惯使用的感官用词是不同的，对于他的偏好你要在倾听对方说话时多多留意。当你发现对方的感官偏好时，就可以在你说话的措辞上尽量使用对方所习惯用的那些词汇类型。

例如，对方的话中经常出现"看上去""观点"等词汇，你可以凭借这些词汇确定对方倾向于视觉型，那么你就可以在以后的谈话中多使用视觉型的词汇，不仅是"看上去""观点"，还可以用其他的视觉型词汇，例如，"观察""反映"等等。

感官用词一般是比较隐蔽的，需要女人非常敏锐地去发现，同时如果你能使用和对方同类型的感官用词，对对方所产生的影响也是隐蔽的，对方听你说话会觉得非常顺耳，却说不出为什么。

3. 模仿对方的习惯用语

习惯用语俗称口头禅，是一个人习惯性使用的词汇。例如，有些人喜欢说"无所谓"，或者"太棒了""太背了""很酷""没意思"等等。口头禅有一些是时尚的流行语，也有一些是非常具有个人色彩的。不管是什么样的习惯用语，如果你想提升自己的影响力，就可以在和对方说话的时候主动使用它，甚至你可以使用得比对方还要频繁。这种亲切和亲密的感觉会令对方很惊喜，因为你和对方的习惯用语一样，对方会认为你们俩的观念、性格、生活都比较相近。

4. 避免使用否定和绝对的词汇

有一些词汇在谈话中要尽量避免出现，例如："可是""就是""但是"这些表示转折意义的词语。当你要表达不同意见的时候，尽量不要说它们，因为这些词意味着对对方观点的否定。

在与求异型的人谈话时，要尽量避免说一些表示绝对意义的词，如"一定""肯定""百分之百""绝对"等。因为求异型的人喜欢挑毛病，如果你说的话过于绝对，他们会不由自主地在内心或是口头上表示质疑。为了你要想不引起对方的反感，避免争执，说话时可以尽量使用比较中性的词语，不要把话说得太满。

词语的选择同样需要敏锐的洞察力，尤其是对于对方话语中的语言细节要多加留意。

5. 说话要简洁

有些人叙述一件事情，为了卖弄才华，极力地修饰他们的语句，用重复的形容词，或学西方语言独有的倒装句法，或穿插些歇后语、俏皮话，甚至引用经典、名人语录，使别人往往摸不清他在说些什么。

有些人在说话时，东拉西扯，缺少组织和系统，也使人有不知所云的感觉。如果你要拉近与他人的距离，只要在说话时记住要说得简洁扼要就行了。在话未说出口时，先打好一个腹稿，然后再按照秩序一一说出来。

简洁的话语常能让人有意犹未尽、余音绕梁之感。冗长而又索然无味的说话，不但无趣，还会让人觉得啰啰唆唆，使听者昏昏欲睡。

6. 语句不要重叠使用

有些人会说："为什么、为什么？"答应别人一件事，说一个或最多两个"好"字已经够了，但有些人却说"好好好好……"，或是说"再见再见"。其实在用重叠句子的时候，除非是要特别引人注意或加强力量时才用得着。

7. 同样的名词不可用得太多

有一个人解释月球上不可能有生物存在这个问题时，在几分钟内，把"从科学上的观点来说"一语运用了十几次，无论什么新奇可喜的名词，多用便会失去它动人的价值。王尔德说："第一次用花来比喻女人是最聪明的人，第二次再用的人便是愚蠢了。"一个名词在同一时期中重复使用，是会使人厌倦的。

此外，注意不要用同样的形容词来形容不同的事物。

总之，聪明的女人想拉近与他人之间的距离，就要在措辞上多多注意，这样往往会收到不错的效果。

用声音建立亲善关系

一个电话销售公司为了让更多的人订阅杂志，他们让销售人员给每个潜在客户打 1～2 次电话进行推销。所有的销售人员被分成了两组，第一组沿用老一套的方式进行电话销售，第二组则得到了一个额外的指示：在给客户打电话时，尽量模仿对方的语速。只是这么一个小小的差异，结果却大不同：第二组销售人员的业绩比以往提高了 30%，而第一组销售人员的业绩则看不出有明显的改善。

除了配合对方的语速外，我们还可以配合对方的语调和音量等，这些都是声音里的某一个元素。懂心理的女人们深知，声音是建立亲善关系的一个强有力的工具，我们可以通过调整自己的声音使之与谈话对方一致来获得对方的好感。我们需要根据自己的判断逐渐地调整声音，但是大可不必精准地模仿对方的声音，这样不仅很难做到，而且会显得很奇怪。为了使我们的声音和对方相近，需要体会对方是怎样运用以下这些元素的。

1. 音调

注意对方的音调是低沉的还是轻快的。一般来说，男人讲话时发出的声音比他们的喉咙应该发出的声音更低沉，而女人讲话时的声音比她们应有的声音更轻快。由于文化对行为的影响，我们习惯于用说话的音调来凸显自己的性别。所以男人习惯于从喉咙里发出含混低沉的声音，而很多女人则习惯于发出轻快尖锐的声音吸引他人的注意。

2. 语调

这一点主要是注意对方的声音是不是始终保持在一种语调上，会不会在陈述完毕时使用降调，或者会不会在提出问题后使用升调。一般使用单一的语调或者语调保持不变的人常常使人琢磨不透他所说的话的真正含义是什么，比如他是认真的还是只是开玩笑而已，他是在陈述还是在提问。而说话时语调比较丰富的人通常比较容易被人理解。

3. 语速

注意对方说话的速度是快还是慢。通常，我们说话的速度和思考的速度是一样的，因此如果你说话太快，对方的思维速度可能就跟不上你，因而无法理解你所说的话的意思，错过了你想传达的重要信息。而如果你说话的速度太慢，对方则很容易感到厌倦无聊，很容易走神，不能专注于你想传达的信息。甚者，你太慢的说话速度还会导致对方烦躁不安，一心盼望着早点结束与你的谈话，避免浪费更多的时间。

4. 力量和音量

模仿别人的音量相对来说比较简单，而且很容易获得对方的好感。说话轻言轻语的人会喜欢你也把音量调整到小声安静的程度，而高声说话的人如果发现你的嗓门也不小的话，会把你视为同类，越发喜欢你。

如果你嫌对方语话的声音过大，你可以通过比对方讲话更大声让对方注意到他们自己讲话的音量，从而使对方降低音量。

5. 饱满度

饱满度主要是用来形容对方的声音是浑厚而抑扬顿挫的还是细弱而轻快的。由于受文化的影响，饱满而富于变化的声音会被我们视为有力的、严肃的和可信赖的，而细弱轻快的声音则视为带些孩子气的、女性化的和诱人的。

由此可见，声音里包含了不少元素。我们若想建立与他人的亲善关系，不妨模仿声音里的元素之一。相信一个拥有甜美声音的女人的人际关系一定不会太差。

·第二章·

恰到好处，会办事的女人知分寸

求人办事要抓住时机

求人办事，把握住时机是非常重要的。当我们摸清了对方的心理，并等到一个合适的时机时，应该学会当机立断，避免犹豫不决，贻误良机，这样就可以迅速达到自己的目的。

就拿李莲英的故事做一个例子。我们都知道，慈禧喜欢别人称她为"老佛爷"，自然也喜欢故意摆出不杀生、行善积德的样子给人看。特别是在她六十大寿之际，她更要做出一番"功德"来，好让天下人都知她慈禧有好生之德。李莲英为了能够在众臣面前求得慈禧对自己的宠爱以保自己的地位，于是，他绞尽脑汁地想出并做出一些绝招来奉承慈禧。

六十大寿这一天，慈禧按预先安排好的计划，在颐和园的佛香阁下放鸟。一笼笼的鸟摆在那里，慈禧亲自抽开鸟笼的笼门，鸟儿自由飞出，腾空而去。等李莲英让小太监搬出最后一批鸟笼，慈禧抽开笼门后，鸟儿就纷纷飞出，但这些鸟儿在空中只盘旋了一阵，又叽叽喳喳地飞进笼中来了。慈禧又惊奇又纳闷，还有几分高兴，便问李莲英说："小李子，这些鸟怎么不飞走哇？"李莲英很是得意，知道自己做的准备已经让主子高兴了。于是，跪下叩头道："奴才回老佛爷的话，这是老佛爷德威天地，泽及禽兽，鸟儿才不愿飞走。这是祥瑞之兆，老佛爷一定万寿无疆！"

一般说来，李莲英这个马屁可谓拍得极有水平，但这次却拍马屁拍到马腿上了，慈禧太后虽觉拍得舒服，但又怕别人笑话她昏昧，于是脸上露出了阴森的杀气，随即怒斥李莲英道："好大胆的奴才，竟敢拿驯熟了的鸟儿来骗我！"

李莲英并不慌张，他不慌不忙地躬腰禀道："奴才怎敢欺骗老佛爷，这实在是老佛爷德威天地所致。如果我欺骗了老佛爷，就请老佛爷按欺君之罪办我。不过在老佛爷降罪之前，请先答应我一个请求。"

在场的人一听，李莲英竟敢讨价还价，吓得脸都白了，哪个还敢吱声。大家知道，慈禧虽号为老佛爷，实际是一个杀人不眨眼的刽子手，许多服侍不周或出言犯忌的人都被她处死，哪个敢像李莲英这样大胆。慈禧听了这番话，立刻铁青了脸，说："你这奴才还有什么请求？"

李莲英说："天下只有驯熟的鸟儿，没听说有驯熟的鱼儿。如果老佛爷不信自己德威天地，泽及禽兽，就请把湖畔的百桶鲤鱼放入湖中，以测天心佛意，我想，鱼儿也必定不肯游走。如果我错了，请老佛爷一并治罪。"

慈禧也有些疑惑了，她随即走到湖边，下令把鲤鱼倒入昆明湖。稀奇的景象真就出现了，那些鲤鱼游了一圈之后，竟又纷纷游回岸边，排成一溜儿，远远望去，仿佛朝拜一般。这下子，不仅众人惊呆了，连慈禧也有些迷惑。她知道这肯定是李莲英糊弄自己，但至于用了什么法子，她一时也猜不透。

李莲英见火候已到，哪能错过时机，便跪在慈禧面前说："老佛爷真是德威天地，如此看来，天心佛意都是一样的，由不得老佛爷谦辞了。这鸟儿不飞去，鱼儿不游走，那是有目共睹的，哪是奴才敢蒙骗老佛爷，今天这赏，奴才是讨定了。"

李莲英说完，立刻口呼"万岁"拜起来，随行的太监、宫女、大臣，哪能不来凑趣，一齐跪倒，个个都向他们的大总管投来了奉承的眼光。事情到了这份上，慈禧太后哪里还能发怒，她满心欢喜，还把脖子上挂的念珠赏给了李莲英。

且不论李莲英的为人如何，从这个故事我们可以看出，李莲英抓住时机讨巧的功夫实在高明至极。现实生活中，我们也应该抓住时机尽快办成自己要办的事。

一个人办事的成功，除了依赖一定的条件之外，机会的作用是不可忽视的。就连韩愈也在《与鄂州柳中丞书》中写道："动皆中于机会，以取胜于当世。"

比如你要升官晋职。由于本单位、本部门的领导者因为某种原因，或者是工作突出被提拔了，或者到了法定年龄，离休、退休了，或者因工作犯了错误而被解职了，总之，原来的职位出现了空缺，这个空缺就为你创造了一个升迁的机会。如果这个机会来临之时，你却不知道想办法抓住机会，甚至在工作中犯了错误，那官运就会与你失之交臂。

也许有人对此不以为然，他们总认为自己的提升是因为自己拥有某些才能。这种说法，带有很大的片面性。因为谁都知道，一个人被提升时，首先要有职位。没有空出的位置，任你才高八斗，学富五车，也不会被提拔到一个"悬空"的位置上。当然，我们不否认才能在提拔中的作用。

在 20 世纪 80 年代初期，上级配备一个地区的领导班子，为了体现年轻化的原则和要求，规定这一类班子的平均年龄均不得超过 45 岁。由于几个领导年龄较大，在选择最后一个人选时，他的年龄就必须在 35 岁以下。于是，有关部门不得不放弃 35 岁以上的优秀干部的人选，而把眼光集中到 35 岁以下的年轻人身上来。通过挑选，总算把一个年轻的副乡长选了上来。这个人刚当了一年副乡长，虽然素质不错，但主要还是赶上了一个好时机，他做梦也没想到会这么快走上地区的领导岗位。

时机对于办事效果就是这样，时机不出现，有时任你费尽九牛二虎之力，也办不好，办不成功；一旦时机出现了，你不想办，却反而歪打正着，然而，这属于一种非普遍的机会。

就正常而言，大多数办事机遇，都是办事主体努力创造的结果，如下级主动承担某项重要工作而获得了广为人知的成绩和显露出惊人的才华，从而引起领导的重视、赏识而晋升成功。

所以，要想办事成功，关键的还是要靠自己主观努力来把握住时机。

把握住时机，最重要的是要认清时机。所谓时机，就是指双方能谈得开、说得拢的时候，对方愿意接受的时候。一个人还没从车祸丧子的悲痛中解脱出来，你却上门托他给你的儿子保媒说媳妇，无疑你会碰壁的；领导正为应付上级检查而忙得焦头烂额的时候，你却找他去谈待遇的不公，那你肯定要吃"闭门羹"甚至遭到训斥。掌握好说话的时机，才能提高办事的成功率。下面的这两种时机可以说是求对方的最佳时机。在办事过程中，你一定要注意把它牢牢抓住，那将会取得事半功倍的效果。

1. 在对方情绪高涨时

人的情绪有高潮期，也有低潮期。当人的情绪处于低潮时，人的思维就显现出封闭状态，心理具有逆反性。这时，即使是最要好的朋友赞颂他，他也可能不予理睬，更何况是求他办事。而当人的情绪高涨时，其思维和心理状态与处于低潮期正好相反，此时，他比以往任何时候都心情愉快，表面和颜悦色，内心宽宏大量，能接受别人对他的求助，能原谅一般人的过错，也不过于计较对方的言辞；同时，待人也比较温和、谦虚，能听进一些对方的意见。因此，在对方情绪高涨时，正是我们与其谈话的好机会，切莫坐失良机。

2. 在为对方帮忙之后

中国人历来讲究"礼尚往来""滴水之恩当以涌泉相报"。在你为他帮了一个忙后，他就欠下了你一份人情，这样，在你有事求他帮忙的时候，他必然要知恩图报。在不损伤他利益的前提下，他能做到的事情，一般情况下会竭尽全力去帮助你。"将欲取之，必先予之"，托人办事的时机，我们是可以进行预先创造的。

先为自己留好退路

在这个世界上，我们毕竟不能独来独往。办自己的事情时，有时会涉及别人的利益。因此，我们在处理事情的过程中，必须全盘衡量，把握分寸，协调好各方面的利害关系，在争取我们自己利益的同时，绝不能伤害他人。这就要求我们在办事情时，先为自己留好退路。

尤其是有些事情，一旦办了，可能就违法、违情、违理，使自己或别人遭受名誉、经济或地位的损失。

东汉时期，光武帝的姐姐湖阳公主新寡，光武帝有意将她嫁给宋弘，但不知她是否同意，于是就和她一块儿议论朝廷大臣，暗暗地观察公主的心意。后来，公主说："宋弘的风度、容貌、品德、才干，大臣们谁都比不上……"光武帝听说后就有意要促成这门亲事。过了不多久，宋弘就被光武帝召见，光武帝叫湖阳公主坐在屏风后面，然后光武帝带有暗示性地对宋弘说："谚语云：'贵易交，富易妻。'这是人之常情吧？"宋弘说："古语说：'贫贱之交不可忘，糟糠之妻不下堂。'共患难的妻子是不应该被赶出家门的。"光武帝听完后转头对屏风后面的公主说："事情不顺利啊！"

很显然，这件事属于不该办的事，因为臣子宋弘有妻室，湖阳公主显然是"第三者插足"。如果皇帝办成了这件事，虽然在当时不属违法行为，但却是违背情理的。当然皇帝也知道，所以就事先为自己留有退路，借用"贵易交，富易妻"来表达，宋弘以"贫贱之交不可忘，糟糠之妻不下堂"来回应，既保住了皇上的面子，也顺利地推脱了事情。

所以，当有人违背你的人生信念而托你办事时，你也绝不能贪图一时之利，而不负责任地答应他、纵容他，一定要慎重考虑可能引起的后果。如果有人想整治别人，编造假的事实，求你出面作伪证，或者有人想让你同他一起干违法乱纪的勾当，如果你不想与其同流合污，就应有勇气拒绝这类无理的要求。

另外，在办事情时，既要考虑到成功的一面，也要考虑到有失败的可能，两者兼顾，方能周全。在欲进未进之时，应该认真地想一想，万一不成怎么办，以便及早地为自己留一条退路。例如：

清朝乾隆年间纪晓岚在任左都御史时，员外郎海升的妻子吴雅氏死于非命，海升的内弟贵宁状告海升将他姐姐殴打致死。海升却说吴雅氏是自缢而亡。案子越闹越大，难以做出决断。步军统领衙门处理不了，又交到了刑部。经刑部审理，仍没有结果。原因是吴雅氏之弟贵宁，以姐姐并非自缢为由，不肯画供。

后来，经刑部奏请皇上，特派朝中大员复检。

这个案子本来并不复杂，但由于海升是大学士兼军机大臣阿桂的亲戚，审案官员怕得罪阿桂，就有意包庇，判吴雅氏为自缢，给海升开脱罪责。没想到贵宁不依不饶，不断上告，惊动了皇上。皇上派左都御史纪晓岚，会同刑部侍郎景禄、杜玉林，带同御史崇泰、郑徽和东刑部资深已久、熟悉刑名的庆兴等人，前去开棺检验。

纪晓岚接了这桩案子，也感到很头痛。不是他没有断案的能力，而是因为牵扯到阿桂与和珅。他俩都是大学士兼军机大臣，并且两人有矛盾，长期明争暗斗。这海升是阿桂的亲戚，原判又逢迎阿桂，纪晓岚敢推翻吗？而贵宁这边，告不赢不肯罢休，何以有如此胆量？实际是得到了和珅的暗中支持。和珅的目的何在？是想借机整掉位居他上头的首席军机大臣阿桂。而和珅与纪晓岚积怨又深，纪晓岚若是断案向着阿桂，和珅能不借机整他一下吗？

打开棺材，纪晓岚等人一同验看。看来看去，纪晓岚看死尸并无缢死的痕迹，心中明白，口中不说，他要先看看大家的意见。

景禄、杜玉林、崇泰、郑徽、庆兴等人，都说脖子上有伤痕，显然是缢死的。这下纪晓岚有了主意，于是说道："我是短视眼，有无伤痕也看不太清，似有也似无，既然诸公看得清楚，那就这么定吧。"于是，纪晓岚与差来验尸的官员，一同签名具奏："公同检验伤痕，实系缢死。"这下更把贵宁激怒了。他这次连步军统领衙门、刑部、都察院一块儿告，说因为海升是阿桂的亲戚，这些官员有意袒护，徇私舞弊，断案不公。

后来乾隆又派侍郎曹文植、伊龄阿等人复验。这回问题出来了，曹文植等人奏称，吴雅氏尸身并无缢痕。乾隆心想这事与阿桂关系很大，便派阿桂、和珅会同刑部堂官及原验、复验堂官，一同检验。终于真相大白：吴雅氏系被殴而死。海升也供认是自己将吴雅氏殴踢致死，并制造自缢假象。

案情完全翻了过来，于是原验、复验官员几十人，一下都倒霉了！有被革职的，有被发配到伊犁的。唯独对纪晓岚，皇上只给他个革职留任的处分，不久又官复原职。因为纪晓岚曾说自己"短视"，这就为自己留了退路。

《战国策》中有一句名言叫"狡兔三窟"，意指兔子有三个藏身的洞穴，即使其中一个被破坏了，尚存两个；如果两个被破坏了，还剩一个。这就是一种居安思危的生存方式，也是一种有先见之明的预防策略。在办事中，我们不妨学学这一招。

用最大的努力去争取好的结果，同时做好失败的心理准备和物质准备，以及应变措施。这样办事情，就能以不变应万变，永远立于不败之地了。

形势不妙，先走为上

在办事的过程中，难免会遇到一些棘手的，甚至解决不了的难事。这种时候最好不要死挺硬扛，而是要采取"先走为上"之策略。

所谓"先走为上"，是指办事者在自己的力量远不如对手的力量时，不要和对手硬拼，以卵击石，自取失败，应该采取"走"的策略，避开是非，争取另开新路。

1990年，安德斯·通斯特罗姆被瑞典乒乓球队聘为主教练。由于通斯特罗姆平时对运动员指导有方，再加上其战略战术比较高明，所以瑞典乒乓球队连年凯歌高奏。在1991年世乒赛上，他率领的瑞典男队赢得了所有项目的冠军。在1992年夏季奥运会上，他们又夺得男子单打金牌，这块金牌也是瑞典在这届奥运会上获得的唯一一枚金牌。

然而，正当瑞典国民向通斯特罗姆投以更热切期望的时候，他却突然宣布将于1993年5月世乒赛结束后辞职。通斯特罗姆的业绩如此辉煌，瑞典乒乓球联合会已向他表示："非常希望"延长其雇佣合同，那么他为什么要在春风得意时突然提出辞职呢？许多人对此感到迷惑。

后来，人们才知道，正是通斯特罗姆连年的成功促使他做出了辞职的决定，他透露说，自他担任主教练以来，瑞典乒乓球队取得一次又一次的胜利，但是"现在我已感到很难激发我自己和运动员去争取新的引人注目的胜利。瑞典乒乓球队需要更新，需要一个新人来领导"。

在这里，主教练通斯特罗姆用的正是"先走为上"的计策。在体育赛场上，没有常胜将军。通斯特罗姆在感到很难再去"争取新的引人注目的胜利"之际，果断地退下来，无疑是明智之举。这样，既可以保持住自己的声望，又可以使瑞典队得以更新。

在我国古代，晋国公子重耳的故事也是个很好的例子。

晋国公子重耳由于献公昏庸，听信骊姬的谗言，逼迫太子自杀，因而出走流亡在外，这样他既避免了骊姬的迫害，又能留得余生待国有转机时回朝主持朝政。在流亡期间，他渐渐变得成熟干练，而且他也充分利用"走"来寻找他的同盟者。这样他就在"走"的同时来促使晋国内外发生有利的变化，最后，他终于在秦国大军的护送下归晋，众多人欢迎重耳回国。

这是留与走的一个鲜明对比：留则无生路，走后得王位。这虽是一个治国之君的经历，但这个道理在我们平时办事的过程中也是大有作用的。切记：走是为了等待时机，创造条件，不是为了躲避困难，寻求安逸。

找领导办事要把握好分寸

求领导办事还要把握好分寸，托领导办事一定要看事情是不是直接涉及自身利益，如果是，则领导无论是从对你个人还是关心单位职工利益的角度，都认为是一种义不容辞的责任。这样的事领导愿办，也觉得名正言顺。

但你一定要知道，这类事必须关系到你的切身利益，或你爱人的事，或孩子的事，或直系亲属的事。如果七大姑、八大姨的事你都揽过来去托领导办，领导不但不会答应，而且还会认为你太多事，影响你在领导心目中的形象。

一般而言，如下一些事情是下属们经常要找上级出面办理和帮助解决的。

1. 与工作有关的利益。这些利益包括调岗、晋升、涨工资、分房子、调解与同事之间的矛盾、平息一些不利于自己发展的言论或舆论。这一类事能否办到，关键在于你在上级心目中的位置如何，位置高了，他会把利益的平衡点放在你身上；位置若是低了，则必须借助外在的或间接的力量方能把事办成，否则便只能充当各种利益的旁观者了。

2. 与社会生活有关的利益。这包括借贷、买卖、调节各类纠纷，参与婚丧嫁娶等各类红白喜事的协调，对各类被侮辱被损害者的法律公断以及某些同学、同乡、同事、朋友等托办的事宜，等。办这类事情，上级一般未必会直接出面和直接行使权力，但是他们的间接活动有时却是非常有效的。

3. 与家庭关系有关的利益。这包括夫妻关系、儿女关系、亲戚关系。这些关系所涉及的利益有时不能得到满足或者受到了损害，而自己又无力自我成全，于是只好去找某位上级说情，恳求他能出面干预或施加影响，如为子女找工作，帮助妻子调动工作，帮助某位亲属安置工作等。

过度敏感不利于办事

在准备求人之前，自以为对方会给予热情接待，可是到时候却发觉，对方并没有这样做，而是低调处理。这时，心里就容易产生一种失落感。其实，这是自己对彼此关系估计错误，期望太大而造成的。

求人办事，察言观色当然是必备的技能，但是如果你过于敏感，那就等于是给自己套上了一个无形的枷锁，对于办事是没有什么益处的。

这种过度的敏感从根本上说是一种自卑感在作怪。他们总希望自己是生活的强者，是别人心目中的优秀分子，可往往事与愿违，想象与现实之间有距离，这种距离促使他们更加敏感紧张，随时捕捉任何可能对自己不利的信号。结果很有可能会形成一种恶性的心理循环：你越紧张兮兮的，就越容易成为别人的话柄或笑料，反过来又会进一步加剧你的猜疑与敌意，这样就会把人际关系搞得一团糟。

菲菲到多年不见面的同学家去探望。这位同学已是商界的顶级人物，每天造访他的人很多，十分疲劳。因此，对来家的客人，只要是一般关系的，一律不冷不热待之。

菲菲以为自己会受到热情款待，不料到那里后，发现同学对她不冷不热，心里顿时有一种被轻慢的感觉，认为此人太不够朋友，小坐片刻便借故离去。她愤愤然，决心再不与之交往。后来才知道，这是此人在家待客的方针，并非针对哪个人的。她再一想，自己并未与人家有过深交，自感被冷落，不过是自作多情罢了。于是又改变了心态和想法，采取主动姿态与之交往，反而加深了了解，增进了友谊。

幸亏事后菲菲并没过度敏感到不与同学交往的地步，因而增进了友谊。假如当初她因受了一次冷落就不和人交往了，那也就不会有以后的友谊了。

无论是工作或生活中，过度敏感都是十分不利的。比如，"北大怪侠"孔庆东在《47楼207》中曾写过这样一件趣事：

上中学时，几位同学在一起边走边玩儿，忽然间走到前边的一位姓马的同学转过头来，愤怒地叫道："你们叫谁马寡妇？"其实大家谈论的话题与他一点关系都没有，他就这样给自己起了个外号。

人们常说做贼心虚，可是有很多人，他们自己明明并没有做什么见不得人的事，但心里却常发虚，他们过分地注意别人对自己的评价或态度的微小变化，其实别人并没有拿他们怎么着，但他总会以为大家在同他过不去。这样一来，不但把自己弄得紧张不堪，别人也不会再情愿给他办事了。

分清事情的分量再办事

事情有大有小，有轻有重，是放弃西瓜捡芝麻，还是丢掉芝麻捡西瓜，这既涉及自身的利益，又涉及他人及整体大局的利益。所以，在这取舍两难的选择之间，就应该掂量一下事情的分量，尽量采用舍小取大、弃轻取重的处理原则。这样，虽然丢掉了小利，但所换取的可能就是大利或大义。

蔺相如是战国后期赵国人，他本是赵国宦官令缪贤的门客，通过完璧归赵、渑池之会后，一跃成为赵国的上卿。

廉颇是赵国上卿，多有战功，威震诸侯。蔺相如却后来居上，使廉颇很恼火，他想："我乃赵国之大将，身经百战，出生入死，有攻城野战之大功，你蔺相如不过运用三寸不烂之舌，竟位居我上，实在令我接受不了。"他气愤地说："我见相如，必辱之。"从此以后，每逢上朝，蔺相如为了避免与廉颇争先后，总是称病不往。

有一次蔺相如和门客一起出门，老远望见廉颇迎面而来，连忙让手下人回转轿子躲避开。门客见状，对蔺相如说："我们跟随先生，就是敬仰先生的高风亮节。现在，您与廉颇将军地位相同，而您见了他就像老鼠见猫一样，就是一般人这样做也太丢身份了，何况一个身居高位的人呢！连我们跟着先生也觉得丢人。"蔺相如问："你们嫌我胆小，你们说廉将军和秦王相比，哪个厉害？"门客答道："秦王厉害。"蔺相如说："既是秦王厉害，我都敢在朝廷上呵斥他，侮辱他的大臣们，我连秦王都不怕，却单单怕廉将军吗？"蔺相如接着说："我想强秦不敢发兵攻打赵国，是因为我和廉将军在位。如果我们二人争闹起来，势必不能并存。我之所以这样做，是把国家利益放在前头，把个人的事放在后头啊！"门客恍然大悟。廉颇闻之，深感内疚，于是负荆请罪，与蔺相如结为"刎颈之交"，演出了一幕千古流芳的"将相和"。

蔺相如之所以能千古流芳，就在于他能忍小辱而顾全国家大义，对事情的分量把握得好。赵国之所以不被他国欺负，就是因为有将相文武二人的威势。可见，把握好事情的分量，不仅利于个人关系，对集体、对国家也是幸莫大焉。所以，每个人在办事情之前，都要先把握好事情的分量然后再去办，这样，方能事半功倍啊。

事有大小，事有种类，事有难易，有的事关系到自己的切身利益，有的事则可办可不办。我们不但要知道哪些事应该怎样办，而且要知道哪些事该办，哪些事不该办。

如果你觉得事情能够办成，就应该毫不犹豫地去办。

如果你觉得要办的事情把握不大，就要给自己留下回旋的余地。

如果你觉得要办的事情没有能力办到，就不要勉强去办。

有些事情无论是工作上的还是家庭中的，能办的要及早办，不能办的也要想办法找关系求人去办，我们在实际生活中遇到更多的是别人求办的事，对于这类事我们应该有一个因事制宜的态度。

办事要掌握好火候

办任何事情都应有轻重缓急之分，有的事发生后，必须马上处理，延误了时间就可能与预期目标相背离，或是财产损失加大，或是身家性命有危。但是有些人际关系的处理，发生之时，立即解决，可能会火上浇油，使事态发展愈加严重，而冷却几日，等当事人恢复理智以后再处理，就可能会大事化小，小事化了。所以，在办事过程中，处理事情，就要掌握好火候，这对事情的成败至关重要。

像我们都熟知的"将相和"的历史故事，如果蔺相如在廉颇正气势汹汹之时，去找他解释，与他理论，即使和颜悦色、平心静气，廉颇也可能一句都听不进去。这样不但不利于解决矛盾，反而极有可能引起新的冲突，使事态严重，对彼此双方更为不利。

为掌握解决冲突的"火候"，有人找到了一种"10%法"，即事情发生后，再等 10% 的时间，这 10% 的时间，你的朋友或对方，会因说出的话、办过的事向你道歉；这 10% 的时间，也使你的头脑更清醒，而不至在盛怒之下失去控制。

受到别人的伤害，我们很可能暴跳如雷、怒发冲冠，与其如此，不如暂且迫使自己先冷静下来，然后再去想应当怎样对待，要知道大多数人不是有意要伤害我们的。

事实上，我们永远也无法避免受伤害，它是我们生活的一部分。既然如此，何必忧之恨之？除此之外，要想别人不伤害你，还要时刻想到不要伤害别人，只有这样，才能活得轻松，活得愉快；也只有这样，你才能找到为你办事的人。

需要我们立马做的事就是最重要、最紧急的事，穿不得任何拖延。做完了一件事后又可依此方法对下面的事进行分类。那么我们依据什么来分清轻重缓急，设定优先顺序呢？

善于办事的高手都是以分清主次的办法来统筹时间，把时间用在最有"生产力"的地方。

面对每天大大小小、纷繁复杂的事情，如何分清主次，把时间用在最有生产力的地方呢？下面是 3 个判断标准：

1. 我必须做什么

这有两层意思：是否必须做，是否必须由我做。非做不可，但并非一定要亲自做的事情，可以委派别人去做，自己只负责督促。

2. 什么能给我最高回报

应该用 80% 的时间做能带来最高回报的事情，而用 20% 的时间做其他事情。所谓"最高回报"的事情，即符合"目标要求"或自己会比别人干得更高效的事情。

前些年，日本大多数企业家还把下班后加班加点的人视为最好的员工，如今却不一定了。他们认为一个员工靠加班加点来完成工作，说明他很可能不具备在规定时间内完成任务的能力，工作效率低下。社会只承认有效劳动。

因此，勤奋 = 效率 = 成绩 / 时间

现在勤奋已经不是时间长的代名词，勤奋是最少的时间内实现最多的目标。

3. 什么能给自己最大的满足感

最高回报的事情，并非都能给自己最大的满足感，均衡才能和谐满足。因此，无论你地位如何，总需要分配时间于令人满足和快乐的事情，唯有如此，工作才是有乐趣的，并易保持工作的热情。

通过以上"三层过滤"，事情的轻重缓急很清楚了，然后，以重要性优先排序（注意，人们总有不按重要性顺序办事的倾向），并坚持按这个原则去做，你将会发现，再没有其他办法比按重要性办事更能有效利用时间了。

练习分清事情的轻重缓急，逐步学习安排整块与零散时间。不要避重就轻，事情肯定会有轻重缓急，先集中时间，把最重要的先完成，不重要的拖拉了自己也不后怕。利用好零散的时间做事，可以在不知不觉中完成烦琐的杂务，关键是不要怕办难办的事。

总之，只有在办事时把握住处理的火候，才能在短时间内把事情办得又快又好。

不要死要面子活受罪

求人办事，不能死要面子，须知"死要面子活受罪"。如果总以为自己是多么清高，这样事情能办成吗？

我们对于面子应该是这样理解的：一个人不可能不要面子，但又不能够死要面子。死要面子的人，往往会真正丢了面子。

小说《红楼梦》和话剧《北京人》，都真实地刻画了本已败落，但仍不肯

抛弃面子的诸多世家子弟的形象。在他们看来，如果这些面子一旦全都不存在，活着也就没有什么意思！可见，很多人把面子看得比生命还重要，这就是他们的人生哲学。

面子当然应该要，一个一点面子也不要的人，恐怕自尊心也不复存在。关键的问题是，怎样做才算不丢面子？什么面子可以丢，什么样的面子应当保？当然，人们也都非常明白，出于虚荣的面子应当丢，有关人格的面子需要保，不保何以处世？而保的办法则是实事求是。事实俱在，曲直分明，面子不保亦在；哗众取宠，装腔作势，面子虽保犹失。

齐国有一个很穷的人，娶了一个老婆，还有一位小妾。这个人祖上也曾发达过，可现在不行了，然而他的面子可低不下来，就是在自己的老婆、小妾面前也不忘打肿脸充胖子。他经常会对妻、妾说，经常有贵客请他赴宴，而且每次回来都装成酒足饭饱的模样。后来，老婆觉得自己家清贫，但丈夫却经常能赴贵人的宴会，于是就跟在丈夫背后想一探究竟。终于她发现了丈夫的秘密，原来这个人每天都到东门外的一个墓地里，跑到上坟人那里去乞讨剩余的祭品。原来他就是这样"参加宴会"的！而每天他都跑来得意扬扬地在他的妻、妾面前摆出一副不可一世的样子，丝毫也不觉惭愧。因为在他看来，这样才算有面子，也就不管什么死要面子活受罪了。

其实死要面子的危害岂止是活受罪，有时还是伤害自我的导火索。

在中国古代，人们把勇敢看成有面子，所以，传说有两位勇士，为了表示勇敢，居然互割对方的肉下酒，最后双双送了性命。

以上讲的都是古代的例子。在商品经济社会中，要面子的现象同样存在，而且有过之而无不及。人类社会在不断分化，贫富差距在不断加大，许多人在社会剧变中失去了自我价值的判断能力，他们的心理遭到了极大的扭曲，因此只有借助于虚荣来满足自己的面子和虚荣心。有些人即使债台高筑，也要挥金如土，与他人比吃、比穿、比用、比收入。当官的比轿车、比住房、比待遇、比职级；在操办红白喜事时，讲排场、摆阔气；在住房装修中，比豪华气派；在生活消费中，大手大脚，寅吃卯粮，借贷消费，其目的都是要让他人将目光聚集在自己身上，以保住自己的"面子"。

　　要知道，死要面子会使人变得乖戾而孤独。有一位从事高新技术研究的人，技术与学识上并不太差，但由于自尊心过强，所以，尽管年逾不惑，却仍然和同事们难以和睦相处。原因是，不管是在学术问题的讨论上，还是在工作方案的安排上，甚至就连日常琐事的看法和处理上，只要别人的意见与自己不合，他就觉得面子受了损害，一点也不能容忍，立时发作起来，非要别人按自己的想法去办不可。否则，就会不依不饶，甚至恶语相加。因为他觉得自己永远高人一筹，意见必然正确无误，别人只有跟着走的份儿，否则就是以邪压正，同时，这也是不给自己面子。正因为他的这种毛病，所以，凡与他相处稍久的人，无不敬而远之，避之犹恐不及。试想，如果这样的一个人去找别人办事，成功的几率会有多少呢？

　　总之，死要面子的行为是应该被摒弃的，否则对求人办事是非常不利的，甚至会严重危及你的人际关系。

第三章

巧借外力，求人办事要讲策略

求人办事，先开一个好头

女人在社会中摸爬滚打，当遇到自己无法办妥的事情时，求人办事是必不可少的手段。俗话说：万事开头难。向别人提出要求是件很难的事情，不仅是你，对方也会感到有一定的麻烦存在。所以有效的语言手段非常必要，如果掌握了技巧，难事也就变得容易了。

1. 通过旁敲侧击达到目的

生活中为人求情、代人办事常常遇到令人不满意的情况，可是只要你学会委婉的表达方法，旁敲侧击，通常能起到意料不到的效果。

战国时，韩国修筑新城的城墙，规定限十五天完工，大臣段乔负责此事。有一个县拖延了两天，段乔就逮捕了这个县的主管官员，将其囚禁起来。这个官员的儿子为了解救父亲，找到管理疆界的官员子高，请子高去替父亲求情。子高答应了这件事。

见了段乔后，子高并不直接提及放人的事，而是和段乔共同登上城墙，故意左右张望，然后说："这墙修得太漂亮了，真算得上是一件了不起的功劳。功劳这样大，并且整个工程结束后又未曾处罚过一个人，这确实让人敬佩不已。不过，我听说大人将一个县里主管工程的官员叫来审查，我看大可不必，整个工程修建得这样好，出现一点小小的纰漏是可以原谅的，又何必为一点小事影响您的功劳呢？"

段乔见子高如此评价他的工作，心中甚是高兴，听子高的见解也在情理之中，于是便把那个官员放了。

那个官员之所以能够获免，就在于子高的求情。子高先把一顶高帽子给段乔戴上，然后就事论题，深得要领，令人不得不拍案叫绝。其实，一般人都存在顺承心理和斥异心理，合自己心意的就容易接受。因此，顺应事物的发展规律，巧言游说，便容易成功。

2. 用商量的口气

以商量的口气把要求办的事儿说出来不失为一种高明的办法。如：

"能不能快点把这事儿给办一下？"

"这事儿给办一下是不是可以？"

装作自己没把握，把请求、建议等表达出来，给对方和自己留下充分的退路。例如："你可能不愿意去，不过我还是想麻烦你去一趟。"

在向别人提出建议时，如果对方在话语中表示他可能不具备有关条件或意愿，那就不要强人所难，要把握好分寸。

3. 央求不如婉求，劝导不如引导

求人办事儿的规律：央求不如婉求，劝导不如引导。

在运用这一策略的时候，要注意的是：引导别人参与自己事业的时候，应当首先引起别人的兴趣。

当你要引导别人去做一些很容易的事情时，得先给他一点小胜利。当你要诱导别人做一件重大的事情时，你最好给他一个强烈刺激，使他对做这件事有一个想要成功的愿望。在此情形下，他已经被一种渴望成功的意识支配了，就会很高兴地为了愉快的经验再尝试一下。

总之，要引起别人对你的计划的热心参与，必须先引导他们尝试一下，可能的话，不妨让他们先从一些容易的事儿入手，这些容易成功的事情，在他们看来，往往是一种令人兴奋的真正的成功。

人都是情感动物，只要你能打动他，他必然会欣然应允你的要求，而适当的语言策略会使求人的气氛变得友好、和谐。

择善而从，选择能够帮助自己的人

俗话说："七分努力，三分机运。"许多女人一直相信"爱拼才会赢"，但偏偏有些女人付出的努力和最终的收获无法成正比。究其原因，是缺少他人相助所致。在向事业高峰攀登的过程中，有人相助绝对是不可缺少的一个环节。有人相助，可以使你尽快地取得成功，甚至飞黄腾达、扶摇直上。

"借助他人的力量往上走"，这是全球最成功的华裔女性、雅芳 CEO 钟彬娴的成功经验。《时代》杂志曾评选出了全球最有影响力的 25 位商界领袖，钟彬娴是唯一入选的华人女性，她的成功之路被许多人认为是一个奇迹，而奇迹中蕴含的奥秘看起来真的很简单。1979 年，一无背景、二无后台的钟彬娴以优异的成绩从普林斯顿大学毕业。当时她决定在零售业锻炼一段时间，然后再进入法学院学习法律。在她看来，零售业的经验将对她的法律学习有很大的帮助。零售业的经历可以培养她的悟性，锻炼脸皮与耐性。于是她加入了鲁明岱百货公司，成为一名管理培训人员。

钟彬娴的家族成员都是专业人士，唯独她一个人入了零售行业。因此，当她面对零售工作，与客户打交道时，体会到了工作的艰辛，但她并没有放弃，而是决心在工作中开拓自己的人际关系。

幸运的是在鲁明岱百货公司，钟彬娴遇到了公司首位女副总裁万斯。此人自信机智，讲话清晰有力，进取心强，是女人中的精英。钟彬娴意识到，如果要在相互搏杀的商业社会里叱咤风云，就必须摆脱亚洲人善于服从的特性的束缚。于是，为了向万斯学习丰富的工作经验和技巧，钟彬娴像对待老朋友一样对待万斯，用心来交流，用真诚来互动，很快取得了其信任，让她心甘情愿地充当自己的职业领路人。

"有些人只等着机会来临，"钟彬娴说，"我不这样，我建议人们要抓住能带你飞翔的人的翅膀。"在万斯的帮助下，钟彬娴在鲁明岱百货公司升迁很快，到了 20 世纪 80 年代中期，她已成为销售规划经理、内衣部副总裁。

后来，钟彬娴开始兼任有着 110 多年直销历史的雅芳公司的顾问。在雅芳，钟彬娴卓越的才华和超绝的人际关系拓展能力吸引了雅芳 CEO 普雷斯的注意力。7 个月后，钟彬娴正式加盟雅芳公司。时间长了，她发现在这里没有挡住女性升迁的玻璃天花板，女人也有很宽很广的发展空间。很快，钟彬娴便在雅芳拥有了自己的人际关系资源，并以卓越的管理才能获得了普雷斯的认可，与之结为好友。

一个没有任何背景的女性，在 40 岁出头就能有如此令人羡慕的成就，这不能不说是一个奇迹。而钟彬娴成功的关键就在于善于建立自己的人际关系，找对了自己职业生涯中的关键人物。

心理学家曾做过一项研究，研究对象均为学术智商很高的科学家，他们之中有的人出类拔萃，有的人成绩平平。为什么差距这么大？原来有成就的人往往善于交际，拥有自己的交际圈，善于借势，不放过生命中的每一个可以帮助自己的人，从那些人身上获得自己所需的物质和精神、脑力和体力上的帮助。

生活中，每个人的精力和交际范围都很有限，如何在有限的交际中获得无限大的收益呢？二八法则告诉我们：生命中，20% 的付出将产生 80% 的回报（其余 80% 的付出却只收获 20% 的回报）；20% 的人际关系，会对你的一生造成 80% 的影响。因此，让 80% 的人喜欢你，避开 20% 不必交的、不可交的人。

我们要知道，生命中有些人是没有必要深入交往的。比如旅游途中停留客店的房主、公交车上的售票员，这些多是远离你生活圈的人，只要不让对方讨厌自己就够了。

还有的人是不可交的，所谓"择善而交"也正是这个意思。和那些思想堕落、行动腐化、不思上进的人混在一起，只会把你引上歧途，降低你的人格，还是远离他们比较好。

此外，努力让 80% 的人喜欢你，并和你生命中重要的 20% 的人建立深厚的感情和密切的联系。当然，在这 80% 的人中包括了对你非常重要的 20% 的人。赢得家人的喜欢，增进和他们的感情，因为他们关乎你的成长和生活；多和学习、工作中的关键人物沟通，他们能帮助你顺利从业、愉快工作、寻求发展，这些关乎你一生的成就；和能深入你心灵的朋友多多联系，这关乎你性情和性格的塑造……

总之，避开 20% 不可能成为朋友的人，和 80% 的人友好而安然地相处，把握其中 20% 的关键人物，是女人获得成功与幸福的不二法门。

巧妙赞美助你办事成功

人性的弱点决定了人是最禁不住赞美的，女人在求人办事时，必须要学会赞美的技巧，这不仅能很容易办成事，而且还会让对方对你产生好感。

在世俗社会里，会说赞美话的人，办事儿会更顺利些。当一个人听到别人的赞美话时，心中总是非常高兴，脸上堆满笑容，口里连说"哪里，我没那么好""你真是很会讲话"，即使事后冷静地回想，明知对方所讲的是恭维话，却还是没法抹去心中的那份喜悦。

赞美人是一种放之四海而皆实用的办事技巧，当对方听到你的赞扬时，心中会产生一种莫大的优越感和满足感，自然也就会高高兴兴地帮你办事。即便事情有点难度，但为了维护自尊心，满足虚荣心，他也会硬着头皮为你办的。

美国黑人富豪约翰逊决定在芝加哥为公司总部兴建一座办公大楼。他出入无数家银行，但始终没贷到一笔款。于是他决定先上马后加鞭，他设法将自己的数万美元凑集起来，聘请一位承包商，要他放手建造，自己再想方设法筹集剩下的 300 万美元。

建造施工持续到所剩的钱仅够再花一个星期的时候，约翰逊终于获得一个机会，就是与当地一家实力雄厚的银行的贷款业务主管一起吃晚饭。利用这个机会，约翰逊准备拿出经常带在身边的一张蓝图摊在桌上时，银行主管对约翰逊说："这儿不便谈话，明天到我的办公室来。"

第二天，当约翰逊断定该银行很有希望给他抵押借款时，他说："好极了，唯一的问题是今天我就需要得到贷款的承诺。"

"你一定在开玩笑，我们从来没有在一天之内给过这样的贷款承诺。"银行主管回答。

约翰逊把椅子拉近说："你是这个部门的主管。也许你应该试试看你有无足够的权力把这件事在一天之内办妥？"

对方微笑着说："你这是逼我上梁山，不过，还是让我试一试看。"

他试过以后，本来说办不到的事儿竟然办到了，约翰逊也在钱花光之前几个小时回到了芝加哥。

一个有地位的人，荣誉感会更强，他是不会容许别人质疑他的权威的。女人们只要能抓住这一点，办事自然就很容易成功了。

凭借赞美达到办事儿目的的例子，在日常生活中还有很多很多。一般情况下，赞美他人的自尊、名声、荣誉、能力等，都可以作为办事的武器。

某市文化公司要建一座现代化的写字楼。这一天，公司王经理在办公，家具公司的李小姐找上门来推销办公家具。

"哟，好气派！我从来没有见过这样漂亮的办公室。如果我有一间这样的办公室，我这一生的心愿就都满足了。"李小姐这样开始了她的谈话。她用手摸了摸办公椅扶手，说："这不是红木吗？难得一见的上等木料哇！"

"是吗？"王经理的自豪感油然而生。说罢，他不无炫耀地带着李小姐参观了整个经理室，兴致勃勃地介绍设计比例、装修材料、色彩调配，兴奋之情，溢于言表。

后来，李小姐顺利地拿到了王经理签字的办公室家具的订购合同。她达到了推销的目的，也给了王经理一种心理上的满足。

李小姐成功的诀窍，就在于她了解交往对象的心理。她从王经理的办公室入手，巧妙地赞扬了王经理所取得的成绩，使王经理的自尊心得到了极大的满足，并把她视为知己。这样，办公家具的生意自然也就非李小姐莫属了。

求人办事，先引起对方的兴趣

女人在与人交往的过程中，如果想寻求别人帮助，对方能不能答应你的要求，能不能全力帮助你把事情办成，关键就在于他心里是怎么想的。

有心理学家曾经做过一个实验：在实验中，让一些女助手扮演成乞丐到大街上乞讨，在不打算引起路人注意的情况下，女助手提出的请求是："您能给我一些零钱吗？"或者是："您能给我一个 25 美分的硬币吗？"为了引起路人的注意，并且不至于让路人一下子就拒绝，另一组助手提出了不同寻常的请求："您能给我 17 美分吗？"或者："您能给我 37 美分吗？"

结果表明，第二组助手的请求引起了许多路人的兴趣，大约有 75% 的路人将助手所需要数目的钱给了他们；而在前一种情况下，只有很少的路人给了她们一些钱。很显然，人们对什么事儿有兴趣或认为什么事儿会有满意的回报，就会乐于对什么事儿投入感情、精力，甚至资金。心理学家也告诉我们，人们怎样想一件事情完全是外在情趣和利益诱惑的结果。他对 A 问题感兴趣或者想获得 A，他就会说对 A 有利的话，也会做对 A 有利的事，反之，他便具有原始的不自觉的拒绝心理。所以，我们在社交中要想改变他人的看法，在办事时要想争取对方应允或帮忙，就应该设法使对方对这件事产生积极的兴趣，或者设法让对方感觉到办完这件事后会得到自己感兴趣的利益。

利用兴趣求人办事必须让对方感到自然愉悦，事情才会大有希望，只有用兴趣把对方吸引住，对方才肯为你的事付出代价。

在具体运用时还需要掌握一些小窍门：

一是利用那些新颖的东西，引起他人的好奇，使他常常情不自禁、穷追不舍地要弄个明白，这时人们就会对你产生强烈的兴趣，不由自主地跟你"黏"在一起，再进一步，就可能按照你的思路走了。

二是当我们很谨慎地根据他人的经验、兴趣，来设法接近他人时，除了拿出新颖的东西之外，还得掺和着一些别人熟悉的成分。因为我们的目的是抓住他人的注意力。

所以，女性朋友们在求人办事之前不妨先激起对方的兴趣，这样会大大增加成事的可能性。

自我提升，创造办事条件

女人在求人办事时，博弈手段一定要灵活，特别是在商业场合求助于陌生人时，如果自身力量较弱，处于劣势，那么你不妨巧用一些手段，把身价抬高，增加自身分量，这样你才好求人。当然，如果无限度地拔高自己，只能是玩火自焚。

商业场合，本就虚虚实实，谁也无法完全摸清商业伙伴和竞争对手的底细。在这种大环境下，如果你势力弱而又想把事业做大，那么你就应该多往脸上贴金，抬高身价，至少给对方一个你实力强大的假象，只有这样，你才能成功地借助对方的力量。

有一年，国际木材市场需求增加，价格上扬，某大型林场看准这一时机，将林场的木材打入国际市场，市场反映良好。然而好景不长，几个月后，由于市场竞争激烈，木材的价格又大幅下跌，如果继续坚持出口，林场将每年亏损上千万元。面对危机，场长认为，参与国际交易他们是后起者，在强手如林的情况下，挤进去非常不容易，应想办法站住脚才行。如果一遇风险和危机就退出来，那么，想再占领市场就会更困难。于是他决心带领大家从夹缝中冲出去。为此，他亲自到欧美一些国家做市场调查，搜集信息，寻找合伙对象，开辟新市场。

在国外，场长找到一个著名的家具生产集团。场长开门见山地说明来意，希望那家公司能够把他们的林场作为原料采购基地。对方公司总经理说："现在我们的原料供应系统很稳定，你有什么优势让我们把别的公司辞掉，而选用你们的木材？"场长对此不卑不亢地列举了该林场三大优势：第一，我们林场的木材质量有保证，有很高的信誉；第二，我们可以长期合作，保证长期供货，长期供应可以在价格上给予一定的优惠；第三，我们林场有自备码头，保证货运及时，并有良好的售后服务，更重要的一点是保证信守合同。场长在大谈林场的三大优势后，还不紧不慢地对外方总经理说，林场刚刚与国际上另一家知名公司签订了供货合同。那位经理听说连那样的大公司都与这家林场签订了合同，看来林场实力不弱啊！他立即同意就供货问题正式洽谈，签订合同之前对木材进行现场检测。经检测，木林质地良好，是家具原材料的上上之选，经过一番讨论，双方终于正式签订了合同，该林场在国际市场上也站稳了脚。

一般人求人，态度一定会低三下四，让对方可怜，好像只有这样才容易获得救助。但是，这种人对方可能见得比较多，也就会见怪不怪了。如果你一反常态，巧用手段提升自己，从气势上并不输给对手，然后你再故意说一些抬高身价的话，对方肯定会觉得你或许真的实力不凡。正如上例中，那位场长没有刻意地恭维对方，而是底气十足地向对方提出要求，紧接着在不经意中道出自己与另一家公司签订了合同，无形中抬高了己方的身价，让对方对他刮目相看，如此一来事情自然好办多了。

平常办事时，女人们不妨也改变以往谦恭谨慎的求人法，用一些博弈手段自我提升，为自己更好地办事创造条件。

善意的谎言要说得真诚

在工作和生活中，为了能办成事情，女人也需要学会说一点善意的谎言，这样既能避免尴尬，又能求得别人替自己办事，何乐而不为呢？

虽然我们应该以诚待人，应该说真话，但有时谎话也是有必要说点的。例如，某人患了不治之症，知道这一情况的亲友多不会以实情相告。其实，在一般的交际活动中也常有说假话产生好效果的时候，而且说谎的方式也是多种多样的，不必拘泥于直接而简单地说上一句骗人的话。

在某个时候说点谎话，能使本来很有距离的双方达到某种共识，使进一步的交流成为可能。

有个女企业家新开了一家大型书店，想请某著名书法家为其题字。于是，她和一位朋友就去拜访这位书法家。谁知那位书法家为人严肃，不苟言笑。坐了半天，除了开头说了几句应酬话，他们一直处于让人尴尬的沉默中。

忽然，那个女企业家看到书法家的鱼缸中养了几条热带鱼，其中几条色彩斑斓，游起来让人眼花缭乱。那个女企业家知道这鱼叫"地图"，她自己也养了几条，还很得意地为朋友介绍过。书法家见那个女企业家神情专注，就笑着问："还可以吧？才买的，见过吗？"就听这个女企业家说："还真没见过。叫什么名字？我也想养几条呢！"当时她的朋友不解地看看她，心想："装什么糊涂，你不是上星期才买了几条养在家里吗？"

那位书法家像是遇到了知音，说说笑笑，如数家珍地给她讲每条鱼的来历、名称、特征，又拉着她到书房看他收集的各类名贵热带鱼的照片，气氛顿时活跃起来了。他们一直聊到吃过晚饭才走。而在聊天中，那位书法家得知女企业家的大型书店开张在即，甚至主动提出赠给对方一副题字，恭贺她生意兴隆。这时，朋友才明白女企业家说谎的用意。

一句谎话使书法家前后判若两人，本来几乎陷入僵局的交谈又顺利进行下去了。若据实相告，那场面很可能会继续尴尬下去。

在生活中求人办事的时候，有些情况下真话比假话伤人，这时你就需要适当地说一些无伤大雅的谎言，既避免损伤对方的面子，也能更好地维护彼此的友好关系，促进彼此的合作。但在说善意的谎言时也要注意，不要弄巧成拙。

用苏格拉底的辩证法增加办事筹码

求人办事，切记不要开始就谈及你们意见不同的事，而须把重点放在彼此持相同意见的事上，一开始就要让对方回答"是"，而千万不要让他说出"不"来。因为假若一开始双方就意见不合，那他会存下反辩的成见，如此你就算再说上千言万语，而且句句实言，对方也早已对你存下了不良的印象，要想使他改变过来，是不大容易的。所以求人办事，先得迎合对方的心理，使对方觉得这次交谈是商讨，而不是争辩。

心理学研究证明，当一个人对某件事说出"不"字，无论在心理上还是生理上，都比他说其他字要来得紧张，他全身的组织——分泌腺、神经和肌肉——都会聚集起来，形成一种抗拒的状态。反过来看，一个人说"是"的时候就没有收缩作用发生，反而是全身放松准备接受，所以，在求人办事的开头我们获得"是"的反应越多，就越容易得到对方对我们最终提议的支持。

要使别人说出"是"其实很简单，下面就是一个很好的例子。

李雪静在一家公司做推销员，在她推销的区域内有一家大工厂，她当时就认为这家工厂是公司未来的一个大主顾，于是花费了几个月的时间，用了很多口舌，最后总算得到了一小笔订单。当时李雪静心想，假如能使对方满意的话，可能会有大批的订单，这也是李雪静最殷切期望的。

几个星期后，李雪静决定去那家工厂看看反应，还想让对方再签下一笔大订单。但是遇到工厂总工程师，人家第一句话就是："李小姐，以后我不能再买你们的马达了。"这使李雪静大吃一惊，她马上问对方："为什么？"

他说："因为你们的马达太热，我的手都不敢放上去。"

李雪静立即知道和那位工程师争辩是没有好处的，这是她从以往无数次的失败中得来的经验。

李雪静说："李总，您的话不错。马达外围烫手是不好的，您所需要的是发热不超过协会规定的一架标准的马达，它发热可以较室内温度高上华氏72度，我说得对吗？"

他说："是的，但是马达四周烫手，都超过了规定的度数。"

李雪静不与他争辩，仅仅问他："当时工厂室内的温度是多少？"

他说："噢！大约是华氏75度吧。"

李雪静接着说："对了，室内的温度再加上马达本身发热72度，那一共是147度呀！手将被烫坏了呢！"

他听了这些话什么也不说，仅点点头，于是李雪静趁机又向他建议："李总，我们不可以把手放在马达上，您认为这意见对吗？"

听完李雪静的话后，那位工程师便承认说："我想你的意见有道理。"

他们又随便闲谈了一会儿，随即约定在下月定购李雪静公司5万元的货物。

上述事例中李雪静所用的说服方法是2000年前希腊大哲学家苏格拉底所用的，这种"苏格拉底式的辩证法"就是以得到对方的"是"的反应为目的，使对方不断地说"是"，无形地把对方"非"的观念改变过来。

因此，聪明的女人在求人办事的时候，要巧妙应用苏格拉底的辩证法，使对方多说"是"，使人家减少反感，轻松达到你的目的。

激发对方的同情心，触动其心灵的薄弱环节

女人求领导办事时，要注意激发他的恻隐之心。

下属之所以找领导寻求帮助，是因为在生活中出现了困难，比如，经济

困难、住房困难、子女就业困难等等。找领导办事，说到底也就是想让他们帮助解决这些困难。要想把事情办成，女人们可以把这些苦衷原原本本、不卑不亢地向你的领导倾吐出来，让他对你的境遇产生同情心，从而帮助你把问题解决掉。

想引起领导同情，就需要把自己所面临的困难说得在情在理，令人同情。所以，越是给自己带来遗憾和痛苦的地方，则越应该表达出来。这样，领导才愿意以拯救苦难的姿态向你伸出援助之手。

要引起领导同情，女人们还必须了解领导的个人喜好，了解他赞扬什么、批评什么，又愤慨什么，了解他的情感倾向和对事物善恶的评判标准。了解了这些，你就可以围绕着领导的喜好来唤起他的同情心。当引起对方感情的共鸣时，就离你事成之时不远了。

某市房地产开发公司新竣工了一幢职工宿舍，按照小芬的级别和工龄，她是分不到新房子的，但她确实有许多具体困难：自己和爱人、小孩挤在一间10平方米的房里，倒也还凑合，可她乡下的父母来了，就不方便了。于是小芬只好去找上司，一开口就对上司说："主任，如果您单位有人把年老体弱的父母丢在一边不管，您认为该不该？"

"当然不该！是谁这样做？"上司一脸义愤。

"主任，这个人就是我。"小芬垂着头，无可奈何地说。

"你为什么这样做？平时我是怎么教育你们的？要你们尊老爱幼，你竟……"

小芬耐心地听爱啰唆的领导数落完，才缓缓开口说道："我父母就我和我妹两个孩子。妹妹刚出嫁，条件也不好，我作为长女，没理由让新婚的妹妹把父母接过去，这会遭人闲话的。何况我是大学生，又分在这样一个响当当的单位，在您这位能干、有威信的领导手下工作。一辈子含辛茹苦的农村父母，培养一个大学生多不容易呀，乡亲们都说我父母有福分，今后有享不尽的福。可是我现在，一家三口住一间平房，父母亲来了，连个睡觉的地方都没有。想把父母接到城里来，自己又没有条件；不接来，把两个年老体弱的老人丢弃在乡下，我心里时常像刀割般难受。我这心里，一想起我可怜的父母……"小芬说到这里，落下了伤心的泪水。

"小芬，可你的条件不够……"主任犹豫着说。

"我知道我条件不够，我也不好强求主任分给我房子。如果主任体恤我那年老多病的父母，分给我一间半间的，我父母来了，有个遮风的地方就行了。如果主任实在为难，我也不勉强，我明天就回乡下，把父母送到敬老院去。"

主任沉默不语。

小芬知道主任在动摇，于是又趁热打铁地说道："我把父母送敬老院，在乡人眼里必将落下不孝的罪名，我自己倒没什么可说的，只是，我担心有人会说您的闲话，说您不体恤下情，说您领导的单位，职工连父母都养不活……"

"小芬，你不要说了，我尽量给你想办法。"

几天后，小芬拿到了一套两居室房子的钥匙。

由此可见，女人们求领导办事可以在"情"上激发他。从上级曾经切身感受过的事情入手，在人之常情上下功夫，把自己所面临的困难说得在情在理。

上级的同情心有时是引出来的，有时是激出来的。如果上级对某个下属有成见，认为他水平很差，那么这个下属若要博得上级的同情，可能就是一件相当困难的事情了。人只有在没有成见的时候，才能产生同情心。

· 第四章 ·

放低姿态，女王也有低头时

自己得意之事放在心里，别人得意之事挂在嘴边

人活着难免有得意和失意之时。面对失意的人，你千万别说自己的得意事，更不要在因为失落而情绪低迷的人面前显示你的优越，年轻的女人尤其要注意这一点。善解人意的女人会将自己的得意放在心里，而不是放在嘴上，更不会把它当作炫耀的资本。当你和朋友交谈时，最好多谈对方关心和得意的事，这样可以赢得对方的好感和认同，从而加深你们之间的感情。

诚然，人在得意时都会有张扬的欲望，都想及时地把得意的事和大家分享，以显示自己的优越感，但是要谈论你的得意时，要注意说话的场合和对象。你可以在演说的公众场合谈，对你的员工谈，享受他们投给你的钦羡目光；也可以对你的家人谈，让他们以你为荣，引以为豪，但就是不要对失意的人谈。因为失意的人最脆弱，也最敏感，更容易触发内心的失落感。你的每一句得意之言都会在对方心中形成鲜明的对比，你的谈论在对方听来都充满了讽刺与嘲讽的味道，让失意的人感受到被"看不起"。当然有些人不在乎，你说你的，他听他的，但这么豪放的人真的不太多。因此，你所谈论的得意，对大部分失意的人都是一种伤害，这种滋味也只有尝过的人才知道。

一个周末，晓楠约了几个要好的朋友来家里吃饭，这些朋友彼此都是很熟悉的。晓楠把他们召集到一起，主要是想借着热闹的气氛，让一位目前正处于人生低潮的朋友心情好一些，希望他早点从心情的低谷中走出来。

这位朋友在不久前因经营不善，关闭了一家公司，他的妻子也因为不堪

生活的重负，正与他谈离婚。内外交迫，他实在痛苦极了，对生活也失去了信心。

来吃饭的朋友都很同情这位朋友目前的遭遇，也非常理解他现在的心情，因此大家都避免去谈那些与事业有关的事。但是其中一位朋友因为目前生意好赚了很大一笔钱，按捺不住内心的喜悦，酒一下肚，就忍不住开始大谈他的赚钱本领和花钱功夫，那种得意的神情，连晓楠看了都很不舒服。那位失意的朋友沉默不言，心中的苦涩全写在脸上了，最后还提早离开了。晓楠送他出去，在巷口，他愤愤地说："那家伙会赚钱也不必在我面前说得那么神气。"

晓楠了解他的心情，因为在多年前她也碰过低谷，曾经对生活绝望，每次有正风光的亲戚朋友在她面前炫耀自己的薪水、奖金时，那种感受，就如同把一针一根根插在心坎一般，是一种说不出的心酸与痛苦。

一般来说，失意的人较少有攻击性，郁郁寡欢、沉默寡言、多愁善感是最普遍的心态，但别以为他们只是如此。当他们听你的得意言论后，他们普遍会产生一种心理——怨恨。这是压抑在内心深处的不满，你说得唾沫横飞、得意忘形，其实不知不觉已在失意者心中埋下一颗情绪炸弹。一般情况下，失意者对你的怀恨不会立即显现，因为他们无力显现，他们会通过各种方式来泄恨，比如说你坏话、扯你后腿、故意与你为敌，在暗地里给你下绊，主要目的则是——看你得意到几时，而最明显的则是疏远你，避免和你碰面。这样你就少了一个朋友，甚至其他的朋友也会孤立你，这样的后果划不来。

不会做人的人才会天天宣扬自己的得意事，其实这样常会坏事。失意者面前莫谈得意事，把自己的得意事放在心里，把别人的得意事挂在嘴边，只有铭记这一点，才不会被人讨厌，才可能真正被人接纳，找到成事的"切入点"，让自己的人生多一条坦途，少一份牵绊。

没有原则之争的事情，"糊涂"为上

真正聪明的女人应该是大智若愚的代表，在该聪明的时候聪明，该装糊涂的时候糊涂，尤其是在没有原则之争的事情上，"糊涂"为上。糊涂是一种境界，是女人的生存智慧。在一些关键场合，在没有违背原则的情况下，偶尔装装糊涂，也会有意想不到的效果。下面这个例子就值得我们借鉴。

日本某公司与美国某公司进行一次重大技术协作谈判。谈判伊始，美方首席代表便拿着各技术数据、谈判项目、开销费用等一大堆材料，滔滔不绝地发表本公司的意见，完全没有顾及日本公司代表的反应。这时，日本公司代表一言不发，只是在仔细地听、认真地记。

美方讲了几个小时之后，终于开始想起要征询一下日本公司代表的意见。不料，日本公司的代表似乎已被美方咄咄逼人的气势所慑服，只会反反复复地说"我们不明白"，"我们没做好准备"，"我们事先也未搞技术数据"，"请给我们一些时间回去准备一下"。第一轮谈判就在不明不白中结束了。

几个月以后，第二轮谈判开始。日本公司似乎因认为上次谈判团不称职，所以全部予以更换。新的谈判团来到美国，美方只得重述第一轮谈判的内容。不料结果竟与第一轮谈判一模一样，日本公司又以"准备不足"要再研究为名，毫无成效地结束了谈判。

经过两轮谈判后，日本公司又如法炮制了第三轮谈判。在第三轮谈判不明不白地结束时，美国公司的老板大为恼火，认为日本人在这个项目上没有诚意，轻视本公司的技术和基础，于是下了最后通牒：如果半年后日本公司依然如此，两公司间的协定将被迫取消。随后，美国公司解散了谈判团，封闭了所有资料，坐等半年以后的最终谈判。

万万没有料到的是，仅仅过了8天，日本公司即派出由前几批谈判团的首要人物组成的谈判团队飞抵美国。美国公司在惊愕之中只好仓促上阵，匆忙将原来的谈判成员从各地找回来，再一次坐到谈判桌前。

这次谈判，日本人一反常态，他们带来了大量可靠的资料、数据，对技术、合作分配、人员、物品等一切有关事项甚至所有细节，都做了相当精细的策划，并将精美的协议书拟定稿交给美方代表签字。

美国人立马傻了眼，一时又找不出任何漏洞，最后只得勉强签字。不用说，由日本人拟定的协议对日方公司极为有利。

在美日的谈判较量中，日本人巧装糊涂，以韬光养晦的谋略获得了最终的胜利。其实作为一种谋略，"糊涂"能在商场上取得出奇制胜的效果。女性要想成事就要懂得利用这一点。

女人的糊涂之道更体现在日常的工作生活上，因为女人敏感，对一些事不会轻易地睁一只眼闭一只眼，凡事总要弄个明明白白才行。但现实生活中，如果凡事都斤斤计较，凡事都要弄个清清楚楚，长此以往，就会很累，就会深陷烦恼而无法自拔。与其焦头烂额、身心疲惫，还不如用一种难得糊涂的态度来面对。万事以"和"为贵，对看不惯、看不顺眼的事，有时也要糊涂应对。

素妍最近就非常痛苦，因为她总是清楚地看到上司的不良习惯，虽然她一遍又一遍对自己说，出淤泥而不染更好，再说人无完人。但却也常常对有些事不能释怀，对于刚走出校园不久的她而言，她更希望办公室是个没有瑕疵的地方。

终于有一天她走进了人事部递交了辞职信，对于原因她简单地告诉主管：价值观念有所不同。主管被她的辞职理由搞蒙了，特地找她谈心，她也就一吐为快。人事主管没有挽留她，但却像朋友一样告诉她，这样的事情这样的人每个公司都有，有时糊涂就是最好的聪明。这下轮到素妍不明白了，难道在职场就没有是非观念了吗？后来她又换过几份工作，等到岁月的思考像痕迹一样留在她额头时，她才明白办公室里的是非原则是因公司而异、因人而异的。

只看光明，只看积极；放弃黑暗和消极。睁开的那只眼是为了管好自己的言行举止；闭着的那只眼是为了给自己养精蓄锐。与其抱怨，不如放弃抱怨的根源。此时，看上去的糊涂就是最好的聪明！

不要时时去争口头上的胜利

生活中有一类女人，她们反应快、口才好、心思细腻，在生活或工作中和人有利益或意见的冲突时，往往能充分发挥辩才，把对方辩得脸红脖子粗、哑口无言。其实，这是种不明智的表现。口头上的赢不能叫赢，与人针锋相对，无论你说得多么精彩，也很难让对方心服口服。即使你看似胜了，其实是败了。

而且那种时时争取口头上胜利的女人，渐渐地会形成一种习惯：不管自己有理无理，她绝不会认输，而且也不会输，因为她有本事抓你语言上的漏洞，让你毫无招架之力。

毫无意义的争论能给当事人带来什么好处呢？答案是什么好处都没有，而且你会失去一位朋友或顾客，收获一个敌人和一份愤怒的心情，不会有人因此而大赞你知识渊博与能言善辩，因为真正能言善辩的人懂得如何让人心悦诚服。"会说话"而不是"会吵架"的人才是说话高手。

戴尔·卡耐基在第二次世界大战结束后不久参加了一场宴会。站在戴尔·卡耐基左边的一个先生讲了一个幽默故事，然后在结尾的时候引用了一句话，意思是：此地无银三百两。那位先生还特意指出这是《圣经》上说的。卡耐基一听就知道他错了。他看过这句话，不是在《圣经》上，而是在莎士比亚的书中，他前几天还翻阅过，他敢肯定这位先生一定是搞错了。于是他纠正那位先生说，这句话是出自莎士比亚的书。

"什么？出自莎士比亚的书？不可能！绝对不可能！先生你一定弄错了，我前几天才特意翻了《圣经》的那一段，我敢打赌，我说的是正确的，一定是出自《圣经》！如果你不相信，我可以把那一段背出来让你听听，怎么样？"那位先生听了卡耐基的反驳，马上说了一大堆话。

卡耐基正想继续反驳，忽然想起自己的老友——维克多·里诺在右边坐着。维克多·里诺是研究莎士比亚的专家，卡耐基想，他一定会证明自己的话是对的，于是转向他说："维克多，你说说，是不是莎士比亚说的这句话。"维克多盯着卡耐基说："戴尔，是你搞错了，这位先生是正确的，《圣经》上确实有这句话。"随即，卡耐基感到维克多在桌下踢了自己一脚。他大惑不解，但出于礼貌，他向那位先生道了歉。

回家的路上，满腹疑问的卡耐基埋怨维克多："你明知那本来就是莎士比亚说的，你还帮着他说话，真不够朋友。还让我不得不向他道歉，真是颠倒黑白了。"维克多一听，笑了："《李尔王》第二幕第一场上有这句话。但是我可爱的戴尔，我们只是参加宴会的客人，而且你知道吗，那个人也是一位有名的学者，为什么要我去证明他是错的？你以为证明了你是对的，那些人和那位先生会喜欢你，认为你学识渊博吗？不，绝不会。为什么不保留他的颜面呢？为什么要让他下不了台呢？他并不需要你的意见，为什么要和他抬杠？记住，永远不要和别人正面冲突。"

只要我们稍微冷静地想一想，就会发现大多争论的结果是，没有一个人是胜利者。争论既不能为双方带来快乐，也不能带来彼此间的尊重和理解，更不能证明谁是真理的掌握者。争论所能带给我们的只是心理上的烦躁、彼此的怨恨与误解，甚至让你多一个敌人。

争吵发生的时候，骤然升温的情绪之火灼烧你的头脑，使你烦闷、愤怒，甚至让你想与对方硬拼一场。对方的强词夺理、唾沫横飞令你愤恨不已，而在对方眼里，你又何尝不是同样可恶的形象？当不断燃烧的情绪之火达到足以烧毁你仅存的一点理智的时候，一股难以抑制的仇恨之火便由心底升起。这就足以解释为什么口舌之争会发展到大动干戈的地步。然而这样显然是大错特错，因为一场毫无意义的争论并不能让他人从心底里佩服你。口头上的胜利也许有一时之快，却往往招致别人长时间的不满，聪明的女人不会去做这样得不偿失的事，嘴上"软"一点，就能多一个朋友。

有理时也要让人三分

在生活中有些女人会因为一件芝麻大的小事就没完没了，得理不让人，无理也要辩三分。这是非常不明智的，过于"讲理"，并不能为自己赢得什么好感。苏格拉底曾经说过："一颗完全理智的心，就像是一把锋利的刀，会割伤使用它的人。"在这个世界上，没有完全绝对的事情，凡事都有两面性。这就告诫我们做人做事都不要太绝对，要给自己和他人留有余地，睿智的女人更是深刻地洞悉其中的道理。

在一个春天的早晨，房太太发现有3个人在后院里偷东西，她便毫不犹豫地拨通了报警电话，就在小偷被押上警车的一瞬间，房太太发现他们都还是孩子，最小的仅有14岁！他们本应该被判半年监禁，房太太认为不该将他们关进监狱，便向法官求情："法官大人，我请求您，让他们为我做半年的劳动作为对他们的惩罚吧。"

　　经过房太太的再三请求，法官最后终于答应了她。房太太把他们领到了自己家里，像对待自己的孩子一样热情地对待他们，和他们一起劳动，一起生活，还给他们讲做人的道理。半年后，3个孩子不仅学会了各种技能，而且个个身强体壮，他们已不愿离开房太太了。房太太说："你们应该有更大的作为，而不是待在这儿，记住，孩子们，任何时候都要靠自己的智慧和双手吃饭。"

　　许多年后，3个孩子中一个成了一家工厂的主人，一个成了一家大公司的主管，而另一个则成了大学教授。每年的春天，他们都会从不同的地方赶来，与房太太相聚在一起。

　　"人活一口气，佛争一炷香。"这是一个人在被人排挤，或者被人欺侮时，经常说的一句"争气"的话。在生活中，我们不如"得饶人处且饶人"，让他三分又何妨。

　　其实，世界上的理怎么可能都让某一个人占尽了？所谓"有理""得理"在很多情况下也只是相对而言的。凡事皆有一个度，过了这个度就会走向反面，"得理不让人"就有可能变主动为被动。如果能得理且让人，就更能体现出一个人的气量与水平。给对手或敌人一个台阶下，往往能赢得对方的真心尊重。

　　一个人不仅要自己胸怀宽广，更要懂得尊重别人。一个人如果损失了金钱，还可以再赚回来；一旦自尊心受到伤害，就不是那么容易弥补的。"得理且让人"就是要照顾他人的自尊，避免因伤害别人的自尊而为自己树敌。

　　得理让三分，得饶人处且饶人，其实都是要我们学会忍让和宽容。但说起来简单，做起来却并不容易，因为任何忍让和宽容都是要付出代价的。人的一生谁都会碰到个人利益受到别人有意或无意侵害的时候，为了给自己的未来营造和谐的生活环境，就要在生活中多几分忍让和宽容。即使有时候自己的利益受到了潜在的威胁，也要抵御心中的愤怒，用宽容和大度来化解心中的怨恨。如果这样，自己的未来就少几分危机，多几分平和，何乐而不为？

精明不必写在脸上

生活中，那些爱表现的女人，也许容易让人察觉她的聪明，也容易让人看出她性格的缺点，内敛的聪明反而更容易让人接受。锋芒太露易遭嫉恨，更容易树敌，藏巧守拙才是长远之道，女性们尤其要懂得这一点。有时，女人的美丽在于适时的"笨"，并不是说聪明的女人不招人喜欢，而是告诫女人，不要处处表现得太聪明，自大、自满、自我标榜只会惹来祸端。真正的聪明人，永远知道自己的缺点。

《红楼梦》中的王熙凤就给了我们一个深刻的教训：聪明反被聪明误。

王熙凤何等的冰雪聪明，简直就是女人中的精品，恐怕这世上有很多男人都不及她。她八面玲珑、长袖善舞、外柔内刚；她笑里藏刀，表面向你微笑，心里却在给你下套子。

王熙凤的能耐大得能登天，荣宁两府被她的整治得服服帖帖。可王熙凤却是一个精明过头的女人，精明到处处好强、事事争胜，哪儿都落不下她，终于落了个"机关算尽太聪明，反误了卿卿性命"。

红学家们感慨这样一个精明能干的女人最终结局却如此悲惨。她聪明一世，竟没有看透人生的处世哲学——难得糊涂。她被她的聪明、她的锋芒毕露给害了。

有智慧的人并不喜欢显露自己，因为过于显山露水只会让智慧发挥它的副作用，导致"聪明反被聪明误"的后果。为人处世是女人必须学会的，给人留下聪明的印象很重要，但要记得把握尺度，内敛而不拘谨，有内涵但不做作，才是真正聪明的标准。所以真正的聪明人绝不会说自己是聪明人，他们常以庸人或愚人自居，正如郑板桥"难得糊涂"一般。三毛也曾说过："我最喜欢别人将我看成傻瓜。这样与人相处起来就方便多了。"在与人相处的时候，做一个傻瓜，朋友反而会更多，处处都鹤立鸡群、高人一等的聪明人是难以找到真心朋友的，所以说，女人还是不要太聪明的好，或者学会装糊涂。

免费的午餐里大多有"毒药"

生活中有些年轻的女人很容易被骗，往往是因为抱有侥幸心理。她们贪小便宜，对于"免费午餐"的诱惑，往往缺乏抵御能力。其实，免费的午餐里大多有"毒药"，那些白白提供给你的东西都是危险的，因为它们通常不是涉及一个骗局，就是隐藏着你意想不到的、需要你为之付账的东西，下面的例子就值得我们深思。

古时有个读书人叫张生，博学，口才极好，本来是可以有所作为的，但他很爱占小便宜，被一个骗子骗去了一大笔银子。张生自然又气又恨，希望能抓住那个骗子。事有凑巧，忽然有一天，他在苏州的同门碰上了那个骗子。不等他开口，骗子就盛情邀请他去饮酒，并且诚恳地向他道歉，说是上次很对不起，请他原谅。过了几天，骗子又跟张生商量，说："我们这种人，银子一到手，马上就都花了，当然也没有钱还给你。不过我有个办法，我最近一直在冒充三清观的炼丹道士。东山有一个大富户，和我已经说好了，等我的老师一来，就主持炼丹之事，可我的老师一时半会儿又来不了，您要是肯屈尊，权且当一回我的老师，从那富户身上取来银子，我们对半分，作为我对您的赔偿，而且还能让您多赚一笔，怎么样呢？"张生听说有好处，就答应了那个骗子的要求。于是这个骗子就让张生剪掉头发，装成道士，自己装作学生，用对待老师的礼节对待张生。那个大户与扮成道士的张生交谈之后，深为信服，两人每天只管交谈，而把炼丹的事交给了骗子。大户觉得既然有师傅在，徒弟还能跑了？不想，那个骗子看时机成熟，就携大户的银子跑了，于是大户抓住"老师"不放，要到官府去告他。倒霉的张生大哭，然而等待着他的，将是一场牢狱之灾。

张生就是那种一有好处便昏了头的人，甚至连多考虑一下也等不及，便答应了骗子的要求，竟然为了一点钱财与骗子一起行骗。他没有想到，骗子许下的承诺根本不可能兑现。抱着侥幸心理，企盼拥有免费的午餐，就会像张生一样被人利用，无法脱身。

世上没有免费的午餐，也没有白来的利益，但偏偏有人一次一次地被空幻的利益牵着鼻子走，一步一步踏入人家挖好的陷阱里。因此，当遇到意外的好事降临时，女人要三思而后行，在那诱人的利益面前，低声问问自己："这种好事怎么会落在我头上？"多一分小心谨慎，才能少一些危险和磨难。要知道，世界上没有什么东西是真正免费的，即使有，那也意味着，沉重的代价在后头。

听懂那些"弦外之音"

听弦外之音，辨言外之意是每个女人在沟通中的必备本领。在许多情况下，我们不仅要听清其"话"，而且更应听清其言外之意。人们沟通的成败往往与情商的高低有直接关系，一个不会听"弦外之音"的女人，一般也不是个沟通高手。

王坤准备借助好友赵广的路子做笔生意，可就在他将一笔巨款交给赵广的第二天，赵广暴病身亡。王坤立刻陷入了两难境地：若开口追款，太刺激赵广的亲人；若不提此事，自己的局面又难以支撑。

帮忙料理完后事，王坤是这样对赵夫人说的："真没想到赵哥走得这么早，我们的合作才开始呢。这样吧嫂子，赵哥的那些关系户你也认识，你就出面把这笔生意继续做下去吧！需要我跑腿的时候尽管说，吃苦花力气的事情我不怕。你看困难大吗？"

赵夫人见他虽然表面上不是要追款，但实际上并非如此，因为王坤的言外之意是：只能是跑腿花力气，却不熟悉那些门路。

于是赵夫人反过来安慰他道："这次出事让你的生意受损失了，我也没法干下去，你还是把钱拿回去再找机会吧。"

赵夫人是个非常聪慧的人，她很明白王坤的意思。这样也避免了他们的尴尬与可能激化的矛盾。但并不是所有人都能如此，一些不能准确抓住他人言语中信息的人，最后往往惨遭失败。

沈万三是明朝初年江苏昆山一带有名的大富翁。沈万三竭力向刚刚建立的明王朝表示自己的忠诚，拼命地向新政府输银纳粮，讨好朱元璋，想给他留个好印象。

朱元璋于是下令要沈万三出钱修金陵的城墙。沈万三负责的是从洪武门到西门一段，占金陵城墙总工程量的三分之一。沈万三不仅按质量提前完了工，而且还提出由他出钱犒劳士兵。

沈万三这样做，本来也是想讨好朱元璋，但没想到弄巧成拙。朱元璋一听，当即火了，他说："朕有百万雄师，你犒劳得了吗？"

沈万三没听出朱元璋的弦外之音，说："即使如此，我依旧可以犒赏每位将士银子一两。"

朱元璋听了大吃一惊。在与张士诚、陈友谅、方国珍等武装割据集团争夺天下时，朱元璋就曾经由于江南豪富支持敌对势力而吃尽苦头。现在虽已建国，但国强不如民富，这使朱元璋感到无法忍受。如今沈万三竟然僭越，想代天子犒赏三军，这使朱元璋火冒三丈。但他没马上表露出怒意，只是沉默了一下，冷言道："军队朕自会犒赏，这事你就不必操心了。"朱元璋决意治治沈万三的骄横之气。

一天，沈万三又来大献殷勤，朱元璋给了他一文钱。朱元璋说："这一文钱是朕的本钱，你给我去放债。只以一个月作为期限，第二日起至第三十日止，每天取一对合。"

所谓"对合"是指利息与本钱相等。也就是说，朱元璋要求每天利息为百分之百，而且是利滚利。

沈万三心想，这有何难！第二天本利两文，第三天四文，第四天才八文。区区小数，何足挂齿？于是沈非常高兴地接受了任务。可是，他回家仔细一算，不由得傻眼了，虽然到第十天本利总共也不过五百一十二文，可到第二十天就变成了五十二万多文，而到第三十天也就是最后一天，竟高达五亿多文。要交出五亿多文钱，沈万三只能倾家荡产了。

后来，朱元璋下令将沈万三庞大的财产全部抄没后，又下旨将沈万三全家流放到云南边地。

沈万三的悲剧恰恰是他听不懂皇帝言外之意的结果，一味地奉承，但显然马屁拍错了地方，而且也没能领会朱元璋的意思，最后只有家败。

听得懂"弦外之音"是聪明的女人为人处世的必要本领，也是交往必备的技能，更是我们情商的体现，因为它直接关系到我们人际关系的好坏和做事的成败。

越是春风得意之时，越要反躬自省

有句话说得好："出头的椽子先烂。"这确实是不争的客观事实。出头椽子，总是比不出头的椽子要承受更多的风吹雨打，日复一日，年复一年，自然也比别的椽子要腐败得早。因此，女人在风光尽显之时，若能够居安思危，用低调保护自己，实在不失为明哲保身之举。反之，若不懂得这样做，只能是将自己置于凶险的境地。

战国时期，楚怀王宠妃郑袖，才貌双绝，工于心计。当时，魏王从自己的利益出发，赠给楚怀王一个大美人，人称魏美人。她娇嫩柔美，是绝顶佳丽，把个好色的楚怀王搞得神魂颠倒。

郑袖看在眼里，恨在心里，她稍加思索，一计即上心头。于是乎，她便拿出女人温和、柔顺的性情，既不同魏美人争风吃醋，也不显示一点儿不满的情绪，而是像个知情达理的大姐姐，非常和善地对待魏美人，事事顺着魏美人的性子，还在楚怀王面前赞美魏美人的美丽。

魏美人初到楚国时还有些害怕郑袖，但是看到她待自己很好，便没了戒备之心。一日，魏美人亲昵地告诉郑袖："姐姐，在异国他乡遇到您这样的好人，真是幸运！"

"快别这么说！"郑袖安慰魏美人道，"咱们同侍一夫，本是骨肉相连的一家人，姐姐不疼爱妹妹，谁来疼爱呢？常言道：家和万事兴。我们姐妹和睦相处，才是国君的幸事，而且，妹妹能给夫君快乐，我也快乐！"

魏美人闻此言，感动得热泪盈眶，说："姐姐，以后请多多指教！"

"好说好说，今后我们姐妹和睦相处，互通一气，就不会出什么差错。"郑袖和颜悦色地回答魏美人的话。

楚怀王见这对如花似玉的宠妃和睦相处，无限欢欣，慨叹道："世人都说女人天生是醋做的，看来也不尽然。我的郑袖就不吃醋，她是真心爱我，她知道我喜欢魏美人，就主动替我照顾她、关心她，使她不思念故国，实在是贤内助啊！"

郑袖见自己的计谋已起作用，暗自高兴。一天魏美人来看郑袖，郑袖似无意地告诉魏美人："大王在我这儿说你非常称他的心，只是嫌你的鼻子略尖了点儿！"

"那可怎么办呢？姐姐！"魏美人摸摸鼻子，求秘方似的。

"这也没什么，"郑袖若无其事地说，"你以后再见到大王时，轻轻地把鼻子捂一下不就行了吗？"魏美人连称郑袖高明。

此后，魏美人每次见到楚怀王就把鼻子捂起来。楚王暗自惊奇，魏美人逢问必笑而不语。楚王便问郑袖，郑袖有意把话说个半截儿，含嗔带笑，欲言又止。楚王一直追问，郑袖便装着不情愿的样子，说道："她说她受不了您身上的那种狐臭味！"

"什么！寡人乃一国之尊，她竟敢嫌弃寡人？真乃无理！"喜怒无常的楚王大怒，一掌击在几案上，喊道："来人！快去把那贱货的鼻子割下来！"魏美人的鼻子被割掉了，既丑陋，又吓人，永远被打入冷宫。郑袖用计除去了她的情场对手，恢复了她在王宫独自受宠的地位。

正所谓"显眼的花草易招摧折"，自古才子遭嫉、美人招妒的事难道还少吗？人一旦发达了，除了自己容易得意忘形之外，同时也容易成为众人注目的焦点，被人品评，被人臧否。因此，越是春风得意之时，就越要经常反躬自省、低调做人，唯此，才能更有效地保护自己。

融入团队，避免被边缘化

融入群体，是所有刚刚踏入社会的女人都需要学习的。如果你总是保持自己的做事风格，特立独行，久而久之，就会被其他人疏远、孤立，你就是"边缘化"的人。这样的人得不到最新的工作资讯，很容易被淘汰掉。

还有一个客观的现实就是，我们每个人的成长环境不一样，文化水平和兴趣爱好也不一样，因此解决问题的方式、生活习惯都有很大差异，这就导致了同一个团队的人相互间不了解、不接纳的情况。

所以一个人要想真正融入群体中，先要知道这些客观的、主观的因素，然后对症下药。《潜伏》中的翠平便深谙此理。

本来，组织派给余则成的太太是一个大学生，但她意外死亡，加上结婚证已经寄给余则成了，只能找个相貌相像的，于是就用候选人的姐姐，也就是翠平来顶替。身为游击队队长的翠平，从小生活在农村，吃的是粗茶淡饭，穿的是棉麻粗布，突然摇身一变成了官太太，山珍海味，绫罗绸缎，每天旗袍裹身，一般人还真不能适应。

翠平第一次穿上旗袍的时候，发现两旁的开衩到了大腿上，她开口大骂，余则成尴尬地拉她起来，翠平嘴里还在嘟哝着："还没缝完呢！"就是这样一个被别人当作笑料的女人，最后也有模有样地融入了官太太们的群体中。

身为官太太，就要做官太太该做的事。翠平渐渐认识到了自己所从事工作的重要性，于是开始收敛言行，注重穿衣打扮，学识字、玩牌，逐渐地融入了官太太的生活中，虽然有的时候难免会露出破绽，但她也学会了巧妙地掩饰过去。翠平已经被官太太们毫无防备地接纳了，什么事情她都能知道一二。

站长太太梅姐喜欢打麻将，加上马奎的太太和陆桥山的太太，正好差一个人。翠平的到来解决了这个问题，但是余则成说翠平"大字不识一个，打不了牌"。梅姐本身也是乡下出身，看到马奎的上海太太瞧不起翠平，顿时非常生气。她执意要给翠平撑腰，教她打麻将。

被余则成小看的滋味让翠平受不了，加上她也没有什么事情忙，于是常常跟着梅姐打牌，没几下就学会了。她不仅跟站长太太学着打麻将，还跟晚秋学买料子，跟着一群太太们说男人、说黑市、做头发、扮时尚。原本被情报站女眷们排挤的她很快和大家打成一片，甚至帮着吃醋的梅姐去马奎太太家打闹，意外发现了洪秘书与马奎太太偷情的事情。

在左蓝事件中，翠平借着和余则成吵架纠扯的事儿，把一个红中塞给了余则成。余则成马上明白洪秘书是一个重要的人物，翠平也开始受到余则成的尊重。

由此可见，团队里大部分人平时的交流话题，你要知道一点。有的人不知道自己为什么总是被排斥在群体之外，其实，可能是因为你自己对人冷淡。学一学翠平，什么都主动去学一点，什么都关心一点，总会成为团队中不可或缺的一员。

"承诺女王"不好当

生活里，有很多女人热衷于许诺，她们随便就说出了自己想为别人做的事情，可是给了别人希望之后又一次都没有实现，使别人一次又一次失望。久而久之，人们不会再相信你，也许还会以同样的方式对你。所以，女人不要轻易当"承诺女王"，做一个守信的人，幸运女神才会为我们开启通往成功的大门。

聪明的女人很注意承诺这个细节。她不会轻易承诺某一件事，即使有把握，也不会轻易承诺。而生活中有许多人都把握不了承诺的分寸，他们的承诺很轻率，不给自己留下丝毫的余地，结果使许下的诺言不能实现。

某高校一个系主任，向本系的青年教师许诺说，要让他们中 2/3 的人评上中等职称。但当他向学校申报时，出了问题，学校不能给他那么多的名额。他据理力争，跑得腿酸、说得口干，还是不能解决问题。他又不愿意把情况告诉系里面的教师，只对他们说："放心，放心，我既然答应了，一定会做到。"

最后，职称评定情况公布了，众人大失所望，把他骂得狗血淋头。甚至有人当面指着他说："主任，我的中级职称呢？你答应的呀！"

而校领导也批评他是"本位主义"。从此，他既在系里信誉扫地，校领导也对他失去了好感。

无论在工作还是生活中，千万不要像上面那个系主任一样轻率许诺，许诺时也应留一定的余地。因为事物总是发展变化的，你原来可以轻松做到的事可能会因为时间的推移、环境的变化而变得有一定的难度。如果你轻易承诺下来，会给自己以后的行动增加困难，所以，不要轻易承诺，不然一旦遇上某种变故，让本来能办成的事没办成，这样一来，你在别人眼里就成了一个言而无信的人。

给人承诺时，不要把话说得太满，以为天下没有办不成的事，那很容易给人留下虚伪的印象。那么该怎样承诺才不会失分寸呢？应该根据具体情况采取相应的承诺方式和方法。以下3种方法可以借鉴：

1. 对把握性不大的事儿，可采取弹性的承诺

如果你对情况把握不大，就应该把话说得灵活一些，使之有伸缩的余地。例如，使用"尽力而为""尽最大努力""尽可能"等较灵活的字眼。这种承诺能给自己留一定的回旋余地。

2. 对时间跨度较大的事情，可采取延缓性承诺

有些事情，当时的情况下可以办成，可是时间长了，情况会发生变化。那么，在承诺时可以采用延缓时间的办法，即把实现承诺结果的时间说长一点儿，给自己留下为实现承诺创造条件的余地。

比如，有人要求老板给自己加薪，老板可以这么说："要是年终结算，公司经济效益好，公司可以给你晋升一级工资。"用"年终结算"一语表示实现承诺时间的延缓，既留有余地，又入情入理。

3. 对不是自己所能独立解决的问题，应采取隐含前提条件的承诺

如果你所作的承诺，不能自己单独完成，还要求别人帮忙，那么你在承诺中可带一定的限制。

比如，你承诺帮朋友办理家属落户的问题，这涉及公安部门和国家有关政策，你不妨这样说更恰当一点："如果以后公安部门办理农转非户口，而且你的条件又符合有关政策，我一定帮忙。"这里就用"公安部门办理""符合有关政策"等对承诺的内容做了必要的限制，既见自己的诚意，又话语灵活，有分寸，还向对方暗示了自己的难处，一举多得。

为人处世，应当讲究言而有信，行而有果。因此，承诺不可随意为之。聪明的女人事先会充分地估计客观条件，尽可能不做那些没有把握的承诺。须知，有了承诺，就应该努力做到，千万不要乱开"空头支票"，不然不仅会伤害对方，还会毁坏自己的声誉，使你在社会上难有立足之处。

·第五章·

胜在职场，做个出类拔萃的职场丽人

别自我设限，你比想象中的优秀

尽管生长在 21 世纪的女人早已挣脱了男尊女卑的枷锁，但骨子里，女人还是害怕成功的。甚至有心理学家分析说，女人在内心深处还有破坏成功、向往失败的心理。他人不屑的眼光，是阻碍我们成功的外因，可女人如果自己给自己设限，就是自讨苦吃。

50 多年前，34 岁的费罗伦丝·柯德威克打算创造一项新的世界纪录，因为之前她是成功从英法两边海岸游过英吉利海峡的第一位妇女，而这项新的世界纪录与此有关，就是从太平洋游向加州海岸，如果成功，她就是第一个游过这个海峡的妇女。

结果是，她在大雾天气，冰冷的海水中坚持了 15 个钟头后放弃了，尽管坐在船上的母亲和教练一再示意她离海岸很近了，她还是放弃了。事实上，拉她上船的地点，离加州海岸只有半英里！

事后，沮丧的费罗伦丝·柯德威克说："真正令我半途而废的不是疲劳，也不是寒冷，而是我自己给自己的警告——那绝对是不可能的。"不过，柯德威克女士一生中就只有这一次没有坚持到底。两个月之后，她成功地游过了这一海峡。

你是不是也总在想，不可能的，我都这么大年纪了，怎么还能出国？我基础那么差，怎么可能考上大学？我长得不够漂亮，他怎么会喜欢我？结果是，由于你的"自我设限"，导致身体内无穷的潜能和激情没有发挥出来。"自我设限"让你成为平庸之辈!

而事实是，每一个人都潜藏着无限的能量。科学研究也表明，一位普通人只要发挥体内 50% 的潜能，就可以掌握 40 多种语言，可以背诵整部百科全书，可以获得 12 个博士学位。大多数人之所以没有取得任何成就，不是因为他们没有能力，而是由自己内心的自我设限与自我暗示造成的。

所以大多数时候，自我设限就如同形影不离的杀手一样，当你想释放你的潜力时，它便出来大喝一声，让你退缩!每件事都不能做到极致，这样累积起来，你的成功概率会越来越小。别人花 1 年达到的水平，你就需要 5 年。

也就是说，不敢去追求成功，是因为你的心里面默认了一个高度，这个高度常常暗示你：成功是不可能的。"心理高度"是人无法取得伟大成就的原因之一。假设一下，如果有人肯定地告诉你，你肯定能赚 1000 万元，那么你就不会给自己制定只赚 100 万元的目标。换言之，你有多大的野心就可能有多大的成就，如果你没有野心，肯定不会有任何成就。

一位科学家曾做过这样一个实验：把跳蚤放在桌子上，然后一拍桌子，跳蚤条件反射地跳起来，跳得很高。然后，科学家在跳蚤的上方放一个玻璃罩，再拍桌子，跳蚤再跳就撞到了玻璃。跳蚤发现有障碍，就开始调整自己的高度。然后科学家再把玻璃罩往下压，然后再拍桌子。跳蚤再跳，再撞到玻璃。就这样，科学家不断地调整玻璃罩的高度，跳蚤就不断地撞上去，不断地调整自己跳的高度。直到玻璃罩与桌子高度几乎相平，这时，科学家把玻璃罩拿开，再拍桌子，跳蚤已经不会跳了，变成了"爬蚤"。

跳蚤之所以变成"爬蚤"，并非它已丧失了跳跃能力，而是由于一次次受挫学乖了。它为自己设限，认为自己永远也跳不出去。尽管后来玻璃罩已经不存在了，但玻璃罩已经"罩"在它的潜意识里，变得根深蒂固。

你是否也有类似的遭遇?生活中，一次次的受挫、碰壁后，奋发的热情就被"自我设限"压制、扼杀。你开始对失败惶恐不安，却又习以为常，丧失了信心和勇气，渐渐养成了懦弱、犹豫、不思进取、不敢拼搏的习惯，这些渐渐地捆绑住你，让你陷在自我的套子里无法自拔，久而久之，你就失去了热情，再也奋发不起来了。其实过多的顾虑是没有必要的，人本身具有巨大的潜能，只要你勇敢地发掘，你就会发现，原来事情并没有自己想象的那样可怕，成功的大门是向所有人敞开的。

规划比努力更重要

所谓"磨刀不误砍柴工"，做任何事情，前期的计划和准备都是必要的。有一个好的计划甚至相当于已经成功了一半。与男人相比，女人的青春年华更加短暂，想要在有限的时间里实现目标，离不开正确的规划。一个女人，想要成就一番不平凡的事业，拥有一个成功的人生，必须要对自己的职业生涯有个合理的规划。因为，只有这样你才会有一个坚定的目标，并且能够扬长避短，朝着这个目标持续前进。

《辽宁青年》杂志刊登过这样一篇文章，其中写道：

她是国际奥委会驻北京首席代表林畅，自国际奥委会创办109年以来第一位进入国际奥委会高级行政管理层的中国人。

小时候，林畅一直都不太自信，因为自己长得又黑又瘦。在上中学和大学的时候，她天天都羡慕别的女人长得漂亮。"那时候唯一的想法，就是在学习和体育上去赢、去冲，怎么也不能落在别人后面。就像一场和自己较量的比赛，不知道终点，只知道奋力向前。"

抱着这样的目标，她争强好胜的心态渐渐养成了。6岁时，她早晨5点就爬起来做数学题。7岁那年，她就在父亲的引领下不知不觉中开始了与奥运美丽邂逅的起跑。

1986年，戴着学习尖子和体育尖子这两顶帽子，林畅顺利地考入了清华大学。从那以后，每天下午4点，清华的操场上都会有一个肤色晒成浅棕色的女人在操场上跑1万米。

那时，她热衷的另一件事是背英汉词典。一本1648页的《新英汉词典》，哪个词挨着哪个词都记得很清楚，每页都做了笔记，而且"我不把这个当作辛苦的过程"。这又成为她后来出国最有力的助跑。

4年后，林畅到了美国。一本叫《硅谷女人》的书又勾起了她攻读MBA的兴趣，这一次，她跑进了哈佛大学的校园，毕业后去了美国高通公司工作。

"有时候，命运和机缘就是这样，国际奥委会招人的条件是不能撼动的。如果我在清华时不是那么热爱体育，我到美国后没有去读 MBA，可能这个机会就会擦肩而过。"林畅这样感慨。

2000 年，国际奥委会市场干事迈克尔·佩恩，在收到林畅简历的一分钟后抓起电话打给秘书："我必须在 3 个小时后见到林畅，不管什么办法。"

"后来，我直接去了他的办公室，根本没做任何准备，也不知道具体的工作，我们只是一直在聊我在清华参加长跑比赛的样子和我理解的奥运精神——我只是朦胧地觉得，它和清华'自强不息，厚德载物'的校训非常相符。"

林畅的经历告诉我们：一定要懂得规划自己的人生，尽管最初，你可能预料不到以后的机遇，但你一定要明确自己想要的是什么。

你在选择职业时，更要注意自己的人生规划。俗话说："女怕嫁错郎，男怕入错行。"单位也好，公司也罢，是否适合自己并非一眼就能看清楚。所以在选择公司时，事先调查研究一番，再决定投奔与否，是完全有必要的。

不过实际情况总不如想象的那么简单，有时候对可能符合条件的公司只能做泛泛的了解，尤其是公司的运作情况，更是无从了解。在这种情况下，可以在试用期内进行观察、了解，既可以通过观察，看到单位的运作情况、管理机制和效果，也可以直接拜访上司，从与上司的交谈中了解其志向、兴趣、素质及其他相关情况。

在你开始求职之前，你必须尽可能认真思考一下，自己有能力从事什么样的工作，对哪类工作感兴趣。只有将能力和兴趣结合起来考虑，才更有可能取得职业生涯的成功。

加强沟通，搞好同事关系

在办公室里，能否处理好与同事的关系，会直接影响你的工作。刚走进职场的年轻女性，建立良好的人际关系，得到大家的喜爱和尊重，无疑会对自己的生存和发展有很大的帮助。而且愉快的工作氛围，可以让人忘记工作的单调和疲倦。这就需要你掌握好与同事相处的艺术，精通与人沟通的技巧。与同事交往中，将自己的魅力散发到恰到好处的女人，一般会受到同事的欢迎，拥有良好的人际关系。

1. 不私下向上司争宠

要是办公室当中有人喜好巴结上司、向上司争宠的话，肯定会引起其他同事的反感而影响同事之间的感情。如果在私下做一些见不得人的小动作，让同事怀疑你对友情的忠诚度和你的品德，以后同事再和你相处时，就会下意识地提防你，就连其他想和你交朋友的人都不敢靠近你了。因此，不私下向上司争宠，是处理好同事之间关系的方式之一。

2. 乐于从老同事那里吸取经验

在办公室里，那些比你先来的同事，比你积累了更多的经验，有机会不妨向他们请教，从他们的经验里寻找可以借鉴的地方，这样不仅可以帮助你少走弯路，更会让公司的前辈们感到你对他们的尊重，也乐于关照并提携你。

3. 让乐观和幽默使自己变得可爱

即使你从事的工作单调、乏味或是较为艰苦，也千万不要让自己灰心丧气，更不要与其他同事在一起抱怨，而要保持乐观的心境，让自己变得幽默起来。因为乐观和幽默可以消除同事之间的敌意，更能营造一种和谐亲近的氛围，有助于你自己和他人变得轻松，从而消除工作中的乏味和劳累。最为重要的是，在大家眼里你的形象会变得可爱，容易让人亲近。当然，幽默要注意把握分寸，分清场合，否则会招人厌烦。

4. 帮助新同事

新同事对工作和公司环境还不熟悉，很想得到大家的指点，但是由于和同事不熟，不好意思向人请教。这时，如果你主动去关心、帮助他们，在他们最需要关心和帮助之时，伸出援助之手，他们往往会铭记于心，打心眼里深深地感激你，并且会在今后的工作中更主动地配合你。

5. 与同事多沟通

在工作中不难发现，有的企业因为内部人事斗争，"伤了元气"。所以作为一名企业员工，尤其要注意加强个体和整体的协调统一。无论自己处于什么职位，首先要与同事多沟通，避免"独断独行"。当然，同事之间有摩擦是难免的，应本着"对事不对人"的原则，及时有效地调解这种关系，这也是你展现自我的好机会。

6. 适度赞美，不搬弄是非

若想获得同事的好感，适度的赞美是必要的，如"你今天的唇膏颜色真漂亮"，就能在无形中让同事增加了对你的好感。但切记不要盲目赞美或过分赞美，容易有谄媚之嫌。同时，切忌对同事评头论足、搬弄是非，要尊重个人的隐私，否则很容易引起同事的反感。

主动汇报工作进度

上班族最大的苦恼，莫过于工作努力却得不到老板的赏识。尤其是职场女性，往往需要付出比男同事更多的努力才能获得老板的认可。美国人力资源管理学家科尔曼曾说过："员工是否能得到提升，很大程度上在于老板对你的赏识程度，而不在于你是否努力。"要想得到老板的赏识，需要随时向他汇报你的工作，即使工作没有做完，也要随时汇报进度，让他知道你进行到了哪一步，有没有遇到困难，是如何解决的。这样，他就很清楚你为公司所做出的贡献。

为老板分忧并不意味着埋头于老板委派的任务而不顾其他。其实，同样非常重要的是，要让老板知道你正在做些什么，应多向老板请示汇报。

李薇在公司已经工作一年多了，在一次私下和同事聊天的过程中，她得知公司在执行一项加薪制度，即员工在单位工作满一年后就会按照一定的比例涨工资。可尽管她也在公司干了一年多了，工资却没有任何变化。眼看着和自己同一时期来的同事都已经涨工资了，李薇很着急却也很无奈：自己平时工作也很努力，经常加班到很晚，但老板却从来没关注过自己。有一次，销售部门的一位同事对她说："你们那行政工作太轻松了，远远没有我们做销售的辛苦。"其实李薇的工作并不轻松，可是别人并不了解。

李薇心想，应该争取自己的权利，维护自己的利益，但不知道该怎样向公司提加薪的事。她既想委婉地与上司谈判加薪，但又不想让老总认为她眼里只盯着薪水，一时陷入了两难的困境之中。

李薇在自己的岗位上勤勤恳恳地工作，却没有得到应有的回报，这是为什么呢？因为她从来没有向老板汇报过自己做了什么，老板当然不知道她曾经为公司出过多少力，解决过多少问题了。所以，她在老板的眼中是无足轻重的，遇到加薪这样的事就不会考虑到她了。而且，就连同事都认为她的工作很轻松，那么老板是不是也这样认为呢？试想一下，如果李薇平时注意把自己的工作不失时机地报告给老板，也许现在的状况就不一样了。

不同的工作有不同的特点。像销售类的工作，指标很容易量化。每个月卖得多了或是少了，给公司赚了多少钱，一眼就看得清清楚楚。而有些工作则是无法量化的，只有当事人自己清楚到底做了什么，有多大难度，对公司的发展起到了什么作用。因此，只有你自己主动地用一种恰当的方法来向你的老板报告你的工作进程、具体困难和解决方法，他才会意识到这段时间内到底发生过多少问题，你是怎样处理的，处理的结果怎么样。

主动汇报工作进度还有一个好处，那就是能够及时修正自己的工作方向。有时候，上级交给你一个任务，但是这个任务以前没有做过，有时候连上级也无法具体描述他想要什么。这时，你只有按照自己的理解一点点去做，做好一部分就拿给上级看看，上级就可能对下一步的工作方向给予修正。如果等全做完了再给上级看，就很可能吃力不讨好了。

适时加班，为自己加价

如今，加班是再正常不过的事儿了，甚至成为很多单位的一种不成文规定，有人戏称"朝九晚无"。从法律意义上来讲，加班的确不是员工的义务，但却是职场比较常见的。从表面上来看，主动加班是一种"吃亏"，因为它占用了你的私人时间。但是，对于公司来说，加班却是一种贡献，而你贡献得越多，那么得到的回报也会越多。《杜拉拉升职记》中的拉拉正是在工作需要时任劳任怨地加班，圆满完成任务从而得到老板的欣赏。

杜拉拉接受 DB 中国总部上海办的装修任务之后，工作任务大大加重了。她一会儿找供应商谈判，一会儿找 IT 经理研究装修事宜，一会儿又黏着采购部的同事去采购相应的物品。杜拉拉每天都要加班到 11 点以后，基本上都是最后一个离开办公室的人。乐于加班的杜拉拉，终究没有白白地付出努力，最后终于出色地完成了任务。

杜拉拉乐于加班，对工作不辞劳苦，她不但不抱怨上司李斯特强加给她的艰巨任务，反而以满腔的热忱投入到工作当中。勤劳苦干，是她成功的关键因素之一。反之，如果杜拉拉没有充分利用起"业余时间"，则很可能完不成这次意义重大的装修工程，那么，当然就不可能被总裁何好德、上司李斯特重视起来，也不会得到其他同事的赞赏，如此一来，升职路上的坎坷就该更多了。

卡洛·道尼斯是世界知名的投资顾问专家，他最初为杜兰特工作时，职位很低，但现在已成为杜兰特先生的左膀右臂，担任其下属一家公司的总裁。他之所以能快速升迁，秘密就在于"每天多干一点儿"。

"在为杜兰特先生工作之初，我就注意到，每天下班后，所有的人都回家了，杜兰特先生仍然会留在办公室里继续工作到很晚，因此，我决定下班后也留在办公室里。是的，的确没有人要求我这样做，但我认为自己应该留下来，在需要时为杜兰特先生提供一些帮助。工作时杜兰特先生经常找文件、打印材料，最初这些工作都是他亲自来做。很快，他就发现我随时在等待他召唤，并逐渐养成了招呼我的习惯……"

道尼斯自动留在办公室，使杜兰特先生随时可以看到他，并且诚心诚意为杜兰特先生服务。这样做获得了报酬吗？没有。但是他获得了更多的机会，赢得了老板的关注，最终获得了提升。

道尼斯之所以能够在众多的同事中脱颖而出，就在于他每天都主动加班。别的同事都走了，只有他还在那里工作，这样的人，想不引起老板的注意和重视都难。最后他也终于得到老板的赏识，获得了提升。

但是很多年轻人认为工作只是生活的一部分，生活中不应该只有工作。如果在工作时间之外还要加班，就属于无理要求，不能接受。

阿美是一家公司的行政助理，工作已经两年了。最近一段时间，公司的业务突然多了起来，大家都忙得焦头烂额。这天，人事处的小李提醒她，现在工作紧急，希望她不要一下班就走，需要加班的时候还是要加班的。阿美不以为意地说她的工作都完成了，为什么要加班啊？然后就走了。阿美觉得她在 8 小时内又没有偷懒，该做的她也都做了，又不是卖给这个公司了，下班都不能回去。所以每天一下班，她还是按时回家，尽管办公室里大家都还没有走。后来，阿美的上司也对她说，下班之后大家都没有走，希望她最好能留下来继续工作。阿美当时就觉得很荒唐，她说如果下班之后还要留下来继续工作，那还要下班干什么？所以，她仍然不愿意加班。

然而，过了一段时间，公司要搬迁，阿美负责与业主谈判、订合同，通过招标确定家具商和装修商，还要负责平面设计方案的选择等。根据以往的经验，完成搬迁至少需要 5 个月的时间。可是上司却让阿美在两个月内办好公司的搬迁事宜，如果不能完成，就要解雇她。可事实上，光是室内装修就需要两个月，还有那么多其他的事情，阿美就是有三头六臂也没办法在两个月内完成。阿美想找上司沟通一下，好争取多一点时间，可上司执意坚持自己的想法，如果做不到就请阿美走人。阿美这才明白上司是在故意刁难自己，没办法，只好主动辞职了。

阿美的个性比较突出，很注重自我。当别人都在加班时她一个人悠闲自在地先走了，让老板认为她是个不尽责的员工，认为她对工作没有热忱，以至于最后给她安排了不切实际的工作，将她逼走了。

身在职场，凡事不要太多地考虑自己的感受，加班可能不是你所愿意的，但却符合老板的心意。所以，满足老板的心意，会让他对你关注有加。同时，在加班的过程中，你可能会学到更多有用的东西，进而不断提升自己的实力。

学会与上司交往

彭莉在公司干了两年多，却一直没有什么机会展现自己的才能，她自己也很苦恼。好朋友帮她分析，认为这是她惧怕老板的心理导致的。在公司里，彭莉总是很怕自己的领导，不管是部门主管，还是行政经理，她几乎都很少与他们交流，更别提和老总说话了。一次偶然的机会，彭莉开会去晚了，整个会议室只剩下老总旁边的位置了，看着满场同事的等待，彭莉硬着头皮坐到了那个位置上。整个会议，彭莉不但精神高度紧张，甚至连动都不敢动，僵硬地坚持开完了会议。会后彭莉长出一口气，觉得疲惫极了。

彭莉的这种心理，代表了许多身在职场的女人的心理，尤其是刚刚工作不久的女性，特别喜欢和上司玩"藏猫猫"的游戏。不管你多么腼腆，如果迎面碰上了顶头上司，也一定要鼓足勇气主动开口说话。不管出于什么目的，和顶头上司玩"藏猫猫"的游戏绝非明智之举，要知道，他可是掌握"生杀大权"的人，无论从哪个角度来说，多和他沟通交流对你的职业发展都是有益无害的。

或许你的上司严肃有余、和蔼不足，所以令人生畏，你就只好处处躲着他。然而，逃避解决不了任何问题，狭路相逢、躲闪不及的情况随时都可能发生。这时，你通常会选择低下头，装作没看见，匆匆溜掉。殊不知，这样做很可能后患无穷。顶头上司会认为你在工作上出了纰漏，或是在外兼职，或是对他有成见，或是对自己没有信心……无论是哪种猜测，都会使你在他心里留下不好的印象，进而对你今后的发展带来不良影响。

因此，见到上司时，你最好面露微笑、落落大方地和他打声招呼，有机会的话，不妨多和他谈谈工作上的事情，让他知道你的想法、看到你的努力，一来表明你很懂礼貌，二来说明你对工作很上心，三来他兴许会提供一些不错的建议给你……简单地说上几句话就有这么多好处，何乐而不为呢？

不管怎么说，你和上司总归是处于同一屋檐下的人，抬头不见低头见，与其带着惧怕心理和上司玩起"躲猫猫"游戏，不如微笑着直面上司，而在私底下，你需要了解上司的性格、喜好、作风、习惯等各个方面的信息。所谓知己知彼、百战不殆，只有掌握对方的详细情况，才能对症下药。如果你只知道埋头拼命工作，丝毫不理会上司的暗示，或者根本不知道上司做何暗示，又怎能得到上司的青睐呢？在工作中时常留意上司的言谈举止、处事风格，不仅可以减少无谓的摩擦，还能投其所好，进一步赢取上司的信赖。

一个头脑灵活、反应灵敏，在做好本职工作的同时又懂得看上司眼色，为上司排忧解难的女人，哪一个上司会不喜欢呢？女人天生具有细腻、敏感、柔顺的本性，职场女性何妨发挥一下这些本性，在与上司的交往中拉近你和上司的关系，让他更清楚地看到你的能力，从而为自己创造更大、更好的发挥空间。

"美丽"也是一种竞争力

"女人如花，花如梦"，女人是上帝散落人间的花朵，女人就应该像花儿一样美丽动人。如果有的女人不够漂亮，那就应该芳香，如果不够芳香，那就应该别具匠心，总之，变得美丽是女人天生的义务，女人有责任投资美丽，把自己装点成尘世中赏心悦目的风景。

美具有神秘的力量。美让人忘却身心上的疲惫，美令人产生新的动力，去创造更美更壮丽的人生。美丽是女人迈向世界的通行证。

女人长得漂亮，就容易获得优待与肯定。长相漂亮的女人不仅容易在辩论中获胜，而且在说服别人时成功率也比较高。在社交场合，有魅力的女人相对来说显得更为自在和自信，因为她们认为生活就操纵在自己的手里，她们不会受命运和环境的摆布。

研究结果表明，无论演员、商人还是普通员工，长相越出众，她们的劳动成果就越容易获得肯定。她们的长相给了她们很大的帮助，她们常常因此名利双收。社会心理学家称这种现象为"光环效应"。

从古至今，无论哪个国家，女性都会受到人们的关注，尤其是美女更是人群中的宠儿，各式各样的选美活动则毫不避讳地把这种偏爱演绎到了无以复加的地步。人们喜爱美女，津津乐道，美女产生了强大的磁场效应，将人们聚集一处。

现代社会，美正在发挥越来越大的作用。在商场，富有经验的管理者，会选择漂亮迷人的姑娘作为商场导购人员，美女们甜甜地一笑，总能牵动不少人的钱包；在车展，千姿百态的车模们成为会场的宠儿，成千上万的男士们忘情地流连其中，不知道是在看车，还是在"赏花"；更有精明的商人，已经不再停留于靠美女赚钱的阶段，而大张旗鼓地做起了"美女经济"，他们靠漂亮女人为服装、饰品、化妆品做广告，吸引着无数爱美的女人争相追逐，而这些女人由此获得的回报又使她们"无法自拔"地沉醉其中。

从美学角度讲，美丽的女人会产生一种强烈的吸引力，这种光彩不仅使男人为之欢欣鼓舞，女人也一样心旷神怡。美丽的女人就是这样，有着天然的优势，能够满足人们的爱美心理，使人乐于与她们交往。外貌是天生的，但仪表可以靠后天修饰，一个注意形象并自觉保持美好形象的人，总能在人群中得到信任，总能在逆境中得到帮助，也能在人生的旅途中不断找到发挥才干的机会，这就是"美"所发挥的良好效应。

生活中，美丽的女人总会受到男人的青睐，社会也乐于为这些美人锦上添花，打开方便之门。对此，香港著名影星钟楚红曾说过："漂亮的姑娘在社会上无论做什么事，都会比较方便，这是因为她们的美在起作用……"可以说，现代社会对美女的关注度已经超过了以往任何时代，现在美丽已经成为女人立足社会的一项重要资本。在这个社会，美丽的女人很容易得到好的回报，而忽视外表、不修边幅的女人则不容易被人重视。

很多女性只注重培养能力，而忽略了对自身形象的塑造，结果影响了自己成功的速度。如果她们能静下心来，认真地树立起自己的好形象，那就好比给自己的人生打造了一块金字招牌，能够让人更加信任和看重你。

哲人穆格发说："良好的形象是美丽生活的代言人，是我们走向更高阶梯的扶手，是进入爱的神圣殿堂的敲门砖。"女性的美是女人迈向世界的有效通行证，也是女人之所以为女人的一种标志。现代社会，能力已不再拒绝魅力，即使事业有成的女性也不愿丧失自己的女性魅力，她们同样希望自己成为魅力四射的完美女人。

"打工女皇"吴士宏在荣获了无数的鲜花和掌声后，仍然珍视着自己的女人本色，她说："希望人们看到我的工作能力，但我也不希望人们忽视我的女性魅力。"其实，能力和魅力本不矛盾，有能力又美丽的女人，才是更加"本质"的女人，也才能够在职场、生活中拥有更多获取幸福的机会。聪明的女孩，美丽是上帝赐予女人的天然资本，那么，还等什么，让我们积极加入女人"美丽"的大军之中，做个内外兼修的美丽女人吧。

找到"职场教练"，升职加薪有诀窍

人的一生是不断完善、成长的过程，先有模仿后有创新。没有人生而知之，这是孔子也赞同的观点。他说"吾非生而知之"，都是向古人学习的结果。在每个人的成长过程中都有一些对我们影响重大的人物存在，大到历史伟人、各行各业的精英，小到身边的亲朋好友。

他们在我们的心中是那么崇高，那么令人敬佩。他们一般有自己独特而又丰富的经历，有吸引人的人格魅力。从他们身上，总能找到值得我们学习和借鉴的东西。子曰："见贤思齐焉，见不贤而内自省也。"孔子告诉我们，见到有仁德的人就向他看齐，见到小人就要反躬自省。领军人物之所以有那么大的感召力，就在于他们的品质、成就是可以傲世的，我们只有从成功者身上汲取成功的因子，才有可能成为明日的成功者。

向领先者学习是通往成功的捷径，也就是说，如果你看见有人取得令你心羡的成就，那么只要你虚心学习并愿意付出时间和努力，也能得到相同的甚至更好的结果。如果你想成功，就要去学习那些成功者的方法。

如果你想成为那样的人，就要不遗余力地向他学习，学习他的信念、他的策略，让他那宝贵的人生经验成为你成功路上的基石。每个人都应给自己找这样一位行业中的佼佼者做事业上的教练。

作为年轻人，我们的人生阅历还很浅薄，工作经验更是相对缺乏。这时，我们就需要从生活或工作中找到一些成功榜样，告诫自己：向他们学习，向他们看齐，未来的我一定要像他们一样取得令人瞩目的成绩。

向榜样学习成功经验，要注意以下 3 个方面：

1. 善于向行业内外的成功者学习

前人成功的经验永远值得借鉴，我们除了从和自己行业息息相关的成功者身上学习经验以外，还需要向其他行业的高手学习。不要认为从事和你不相干的行业的人就和你的工作不相关联，就不值得你尊敬，其实各种行业都是有依存关系的。所以，要打开你的心灵大门去接纳各种不同背景、不同行业的人，而不是去排斥他们。

向人学习经验，应当掌握以下一些要诀：

（1）要抱着请教的态度，不要和对方辩论。

（2）妥善找寻问题的切入点，让话题自然打开。

（3）态度要诚恳、认真，不要给人"只是随便问问"的感觉。

（4）不要急于一时，一次了解一点。

2. 不可盲从他人

我们知道，经验不是万能的，会有适用和不适用的时候，所以我们在学习过程中不能过于迷信前人的经验，而要多一些"与时俱进"的思考，学会鉴别和运用。

女人若喜欢盲从他人，不能坚持自己的原则，或根本就没有原则，不但学不到东西，甚至会给自己带来损失或伤害。要想在生活中、事业上有所成就，就必须摆脱盲从众人的不良习惯，坚持自己的想法，坚持自己的原则，善于用自己的头脑思索问题，做出人生的抉择。

3. 别让他人的经验束缚自己

通过长时间的实践活动所积累的经验，有一定的启发指导意义，值得重视和借鉴，它有助于人们在后来的实践活动中更好地认识事物、处理问题。但应该认识到，经验只是人在实践活动中取得的感性认识的初步概括和总结，并没有充分反映出事物发展的本质和规律。很多经验只是某些表面现象的初步归纳，具有较大的偶然性。有的看似理由充分，实际上却片面、偏颇；有的只适用于某一范围、某一时期，在另一范围、另一时期则并不适宜。由于受许多条件的限制，无论是个人的经验，还是集体的经验，一般都不可避免地具有只适合于某些场合和时间的局限性。所以，千万不可让他人的经验成为我们思考的障碍物和绊脚石。

聪明女人要想在职场崭露头角，很重要一点就是找到一个合适的"职场教练"，并且虚心地向他学习。善于向成功者学习，这也是迈向成功的捷径。希望上面所讲的那些成功经验能够帮助你在职场中开辟一片新天地。

·第六章·

拥有爱情，用点智慧在情场

保持独特魅力，让男人着迷

"潮流"大概是女士们最敏感的词语了。的确，我们身边不乏那些追赶潮流的人，特别是女性。当然，追赶潮流并不是一件错事，毕竟爱美之心人皆有之，更何况爱美还是女人的天性。然而，一些女士却是在毫无理智的情况下盲目追求潮流，结果不止弄得自己身心疲惫，而且还得不偿失。

一些女士为了讨自己心仪的男人欢心，不惜花费大量的金钱和精力去追赶潮流。然而，潮流的变化似乎太快，还没等女士们反应过来就已经发生改变。于是，很多女士在追赶潮流的过程中实在体力不支，只得败下阵来。

苏菲亚小姐是个时髦女郎，同时也是个痴情种子。为了让自己和男友的爱情永保"新鲜感"，她每月都会将自己薪水的绝大部分花在梳妆打扮上。女士们都知道，一些新款服装在刚上市的时候价格总是很贵的，所以很多精明的人总是会过段时间以后再买。可是苏菲亚不这么认为，她觉得等到所有人都可以穿上新款衣服，那就不能体现出自己的魅力了。因此，每当一款新式的服装刚上市，苏菲亚就会毫不犹豫地把它买下来。因此，周围的人都开玩笑地说："有了苏菲亚在身旁，根本不用去买时装杂志就可以知道最近的潮流。"

本来，苏菲亚以为自己这样做一定会让男朋友更爱自己，可谁料想男朋友突然有一天提出要和她分手。同时，男朋友告诉她，自己已经爱上了另一位姑娘，而那个人就是苏菲亚的同事玛莎小姐。苏菲亚不能理解，不明白自己为什么会失败。事实上，那个玛莎可谓没有一点品位，一年四季几乎都是那套老掉牙的职业装。男朋友对她说："苏菲亚，事实上我从没有真正留心过你穿什么衣服。即使你穿的是最时髦的衣服，在我看来也没什么分别。相反，正是因为你不断地追求时髦，反而使我认为你是一个只知道花钱不知道赚钱的人，所以我只好选择放弃。"苏菲亚显然不服气，愤怒地说："即使这样，你也不应该选择玛莎啊？"男友摇了摇头说："你错了，苏菲亚。虽然玛莎总是穿着职业装，但在我看来却是魅力非凡。尽管她显得跟不上潮流，但她却始终都保持着自己一贯的风格和独特的魅力，也正是她这种职业女性的魅力征服了我。"

也许，直到现在苏菲亚也不知道自己输在哪里。她追求潮流没有错，但那也同样让她失去了自我。也就是说，社会上流行什么她就是什么样子，而一旦不流行了她就改变样子。对于男人来说，恐怕没有一个人会喜欢这种"千面女郎"。相反，他们的心更容易跟着那些能够永远保持自己独特魅力的人走。

每一位女士都想将自己最漂亮、最有魅力的一面展示给自己心仪的男子，这也是无可厚非的事情。然而，如果女士们不能保持住自己的一贯风格的话，那么男人的心很快就会溜走。道理很简单，因为你没有什么地方真正让他痴迷。因此，女士们要想让男人为你着迷，那么最好的办法就是在穿衣打扮上保持自己的风格。

当然，在这里也要提醒女士们。劝女士们要保持自己的风格，并不是说女士们像玛莎那样一年四季只穿一种衣服。我们的意思是，你们要根据自己的外形条件和内在气质来选择着装，将自己最有魅力的一面展示给男人，而不是随波逐流，盲目追求时尚潮流。

有些女士会说："我是个普通得不能再普通的女人，我没有钱也没有精力去赶什么潮流，因此我就是你说的那种能够保持独特魅力的女人。可是，我从未发现过这种所谓的独特魅力会让哪个男人着迷。"如果女士们把独特魅力想得如此简单的话，那么就是大错特错了。事实上，女人的独特魅力不仅包括外表上的，同时还包括很多内在的东西。

　　娜沙新交了个男朋友，所以这段时间正沉浸在甜蜜的爱情之中。娜沙很看重这个新男朋友，的确，这位年轻的小伙子不仅仅表不俗而且还事业有成，是很多姑娘梦寐以求的未来伴侣。应该说，这位小伙子也很喜欢娜沙，因为娜沙性格温柔，颇有淑女风范。

　　有一次，娜沙和男朋友一起看了一场电影。回来以后，小伙子一直说电影中的女主角真不错，把一个泼辣果敢的女人塑造得活灵活现。娜沙听完之后，就以为自己的男朋友一定喜欢那种类型的女人。于是，她暗下决心改变自己。

　　然而，就在她改变的第三个月，男朋友提出和她分手，理由就是受不了她的泼辣。娜沙委屈地说，自己所做的一切都是为了他，因为他曾经说过喜欢电影里那种类型的女孩子。小伙子这时才知道了事情的原委，于是对娜沙说："你就是你自己，干吗要学别人？我说那个女主角不错，是因为她不过是虚构的一个人物。而你，娜沙，却是实实在在的。我当初之所以选择你，就是因为你的温柔，然而你却放弃了自己。对不起，现在的你我无法接受。"

　　相信在现实生活中，这种事情并不少。很多女士都对自己没有正确的认识，往往把羡慕的眼光投向别人。为了让自己充满"魅力"，她们不惜改变自己的外表、行为习惯乃至思维方式，极力模仿自己心中的偶像。然而，模仿毕竟是模仿，永远无法与最真实的气质流露相提并论。结果，这些女士不但失去了原本的魅力，而且也让心仪的男人开始疏远她们。

　　罗兰女士在一家大公司任行政总监。也许是工作上的原因，她总是给人一种高傲、不可亲近、冷冰冰的感觉。在罗兰看来，任何事都比不上工作重要，因此她也总是给人一种精明强干的感觉。

　　在很多女性的眼中，罗兰是一个典型的"怪物"，根本不会有任何人喜欢她。她们的理由很充分，那就是没有一个男人不希望找到一个温柔体贴、把家庭摆在第一位的妻子。可是，事实却并非像女士们想的那样，夸张一点说，罗兰女士的追求者大有人在。很多男人都希望能够娶到这样一位妻子。

　　当问起那些男士为什么会对罗兰如此着迷的时候，他们回答说："尽管她冷若冰霜，而且还是个工作狂，但她身上那股独特的魅力却让我们无法抗拒。如今，很多女士为了让自己显得有魅力，经常会刻意地做出一些举动。比如，有的女人明明性格豪爽，却非要装出一副小家碧玉的样子，结果让人有一种厌恶的感觉。而有的女人明明是属于温柔体贴类型，却非要装出一副豪放的样子，结果让人觉得不伦不类。可是罗兰从来没有这样过，她永远都把最真实的一面展示出来。坦白说，正是她这种真实的展现才征服了我们。"

犹他州心理学专家唐·德里克曾经说："男人都有一种很奇怪的心理，那就是他们一方面希望女人为了他们而去改变自己，另一方面又希望女人能够坚持住自己的本色。不过，两者相比较起来，男人更希望认识的是女人的本来面貌。很简单，男人都不希望自己的判断有错误，他们对自己做出的决定很有自信。因此，如果女人能够表现出自己独特的魅力，那么他们就会为之而倾倒，而且暗自为自己做出的正确决定而高兴。此外，很多人都认为男人最容易见异思迁，其实男人只是冲动性地想要获得新鲜感，他们更渴望得到的则是女人那种让自己永远着迷的魅力。"

纽约最大的汽车销售公司的总经理卡尔·帕特罗曾经说："我是一个时尚前卫的人，但这并不影响我对古典主义的欣赏。如果我喜欢上一个具有古典气质的女人，那么我不希望她为了我而改变成充满现代气息的时髦女郎。事实上，虽然她的审美观点和我会有冲突，但她身上散发出来的古典气质却会让我痴迷。因为那就是她，一个本来的她，一个浑身散发着属于自己的独特魅力的她。"

这里所说的独特魅力并不是一些不好的习惯和行为，而是真正能够散发出光芒的内在气质。比如，如果你真的不会温柔，而且温柔也不适合你，那么就不要改变。当然，前提是你的"不温柔"必须是豪爽，而不是粗鲁。因为前者是魅力，后者则是陋习。

让他追你，直到你得到他

如果你爱上了一个男人，最好的办法是让他追你，这样你才能占据主动，得到你想要的结果。

　　为什么要让男人追求女人呢？因为男人生来就喜欢竞争，有一种强烈的征服欲望，轻易得到的东西并不能提起他的兴趣，只有经过努力争取到的东西才会让他倍感珍惜。男人不会爱上主动投怀送抱的女人，因为他认为他只是扮演了一个其他男人都能够扮演的角色，这是他最受不了的。如果是他经过努力争取到的，他就会认为这个女人是真的爱上了他，这才是他想要的。

　　男人虽然不会爱上太过主动的女人，但如果你什么都不做，那也是不会引起他的注意的，即使他真的很喜欢你，也未必会追求你，因为他并不确定你是否也对他有好感。所以，你需要展现出你温柔体贴、妩媚迷人的一面，让他充分领略你的女性魅力，同时，你还必须要给他一些暗示，让他明白你的心意，比如说一个柔情的眼神、一句真心的赞赏等。不过你的言行不要太直白露骨，否则不但达不到吸引他的目的，还可能将他吓走，让他离你越来越远。

　　如果一切进展顺利，他已经开始注意你并试图接近你，就意味着你的第一步计划宣告成功了。接下来，你需要保持女人应有的矜持，千万不要因为他的靠近而表现得过于兴奋，这样会让他觉得你太容易得到，从而对你失去兴趣；不过你也不能拒人于千里之外，那也会打消他的积极性。你要让他知道，你对他很感兴趣，你并不排斥与他交往，但你们能否有进一步的发展需要看你们相处的情况。你可以让他知道有其他人在追你，但千万不要真的与其他人交往。

　　当你们开始恋爱以后，你一定要注意自己的言行，不能让他有被束缚的感觉。一旦男人觉得自己的自由受到了限制，他就会怀念以前的单身生活，而不会再对你有所依恋，如果他不再向往你们两个人的生活，那你们的爱情就不可能修成正果。几乎所有的男人都希望能在爱情中自由地出入，这是男人的天性，没有为什么。如果你一定要向人的天性挑战，那么输的只能是你自己。

　　恋爱之中的女人最希望得到对方的承诺，但结果却往往是越想得到就越得不到。这是因为女人索取承诺的方式不对。如果你一直追问男人怎样打算你们的未来或者什么时候结婚等问题，那就会让男人觉得你和一般的女人没有什么区别，只是想用婚姻来套住他，剥夺他的自由。一旦他产生了这样的想法，他自然就不会愿意给你承诺，因为给你承诺就意味着失去自由。在恋爱中主动要求男人承诺什么是很不明智的做法，如果你想尽快得到他，那就一定不要在他的面前提起承诺。

女人真的无法得到男人的承诺吗？当然不是，只是你不能主动要求男人给你承诺，而应该让男人心甘情愿地做出承诺。如何让男人心甘情愿地做出承诺呢？既然不能直接说出来，那就必须要采取一些迂回的战术，兵法中的"欲擒故纵"和"以退为进"用在这里刚好合适。这就是说，你不要表现得对他非常依赖，时时都离不开他，让他觉得你已经认定了他，而应该表现得若即若离，既不会脱离他的视线，又始终保持一段距离。在男人眼中，只有可能得到但却还没有得到的女人才是最有吸引力的。

无论你们已经相处了多长时间，也不管你们的感情已经发展到了何种程度，你都不能开口向对方索取承诺，但你对他的感情一定要甜蜜如初。如果你一直都不提，男人就会很困惑，为什么你一直都不提结婚的事呢？难道你对他的感情还不确定吗？这样的困惑将让他十分不安，为了证明他是你最正确的选择，也为了防止你离开他，他很快就会向你做出承诺，而这样的承诺完全是他心甘情愿做出的。

有些女人常抱怨自己命苦，不能和自己所爱的人结为百年之好。但是，我们不妨问一句，这和命运有关吗？是不是你自己没有把握好机会才错失了梦中情人呢？如果你能懂得上面的技巧，懂得如何吊他的胃口并让他向你做出承诺，也许你早就已经得到他了。

约会也有游戏规则

约会是两个人开始交往的标志，是彼此加深了解的过程，约会的质量如何将直接决定两个人的爱情能否修成正果，所以，如何进行约会就成了女人的一堂必修课。

然而，有些女人却不懂得约会的游戏规则，常常将原本浪漫美好的约会搞得一团糟，所以她们很少会感受到约会的美妙，甚至很少能跟同一个男人进行第二次约会，更别谈收获爱情了。约会时要注意以下规则：

1. 把约会的主动权留给男人

无论你多么期待与男人的约会，你都不要主动提出约会的建议，而且当男人提出约会的请求时，你也不能不假思索地答应他。如果由你来提出约会，男人就会认为你非常渴望同他约会；而如果你马上答应他的约会请求，则会让他认为你一直都在等着和他约会。这两种情况都会让男人轻视你，不珍惜你，从而让你处于十分被动的地位。你千万不能让男人觉得他已经占据了你生活的全部或大部分，更不能让他觉得你已经对他死心塌地、非他不嫁了。

当然，你也不能表现得太过冷淡，那会让对方觉得你对他根本没有兴趣，会打消他的积极性。你可以这样说："我也很希望和你共进晚餐，不过我今天确实已经约了别人，要不咱们改在明天好吗？"如果他是真心希望和你约会，他就一定会欣然接受你的建议。如果他不接受，你以后就不用再理他了，因为他和你约会可能只是为了打发他的无聊时间。

2. 选择合适的约会地点

约会的目的是男女双方互相交流，增进了解，因此一定要选择理想的约会场所才能推动两个人情感关系的发展。约会的场所不能太嘈杂，不能是气氛沉闷的传统餐厅，也不要去对你们来说过于昂贵或过于时尚的夜总会之类的地方。如果场所过于温馨浪漫，超过你们关系的进展程度也不合适。

选择约会地点的规则是：哪里让你感到舒适、哪里能让你享受到最大的乐趣就去哪里。

3. 约会时给男人表现的机会

男人到女人家里去接她共赴约会，当男人要为女人拎包的时候，女人客气地说了一句："谢谢，我可以自己拿。"到达约会地点，当男人赶在前面要为女人打开车门时，女人又客气地说了一句："谢谢，我可以自己开。"吃过饭，男人要送女人回家，女人仍然是客气地回绝了男人，坚持自己打车回家。女人或许认为，自己的做法是在替男人着想，但男人却根本不可能领她的好意，他会觉得对方根本就不需要自己。

男人渴望在女人面前表现他们的绅士风度，他们非常愿意为女人服务。而且男人并不需要女人的回报，女人只要充分展现自己的魅力就足以让男人倾倒了。

4. 别做让人扫兴的事

有些女人不解风情，面对男人送上的 99 朵艳丽的玫瑰花，不但不感动，反倒数落起男人的不是来。女人可能觉得自己这样做是为男人着想，怕他浪费钱财，殊不知自己的这种行为已经破坏了约会的气氛，让男人十分失望和扫兴。

勤俭持家虽是好事，但那绝不是在双方的感情还未牢固之前就应该考虑的事，约会当然要浪漫一些，再说男人的一片心意又怎能轻易否定呢？男人没有享受到约会应有的乐趣，他还会再次跟你约会吗？

5. 掌握好约会的时间

适当的时间提出离开会让男人更加珍惜和你在一起的每一分每一秒，也会让他更想见到你。如果一直纠缠下去，或者等到男人提出离开，你就很被动了。男人需要有足够的自由，即使在谈恋爱的时候也是如此，他需要有时间和自己的朋友聊天，看自己喜爱的体育节目。如果你能体贴地为男人充分考虑到这些，他就会更加爱你，也会愿意抽出更多的时间来跟你约会。

6. 遵循沉默是金的约会规则

约会之后不要给他打电话，不要对他说出你的想法，即使你爱他已经不能自拔，也不要急着对他倾诉你的心声。这是吸引他的最好办法，保持沉默，你就拥有更多的选择机会。沉默可以以静制动，让对方难以猜透你的心思。

当男人忍不住回想约会过程，而你却没有明确表态时，他就会猜想自己是不是做了什么你不喜欢的事。一段时间之后，他就会急于知道你在想什么，就会主动给你打电话。这是恋爱初期的基本规则，你越沉得住气，就越能掌握主动权。

当然，如果他是你理想中的男人，你真的很喜欢他，就要适当地给他暗示。

"不给他打电话"这一规则也要有所节制，因为他也可能不给你打电话，如果他是你喜欢的人，这样就会丧失继续发展的机会。你可以有预谋地在 3 天之后再给他打电话，打破他的游戏规则，让他对你感到好奇，激发起他追求你的欲望。

及时启动你的人格魅力

要想成功俘获男人的心，除了有切实可行的"作战"计划，还必须对男人足够了解，掌握他的情感发生、发展过程，这样才能达到知己知彼、百战不殆的效果。

总有女人说，我更希望他被我的内在美吸引。这样的言论往往又会遭到猛烈的抨击，他们说男人天生是好色的，内在美在他们那儿是不起作用的。

这话似乎很有道理，可是为什么我们还能见到一个外表平平的女人身后却站着一个才貌出众的男人？不必大惊小怪，这不是个案，而是一个普遍现象。一个女人能够得到众多女人心目中的白马王子，必然有她的过人之处，有她与众不同的独特魅力。

那么，到底是外表更吸引男人，还是内在的魅力更吸引男人？要想获得恋爱成功，二者缺一不可。

男人注重视觉上的感受，如果不能在视觉上留住他们的眼球，又怎么会有机会与他们进一步交往呢？

但外表的吸引毕竟是暂时的，没有谁的外表能美到让人一辈子都看不厌，而真正能让男人动心的还是女人的内在魅力。只有当男人被女人的智慧和气质所吸引时，他才会对这个女人越来越感兴趣，越来越欣赏，直至产生真爱。

女人若想让男人对自己倾心，就必须内外兼修，并时刻做好"换挡"的准备：当男人对你的内在注意力下降的时候，你要启动外在魅力；当男人对你的外表注意力下降的时候，你要启动内在魅力，适时展现自己。

交谈内容是很重要的，千万不要说一些高深或枯燥的东西，如果让对方觉得自己在听学术报告，他对你的兴趣就会立刻大减，你的努力也就全白费了。

你应该保证你们之间的交谈是充满乐趣且带有情趣的，不妨加入一些打情骂俏。你可以向他提一些他比较感兴趣的话题，与他共同探讨，这样既可以了解他的看法，同时也能让他见识一下你的智慧。

这一点是很重要的。随着你们交往程度的加深，要想不让男人产生"你就是个中看不中用的花瓶"，你必须要充分展示你头脑的作用。男人渴望性，但女人的性魅力未必都要通过外表来展现，而性的意义也可以表现为一种智力活动。

如何展示你的智慧是一种方法问题，你要把握好时机和场合，知道如何吸引对方的注意力，且不会让对方觉得你很露骨；要让自己看起来很风趣，善于谈论充满智力因素的话题，并能以打趣、调侃的方式给予点评和总结；在交谈中，一旦发现男人的注意力开始下降，能马上转换一下话题，将他的思绪拉回来……最关键的是你能随时"换挡"。

毫无疑问，如果你能与男人自如地交流，让男人觉得你是一个头脑灵活、有思想内涵、幽默风趣、举止大方的女人，他就会更加关注你。如果你再懂得适当地调侃、打趣，他就会对你们的交谈念念不忘，渴望与你的下一次相见。

如果你遇到的是非常聪明的男人，你也没必要底气不足。不管他多么聪明，你都应该相信自己肯定知道一些他不知道的东西，而在谈论这些他不了解的话题时，他就会显得特别有兴趣，对你也会更加刮目相看。

制订一个"作战"计划

与男人相处是需要讲究策略的，有些女人很容易就得到了她们渴望的爱情和婚姻，就是因为她们更懂得与男人的相处之道。

男人与女人从相识到相恋，再到最终结为夫妻，一般都要经过 5 个阶段，第一个阶段为相互吸引期，第二个阶段为感情朦胧期，第三个阶段为感情明朗期，第四个阶段为亲密无间期，第五个阶段为谈婚论嫁期。在不同的阶段，男人的心理特点是不同的，因此，要想与自己所爱的男人顺利步入婚姻的殿堂，就必须把握好男人的心理变化过程，根据其心理变化及时调整与之相处的策略。

上面提到的 5 个阶段是非常重要的，在不同的阶段，与男人相处的策略也应该是不同的。如果不能确定男人正处在哪个阶段，或者在第一阶段做了第三阶段的事，那就很可能将事情弄糟。所以，你需要制订一个完整的"作战"计划，打好这场婚姻的"攻坚战"。这场战争虽然没有硝烟，也不存在钩心斗角、互相算计，但却是对女人智慧和心理的考验，如果没有周详的"作战"计划，取胜的把握就很小。

一见钟情的邂逅在现实生活中时有发生，但结果却未必都是圆满的。初次相识的一个男人和一个女人都被对方深深吸引住了，在分别之后，他们马上陷入了疯狂的想念之中。女人的感情大多比较含蓄，初次见面以后，她们通常会在家里等待男人的电话。但男人却未必会主动打给女人，尤其是那些不太自信的男人，常常因为害怕被拒绝而不敢主动与对方联系。也就是说，即使男人很喜欢这个女人，他也未必会主动与她取得联系。女人必须清楚这一点，否则一味地等待，很可能会让自己永远地错过这个男人。所以，在相互吸引期，女人不妨给男人一些暗示或者鼓励，这将让男人更加大胆地追求你。

感情朦胧期是一个不确定的阶段，双方都不太确定对方是不是最适合自己的人，这是一个过渡期，女人必须清楚这一点，否则就会做出不当的判断，认为对方不适合自己，或者对方不爱自己，于是轻易地放弃这段感情。也有些女人会因为这种不确定性而感到焦虑，缺少安全感，于是她们会拼命讨好对方，希望尽早与对方确定关系，可是被她们讨好的男人却很可能被她们的举动吓走。所以，在感情朦胧期，女人切不可把过多的精力放在男人身上，加深对彼此的了解才是最重要的。

在感情明朗期，男人和女人的感情都已经明朗化，他们已经可以确定对方就是最适合自己的人，于是他们不再关注其他异性，而是把全部的精力都放在了彼此的身上。很多女人认为，这时就可以向对方托付终身了，然而这一切都还为时尚早。虽然此时双方已经确定了关系，但是女人如果表现得过于主动或者与男人过于亲密，就会让男人感到不安，甚至因此而改变对女人的看法。

女人们千万别以为自己的亲密举动可以让男人更爱自己，对于唾手可得的东西，男人们常常不会去珍惜。适当地保持距离，反倒会让男人对你死心塌地。

在亲密接触阶段，男人和女人的感情得到了进一步的升华，他们已经走入了彼此的生活，进入如胶似漆的热恋期了。虽然已经进入热恋期，但女人仍然不能要求男人把所有的时间都用来陪自己，否则就会让男人觉得失去了自由，进而重新考虑你们的关系和未来。

在经历以上几个阶段以后，就可以进入谈婚论嫁期了。女人总是追问男人为什么迟迟不娶自己，结果却让男人离自己越来越远。其实，男人不是不想娶，只是还没有到他们认为合适的时间。所以，即使到了谈婚论嫁的时候，女人也千万不要主动开口，如果对方是真的爱你，他就一定会说出来的，只是你不要太心急了。

女人应该清楚：处在相互吸引期的男人更希望得到女人的肯定；处在感情

朦胧期的男人绝不可能对任何女人死心塌地；处在感情明朗期的男人一定会用心呵护他认定的这个女人；处在亲密接触期的男人会毫无顾忌地把自己的心事与他所爱的女人分享；处在淡婚论嫁期的男人更喜欢自己说出结婚的日期。清楚了这些，你就可以制订出最有效的"作战"计划，将游戏人间的男人拒之门外，将真正的好男人留在身边。

做他最好的朋友

很多女人在被男人当成"女朋友"之后就心满意足，以为万事大吉了。但是实际上，如果男人仅仅觉得你是他的一个女朋友，他也有可能因为某些原因背叛你。即使你们最后仍然在一起，但是你却会发现他有什么事情瞒着你，而且某一天突然发现身边的他是如此陌生。最常见到的情形是，紧密的日常生活状况可能使一对情侣或者夫妻联系得更加紧密，也有可能使他们分道扬镳。对那些尽管在恋爱期，但是大部分时间都生活在一起的男女朋友来说尤其如此，他们肯定会遇到这样一个问题，那就是他们的日常生活会像每天刷牙一样平淡。长久的共同生活使得无数的女人成为男人的母亲、姐姐或者敬畏的老师，最终使得她们满腹希望而来却失望而去，在情感上渐行渐远。我们知道，这并不是我们想要的结果。

如果说男人的上述种种行为都被女人定为"背叛"自己的话，那么比较而言，男人却不会这么容易背叛他最好的朋友。如果你对朋友的概念还模糊不清的话，那么你首先要做的就是了解"朋友"这个词究竟意味着什么，朋友间的感情有哪些特点。与一般的女朋友相比，朋友首先意味着相互之间多了一点尊重，包容对方的性格、习惯和兴趣等。朋友间会懂得，即使是迷迷糊糊，上帝也从来不曾造就两个完全相同的人，谁也不能在造物主的作品上妄加自己的构思。朋友间还会多一点宽容。当看到对方的种种缺点和毛病时，朋友会想到人无完人、金无足赤，继而莞尔一笑，因为他从来就不是因为对方的缺点而和他交朋友。朋友间还会多一些平等。朋友会懂得"管你没商量"的一些做法很可能把对方管得痛苦不堪，强压的弹簧反弹的力度更大。朋友之间会多一分理解，不会有不着边际的目标让对方努力，不会有过高的期望让对方感到有压力。相对于批评和挑剔，朋友间更多的是欣赏。欣赏是一种真诚的赞美、一种由衷的祝福，会给对方送去一份至诚的鼓励，即使是"十恶不赦"的人，朋友也会试着找到他的可取之处。

现在女人们明白了，朋友间的上述特点决定了男人对待朋友的态度，对他的好朋友就更是如此。一个好男人，他对他最好的朋友一般都比较忠诚，他会心甘情愿、不怕麻烦地去帮助和关心对方。在老朋友面前，即使他偶尔露出脆弱的一面，他也依然能够感到舒适和自在。他有许多不能和女朋友分享的秘密，但能和自己的好朋友分享。

大多数男人都不愿在女人面前表现得很脆弱、易犯错误或者受到打击，这是天生的自尊心在作怪。但是，如果你能够像他的老朋友一样，通过某种特殊的方式为困境中的他提供必要的支持，而且从不做出任何同情他、怜悯他的姿态，那么他就会把你当成朋友来看待。你需要维系自己是他最好的朋友这一角色，除了给他爱和支持以外，还要用一个吻或者其他充满爱意的举动来帮助他重拾信心，走出困境。

同样，如果你能够理解你的男朋友，清楚他内心的真实想法，能让他说出那些"不足为外人道"的秘密，就能够使自己成为他最好的朋友。假如你对他非常熟悉，并且让他知道，即使他有这样那样的缺点，你却仍然能够接受他，在这种情况下，他就会像对待好朋友一样地对待你，对你充满爱和信任，而且很有安全感。

当你们之间不再是简单的男女朋友的关系时，你会发现一切都变得不同：你们像一对意气相投的好哥们儿，在一起很开心，相互尊重、信任和容忍对方；不在一起时，会彼此思念，却不是撕心裂肺的，只是浅浅淡淡的，想起来很安全，心里也踏实，不再有束缚和缠绕。你们两个人，会是两个彼此独立却感觉美好的人。你身边的这个男人曾经让你心跳，让你痛哭，让你相信海枯石烂、海誓山盟，尽管最终的感情会随着时光变得有些寡淡，但爱情却并没有褪色消失，它以健康的姿态存活下来。于是，这个男人就成为你生活中最熟悉、最亲近的一个人，并且是你最谈得来的好朋友——这样的情感才是男女间的最高境界。

当然，我们所说的"最好的朋友"仍然与一般的朋友有所不同。假如没有任何差别，就会彻底改变你们关系的本质，你们之间的爱情和浪漫也无从谈起。你应该竭尽全力成为他心目中最富有魅力的女朋友。这个女朋友首先是足够吸引他的，同时也具有他最好的朋友的许多特质。只有这样，他才会既认为你是一个可爱的女人，同时也是他可以充分信任并且能够走进他内心世界的朋友，你们的情感关系才会深入、持久地发展下去。

不动声色，将他推入你的爱情里

香港知名作家张小娴曾说："女人的追求其实只是用行动告诉这个男人，请你追求我！意思是拉开架势，垂下鱼线，愿者上钩而已。"

你遇见了心目中的白马王子，爱情的火苗在你心中滋长，你也能感觉到他心中的化学变化，但是他从不约你出去，只是这么一味地在爱情的边缘暧昧着。很多时候，男人在决定工作执行方向时很果决，但碰上这种事情的时候，就会变成一根大木头，瞬间退化成情窦初开的学生。他们往往容易忽视女人给他们的爱情暗示，也忽视了自己内心的那些细微的化学变化。

这种时候，女人如果还只是一味地等待，就注定会错失这段爱情。这时女人不妨耍点小计策，不动声色地推他一把，他就会轻易地掉入了你的爱情之囊里。

张青喜欢上了她的一位客户。有一回本来约好10点见面，但是那个男人临时有事推迟了一个小时，他们谈完已经到了午饭时间。男人说，不好意思让你久等了，不如我请你吃饭赔罪吧。张青压抑着咚咚乱跳的心，假装为难地考虑了一下，说对不起我发个短信，本来和朋友约好一起吃饭的，然后对着手机乱按了一气。

就这样，他们开始了非工作式的交往。张青当然要回请他。第二次一起吃完饭，他们之间随意了许多。三天后，张青买了条领带送给他，谢谢他对她工作的支持。再三天后，张青以自己生日为名请他出来吃饭。一个星期主动约了人家三次，这已经不是一个寻常的数字。如果他有意，该明白张青的心，如果无意，那么再努力也没有用。于是张青开始收手。

果然不出所料，一周后，男人终于约了她。见面的第一句话是，你好像突然失踪了，我很不习惯。瞧，她成功了！

在这场爱情的暗示中，张青正是保持适当矜持，却又主动出击，见好就收，这才激起了对方的兴趣，为自己赢得了交往下去的机会。虽然有情，却在对方要求一起吃饭时适当矜持，并最后决定推掉别人的饭局。这个小花招对男人有两点暗示：有很多人想跟我一起吃饭，我的人缘很不错；我推掉了别人，说明我重视你。一星期约人家三次，真可算死缠烂打。不过要找到合情合理的理由，并在约会时保持矜持与可爱，让他觉得这是个可爱的女人，对我也挺有意思的，我是不是应该追求她？主动几次后见好就收，无论如何他都会想：人家女孩子主动几次了，于公于私、于情于理，我都应该主动一下。

重要的是，你得让男人觉得是他在追你。追逐的过程，会让他更热情且充满刺激。想想看，如果他不费吹灰之力地就能够约你吃晚餐，那你们的约会，就会跟路边发的赠品一样不值钱。别当一条轻易上钩的鱼儿！让他先开口约你，好过你先开口约他，他会对你更加无法自拔。男人通常会期待这个猎爱的过程，所以你必须把握好这种若即若离的距离。

让他开口约你，其实很简单，比如你可以装作不小心，寄错了一封 E-mail 给你的暗恋对象，内容是有关你周末的好玩行程。当他满心疑惑地回信，你可以马上顺水推舟地说："啊！我寄错了……但是你想不想一起来参加？"你就这样自然地划入了他的生活，再加把劲，顺利划入他的心河就对了。

要爱情，更要爱自己

社会不断地发展，女性的社会地位也随之得到了进一步的提高，有许多女性甚至成了社会中的佼佼者，成了支撑半边天的重要人物。这时，夫妻之间的相互依赖、相互支撑、相互帮助是夫妻关系和谐的象征。但仍有不少女性，将男人作为她可依可攀的树，作为她生活的全部。一旦身边没有男人，便会无精打采；一旦话题离开男人，就觉得索然无味。女人把丈夫当成自己的全部，爱的天平就会发生倾斜，这种倾斜会影响夫妻感情的正常发展，同时对女人的危害甚深。

女性长期痛苦的另一个重要因素，就是让男性来决定其自身的价值。女性把丈夫当成自己的全部，完全依赖于男性，也会给男性带来沉重的压力，对他的工作、生活都是非常不利的。时间久了，婚姻的质量必然会受到影响。把丈夫或者孩子看作自己唯一的依靠的女性，会对他们付出自己全部的爱。有的时候这份爱便成了一种束缚，甚至让对方感到窒息。而付出爱的女性却因为没有看到回报的爱，变得更加偏执。她们实际上忘了先爱自己。怎样摆脱依赖，给自己一点爱？你可以这样做：

第一，要从思想上认识到过分依赖的危害，努力培养自己遇事多动脑的习惯。凡是拿不准的事情，自己反复思考后，拿出解决问题的初步方案与丈夫商量，久而久之，就会为自己积累些经验，为日后自己单独处理好问题奠定基础。

第二，要培养自己的自信心和独立意识。要明白过分依赖不是在加深或巩固丈夫对自己的爱情，而是在削弱自己在丈夫面前的吸引力，是在摧毁爱情。同时要加强自身修养，培养良好的生活习惯。

第三，要有勇气按照自己的愿望、意志行事，不要总是违心地讨好丈夫，而失去自我。遇事要有主张，而不是看丈夫的眼色行事。要知道，生活的真正实质在于独立，只有独立才会受到别人（包括丈夫）的尊敬。那些敢于独立思考、独立行事，并获得成功的人，才是最令人钦佩的。

给自己一点爱，就是多听听自己的心声，不要一味地遵从丈夫的意见。虽然你们因为神圣的婚姻结合在一起，但请记住你们仍然还是两个个体，各自都需要发展。完全依赖对方，失去了自我，对你的婚姻并没有好处。相反，你会成为对方的累赘，让他不胜其烦。所以，不如多多关注自己，与他构建更平等的婚姻关系，就像战友一样，平等、互相帮扶，共同对抗漫长岁月对感情的侵蚀。

下篇

会赚钱

· 第一章 ·

"拿下"职场，是你钱包鼓起来的关键

"拿下"职场，是你钱包鼓起来的关键

想要理财的女性朋友都要明白一个道理：想要理财，首先必须要有财可理。我们每个人都不可能生来就有钱，钱都需要我们去挣才能够进入我们的钱包，这样我们才能够有打理钱财的机会。所以，想要理财，就必须要让自己空空的钱包鼓起来，而"拿下"职场，是我们钱包鼓起来的关键。

36岁的罗莹莹，初中毕业后只工作了3个月，就再也不肯工作了，每天就是吃饭、看电视和睡觉，无论家里人说什么，都改变不了她的现状。每次给她介绍工作，她都找各种借口给推辞掉，不是嫌工资低，就是嫌路太远。后来，大家也就不再愿意给她介绍工作了。现在，社会上掀起了一股理财的热潮，她也有点心动，但她突然发现，自己一点钱都没有，每天都是吃家里的、喝家里的，自己手里从来就没有拿这一毛钱，怎么理财呢？

确实，没有钱怎么理财呢，就像罗莹莹一样，自己毕业之后不工作，只在家里待着，吃家里的，喝家里的，自己从来没有拥有过一分钱，这样的人，即使她的理财欲望十足也没有财可供她理啊。所以，为了让自己有财可理，我们就要想方设法去挣钱。

挣钱的方式很多，可以自己创业自由挣大钱，也可以参加工作领取固定的工资，或者是用其他的方式，但是在我们的现实生活中，大部分的女性朋友都选择了参加工作来赚取自己能够"理"的第一桶金。为什么呢？因为创业是需要资金的，而身无分文的人是很难贷到款的，除非我们去"啃老"，用父母

的资金来当自己的创业基金。对于经济很宽裕的家庭来说，父母赞助女儿创业也无可厚非，但是对于大部分经济条件一般的家庭来说，这是很不经济的一件事。我们从学校里毕业、成人之后，就不应该在经济上给父母增加负担了。所以，从这个方面来说，我们还是选择参加工作赚取我们需要打理的金钱才对。所以，想要理财的女性朋友，首先就需要"拿下"职场，让自己先有了收入，之后再谈理财。

黄芳芳的妈妈是一个会计师，从小就给她灌输理财的思想，因为家庭是一般的工薪家庭，所以，她深深明白依靠职场赚取自己的第一笔钱是多么重要，所以，她在大学还没有毕业的时候就已经开始了自己的职场生活——兼职跑采购。虽然做兼职的时候赚的钱不多，但是已经为她在采购业积累下了经验，所以，毕业的时候她很顺利地找到了工作，当然还是干她很有经验的采购方面的工作。她仅工作一年，靠着自己的理财能力，就已经赚到了一辆价值50万的小轿车。她现在早就已经拥有了豪车、豪宅，也把她的妈妈接到了身边来享清福了。

从黄芳芳的身上我们可以看到，即使拥有理财的想法，没有资金的来源，还是没有办法让自己变得富有。就像黄芳芳，她从小就被她的妈妈灌输理财的思想，但是因为她还小，没有工作收入，所以她还是得依靠家里的支持才能够上学，也没有办法改变家庭的状况。直到她工作赚钱之后，她就运用她的理财技能，把原本有限的工作所得变成了价值50万元的小轿车，变成了后来的豪车、豪宅，让她的家人跟着过上了幸福美满的生活。所以，为了我们也能够顺利地进入理财的生活，我们首先要把职场拿下，让自己有收入的源头。

拿下职场，赚取我们理财所必需的资金，并不是要求我们要找到一个工资很高的工作，而是不管什么职业，只要让自己能够有收入就好，当然，工资的高低也决定了我们钱包的厚薄程度。这就让很多女性朋友都产生了必须要找到一个高收入的工作的念头。因为这样，自己能够打理的初始资金就会相对来说更多一些，自己的理财也应该会更加方便和顺利一些。那么，这个能够让我们的理财更加简单的高收入的好工作好找吗？

其实，为了更好地理财，想要找到一份好的工作也没有那么困难，最重要的是让别人看到我们的长处，发挥我们的长处。从管理者的角度来说，他肯定会用一个有优势的人。所以，我们在找工作的时候要把自己的优势亮出来，让公司的管理者看到我们是一个有优势的人，这样，他们才会给我们进入他们公司的机会。当我们进入职场之后，并不代表我们就能够理所当然地拿到我们想要打理的厚厚的钞票。

当我们进入职场以后，还要能够保住自己的饭碗，这样，我们才能够有源源不断的金钱流进我们的钱包，我们的钱包才能够鼓起来，这样我们才能够有足够的闲钱拿出去投资理财，带来更多的金钱财富。有些人以为辛勤劳动多干活就可以博得领导的赞赏，其实这是种一厢情愿的付出。领导看的是业绩，不是我们付出了多少汗水。

大家都知道，升职之后的工资会更高，所以，聪明的女性朋友就要懂得在工作中使巧劲，让自己尽快得到提拔，为自己带来更多的金钱，让自己的理财生活更加愉快。

总之，拿下职场，在职场上如鱼得水，创下高业绩，我们才有可能获得高薪水，我们的钱包才能够鼓起来，这样理财的时候我们才能够更加放心大胆地去投资，寻找更多收入的源头，让自己的生活变得更加幸福。

提前规划自己的职业生涯

很多人由于没有提前做好职业生涯规划，在找工作的时候总是很茫然，像只无头苍蝇一样到处乱窜，到头来还是没有找到自己喜欢的工作。而那些提前规划好自己的职业生涯的人，早早就为自己的职业生涯做准备，所以在毕业的时候轻而易举地找到了自己心仪的工作。工资起点高不说，还为自己节省了大把时间，让自己赚取更多的钱财。

寒露和白雪是同班同学，她们刚上大一的时候，就从师哥师姐那儿看到了求职的狼狈相，她们自己也感到前途迷茫。于是她们就一起去学校的职业咨询部门去咨询。学校的职业咨询部门让她们先做一份职业规划，白雪踏踏实实地在那里做了自己的职业规划。但是，寒露觉得自己最了解自己，还是由自己来做自己的职业规划比较好，可是真正做起来，她又不相信自己，心里总是没有一个谱。就这样，一直到她们大学毕业，寒露也没有形成自己的奋斗目标，依然是个迷茫族，找工作也不知道自己能够做什么。

而白雪由于早早做了职业规划，在大学的这4年当中，就有意地向自己的职业方向发展，还没有毕业就已经开始上班。这一点让寒露羡慕不已，自己和白雪是同班同学，成绩也不相上下，但是人家一毕业就已经能够经济独立了，而自己现在已经毕业半年多了，还得向父母伸手要钱。为了能够尽快找到合适的工作，她再一次拜访了职业顾问，结果发现很多人也在为没有做好职业规划而苦恼。她看到好些已经工作过的人也做职业规划，因为他们在取得一定成绩甚至上升到一定高度之后，又进入职业瓶颈期，走了弯路，所以现在不得已开始做新的职业规划。这让寒露更加觉得职业规划的重要性，于是很虚心地在咨询师的指导下做了职业规划，并且很快就找到了合适的工作，摆脱了寄生虫的生活。

从材料中我们可以看到，提前规划好自己的职业生涯对理财是多么重要。白雪提前做好了职业规划，就比没有规划的寒露早赚了半年多的钱。而且从材料中我们还看到了，那些没有提前做好职业规划的人，经常因为没有方向，在工作的中途会再次迷失自己，不得已只好停止赚钱，重新再寻找自己的方向。而这么一耽搁，就损失了好几个月的工资的进账。而且，没有提前做好职业规划的人在职业生涯中会可能会经常跳槽。

林燕在上大学的时候，从来不参加职业培训之类的讲座，更不用说提前规划自己的职业生涯了。毕业之后，她闭着眼睛找了一个工作。工作了两个月之后，她发现，这个工作不仅待遇不好，而且每天无所事事，干的几乎都是打杂的活，她觉得自己干这个工作实在是大材小用了，于是换了一个工作。第二份工作虽然工资多了一点点，但是要做的事情太多，动不动就要加班，她都没时间和同学聚会。实在受不了，林燕又把工作给辞了。后来换的这家公司自己感觉规模远远不能和前面两家公司相比，很多福利也没有，林燕觉得这家公司也不是长待的地方，于是又开始准备跳槽。就这样，林燕总是找不到自己喜欢的公司，总是不停地跳槽，一年下来，她手头一点积蓄也没有。

没有提前做好职业规划，在找工作的时候，免不了会茫然，就不得不像林燕那样不停地去尝试干某个工作，接触之后发现自己不合适，就会辞职，重新找另外一个工作，这样就会让自己不停地跳槽。据专家认为，跳槽也是会形成一种习惯的，人一旦形成了这种习惯，他在工作的时候只要不顺心，就会以跳槽来逃避。不过，如果总是跳槽的话，就会阻碍你事业的发展，同时也会成为你财富的致命杀手。

就像林燕，她并不是为了追求更高的发展或者更高的薪水，而是要尽快摆脱目前的工作环境，抱着"不管新工作如何，先离开这里再说"的想法。这样的盲目跳槽不仅难以找到更好的职位，反而会浪费在原来工作中积累的各种资源，让她一而再、再而三地从新手开始做起。久而久之，别人都在不断地上升，而她却还是从零开始，这也是她没有提前做好职业规划的后果。

所以，如果我们想要理财，就要提前做好自己的职业生涯的规划，不要像林燕一样把时间消耗在找工作上面，白白浪费这么多可以赚取财富种子的时间。

应对个人危机，实力才是赚钱的基础

次贷危机引起了全球性的金融危机，对老百姓最直接的影响就是："饭碗"随时可能丢失，手里的钱少了，吃、穿、住、行的花费都严重缩水，一场不得已的节约风席卷全球。就拿生活在城市里的"孔雀女"来说，她也不能再过着曾经衣食无忧的日子了，家里能省则省，能不花的就不花，而且自己都已经是工作的人了，怎么好意思给家里增加更多的负担呢？而且，有点常识的人都知道，在这种情况下，自己的工作更不能丢。

小梅是一个从小就生活在城市里的独生女。以前，她就是家里的公主，做什么事情都有爸爸妈妈宠着、惯着，她没有受过半点委屈，衣来伸手，饭来张口，无论是小学还是大学的时候，花钱从来都是大手大脚。2008 年，由于物价上涨，加上父亲失业了，家里的经济来源一下子少了很多，于是，所有的开支能省则省。小梅的生活也发生了改变，她有工作，但是除去每个月买名牌衣服、高级化妆品的钱，工资所剩无几，以前父母总是接济小梅的生活，现在却不能了。看到家里的情况实在不容乐观，小梅开始紧张了，如果不好好工作的话，自己面临的将是被公司开除，直接导致的后果便是生存的艰难。

其实，在我们身边会有很多这样的人，她们平时也不注意理财，凭借着家里有点钱，自己又是家里唯一的孩子，总是理所当然地"剥削"父母的金钱，以此来补充自己的生活。其实，许多从小生活在城市中的独生子女都面临着这样的问题，平日里大手大脚地花钱，生活费不够用有父母接济，所以从来不担心金钱的问题，对待工作也是得过且过。但是当经济不景气的时候，所有的问题接踵而来，家里父母自己的生活都顾不上了，怎么可能顾上这个已经工作的孩子呢？

网上有这样一段文字来形容失业之后的生活："很多平时积蓄不多的白领在房主催要房租时，才猛然意识到自己失业了，没有收入了，要面临生活问题了。"有一位网友也这样描述自己的生活状态："房子租期到了，现在属于寄人篱下的日子，而以前房子的押金由于种种原因还没退还。10月中旬有个高中同学也因为失业付不起房租，我又同情她的遭遇慷慨解囊300元。"面对这场危机，为了让我们的钱袋子不至于太干瘪，我们应该早早开始理财，随时学习，提升自己的实力，要知道，应对个人危机，实力才是赚钱的基础。

韩老师从师范毕业后一直在一所乡村小学教书，如今已经临近退休的她仍然是整所学校学生心目中最漂亮的老师，孩子们都觉得韩老师根本不像一个快50岁的人，无论从思想到心态，还是外表打扮，处处洋溢着亮丽的色彩，因此都愿意和她聊天。

为什么韩老师会有这么大的魅力呢？这就是因为实力决定了魅力。

韩老师从走上讲台的第一年开始，每年都被评为优秀教师，还多次被评为省一级的优秀教师。又能够做到与时俱进，当电脑开始流行的时候，她就开始跟着她的孩子学习用电脑，虽然都快50岁的人了，还学着年轻人在网上聊天，她是她们那个乡村小学第一个用flash做课件的老师，讲课比赛、教学成绩，总是排在第一位，每年拿到的奖金也是全校最高的。所以不管是学生，还是同事，甚至是领导，都被韩老师的魅力所折服。

韩老师虽然已经是一个快退休的人了，但是因为她有强硬的实力，在学校里还担任主要的教学任务，所以，她的工资也没有缩水，加上实力强，获得全校最高的奖金也是家常便饭，这又为自己赚到了更多的"外快"，可以让自己拥有更多的资本去理财。

其实，像韩老师这么大年纪的人，完全可以依赖自己的子女，不用这么拼命地赚钱的。但是，在经济危机的大环境之下，也许子女已经自顾不暇，应对这样的个人危机，还是得依靠自己。而要靠自己赚钱理财，就必须要有实力。

从韩老师的身上，我们要学到一点，要想让自己的理财成绩好一点，我们就要随时提高自己的实力，让自己成为一个赚钱的永动机，让财富源源不断地滚进来。所以，作为城市的"孔雀女"，如果想要自己不陷入危机，就要从现在开始理财，要转变观念，不要凡事都依赖家里，学会自己独立处理问题，这样才能培养抵御风险的能力，也不至于在失去家里的经济支持后无法生存。

不仅如此，"孔雀女"还要以最大的努力去做好自己的本职工作。不要有混日子的思想，既然不论怎样都要花费时间去工作，不如将它做好。能够顺利地完成工作是保证不丢饭碗的第一步，也是保证自己能够拥有稳定的经济来源的第一步。

另外，"孔雀女"还要不断地为自己充电，学习新的知识以保证自己前进而不止步。可以利用休闲时间多看一些书籍、报刊等扩充自己的知识面，在追求知识的广度的同时，注意增加深度。要知道，应对个人危机，实力才是赚钱的基础。我们身处经济危机的大环境之下，面对可能到来的裁员风波，不能等着被淘汰，而是要想办法让自己的钱包鼓起来。

将你的兴趣转化为赚钱能力

人的生命也具有与大自然一样的规律。长年累月从事固定的工作，重复同样的劳动和相似的思考，会使我们的生命单一、退化。生命中原本具有的好奇、童真、志趣、痴迷等色彩逐渐暗淡、消退。

我们逐渐发现，虽然追求的目标越来越高、经验越来越多、成就越来越大，却反而很难开心，反而觉得生活乏味、没意思。为什么不重新找回我们的志趣爱好呢？在沉醉于经营业余爱好的过程中，我们能够恢复生命的色彩，展示生命的差异，使生命的内容更丰富。

现在，许多人只把来自办公室的成绩看成真正的成功，结果这些人唯有事业上春风得意时才会沾沾自喜，而一旦工作遇到麻烦，就感到羞辱不堪。如果我们把自尊也系于职业努力之外，工作中受挫时，就容易保持一种积极的态度。

如果将你的兴趣转化为赚钱的能力，你就能够找到另一快乐和幸福。会用兴趣赚钱的女人是最幸福的女人，也是最懂得享受生活的女人。做自己爱做的事情本来就是一件快乐的事，同时还能通过自己爱做的事来赚钱，就更幸福了！

"在家做网页，既可以做自己喜欢的事，又可以挣钱，还不用担心与本职工作相冲突，何乐而不为？"这就是网上兼职主持人的普遍感受。我们知道，目前国内的网站大致可分为综合性站点及专业性站点两大类。新浪、搜狐、网易等综合性网站人气十足，其他专业网站要占领市场，则要着眼于开辟独特的市场定位。网络是青年人的世界，在 15~35 岁的青年人中，网络已成为他们生活的一部分。基于这一观点，许多网站开辟了新型的职业方式，网上兼职主持人就是其中的一种。

齐某就在一家女性网站的某个论坛担任版主，同时还兼任记者工作。所采访的问题都与女性朋友的家庭婚姻生活相关。她说："我的感情比较细腻，比较爱倾听各种情感类的故事，而且也挺爱和心理专家交流，这份网络兼职工作，让我能够采访到很多有故事的女人，和她们共同交流，同时还能咨询心理专家，我觉得这很好。我在做兼职的过程中，对自己的感情和婚姻生活也有了很好的认识。而且每个月还有一笔不小的收入，一举两得，何乐而不为呢？"

齐某利用现在流行的网络兼职主持人这个工作成功地将自己的兴趣——爱听情感类故事和与心理专家交流，转化成了自己赚钱的能力，她在与这些人交流的同时不仅提高了自己对生活的认识，还为自己赢得了一笔不小的收入。同样，有自己特殊的兴趣爱好，并将爱好发展为事业的魏小姐，也在享受着自己的兴趣给自己带来的快乐与财富。

28岁的魏小姐在一家电脑公司上班，每个月的固定收入不到3000元，可是她依旧过着非常殷实的生活。魏小姐有房有车的日子过得有滋有味。朋友开玩笑问魏小姐是不是有"灰色收入"，没想到魏小姐竟非常自豪地点点头。

原来魏小姐的"灰色收入"来自于她的兴趣——服装设计。读中学的时候，她一有空就往堂姐的服装设计室里钻，大学虽然阴差阳错地学了电脑，这种爱好却没有改变。毕业后，在陪朋友出入于各大商场、各个服装店时，她总是喜欢观察那些服装的样式、风格，而且随身还带着一个小本本，看到好的设计就顺手画下来。看得多了，逐渐就有了自己的想法。同时魏小姐还利用出差的机会四处收集各个地方、各个季节、各种群体的着装风格，再根据自己的心得，设计出新的式样。

慢慢地，她自己设计的服装图样集成了一个厚厚的册子。魏小姐当初也没想过要拿出去赚钱，是一位朋友提醒了她，那位朋友说："这么好看的设计，怎么不让服装厂生产出来呢？"于是魏小姐抱着试一试的想法，找到一家比较出名的服装厂。没想到对方看了她的设计相当满意，一下就拍板买下了她的两项设计，2万元就"轻松"到手了，更没想到的是，厂家按照这种设计先行生产了100套服装，上市以后很快就销售一空，厂家尝到了甜头，和她签了长期合同。从此，她在逛街的时候，既可以散散心，又可以轻松赚钱！

魏小姐凭着自己对服装设计的爱好，钱赚得比她的正职还多。很多时候，我们的兴趣不单单是充当我们工作的"替补"，更重要的是它让我们在工作之余有所追求，能够从中收获快乐，因为拥有自己的兴趣爱好，我们才不会那么容易陷入孤寂落寞的空虚境地。

兴趣爱好有助于提升一个人的创造能力。拥有兴趣爱好的人的创意数量远远高于其他人。因为兴趣爱好可以界定人们在生活方式方面的选择，它可以给人们展示自己形象的机会，可以给人们以灵感，同时能使人们表达出自己的身份和特色。总而言之，因为有了兴趣爱好，一个人的精神状态就会积极起来。它一方面可以丰富个人的生活乐趣，增加你的想象和灵感；另一方面可以缓冲调节专业工作的枯燥，让我们保持一种积极乐观向上的活力。

真正成功的人，懂得坚持自己的爱好、坚持自己的兴趣，并最终达到利用兴趣来养活自己、享受生活的美好状态。这时候的女人，既收获了兴趣爱好，又收获了金钱，就是事业上最成功的女人了。我们希望你将来也能成为成功女人中的一员。

女人一定要有一技之长

有人说："女人要有一技之长，这样当男人不要你时，你还有所支撑。"也有人说，一个女人，你可以不漂亮，但是一定要心地善良；你可以没有太多的学问，但要知道孝顺老人、照顾孩子；你也可以没有太多工资，但是要知道理财。尽管成为一个完美的女人真的不是一件容易的事情，但如果我们能够尽量让自己做得完美，那就是一种最完美的状态了。而努力学习，让自己拥有一技之长，哪怕这一技再小，也能够为你的生活起到帮助作用，万一哪天你的生活困窘了，这偶然间学得的一技之长也许就能够助你一臂之力。

有的女人，会织一手漂亮的毛衣；有的女人，会拍很多漂亮的照片；还有的女人，会用细腻的笔触来记录自己的每一个成长；有的女人很会装扮；也有的女人，懂得时尚，懂得潮流；有的女人，有一手很好的厨艺，做出的饭菜总是让人赞不绝口；更有的女人，是电脑高手，会制作网页、会管理网站；还有些能干的女人，懂得做生意，能够开网店，有滋有味地赚钱过日子……这些女人都是美丽的，至少她们都能够一样有让自己自豪的手艺，一样有可以点缀平淡日子的花朵。更重要的是，这些小小的技术，可以让这些女人拥有自信，她们对待未来是坦然的，她们知道自己的未来不是梦。

纵观多位影响世界的财智女性，从钟彬娴到郑明明，从玫琳凯到奥普拉……虽然她们都是在财富的世界里叱咤风云的人物，但无疑她们并不是每个方面都优秀的人，但她们有一个共通点，那就是她们都经营好了自己的长处。归根到底，人无完人，你不可能在每一方面都做到尽善尽美，但你总有一样最拿手，只要发现自己的长处，并把它经营好了，你就有可能是下一个影响世界的财智女性。

做内心强大的完美女人

在成都的西面有一所居室，设置典雅，每逢周三、周四、周六，会有四面八方的人汇集于此。吸引他们的，是博大精深的中华传统花艺，还有来自台湾的花艺教授、浣花草堂的创办者曹瑞芸。"一花一世界，一叶一乾坤"，如果没有亲眼见识曹瑞芸老师的花艺课程和作品，可能很难领略这句话所体现的意境。通过她的一双巧手，花枝、树皮，甚至蔬菜，那些看似单薄、独立的植物经过神奇的组合，突然有了生命和意义。

本来，她到成都并不是专门为了花艺，而是为了当孩子的陪读。结果，孩子到学校上课后，平日无聊的她便学起了花艺，没想到她做出的花艺摆设在成都大受欢迎，很多女人都争相报名想要学习她的花艺。

慢慢地，学生越来越多，客厅坐不下了。曹瑞芸索性在芳邻路买了栋房子，办起了专业的花艺培训班，即现在的浣花草堂。1000多元的学费在成都还是很有市场，曹瑞芸的学生从企业老总、花店老板到普通白领、建筑师、职业妇女……授课的地点也从成都逐步扩展到北京、深圳、重庆等地，几年下来学生已近千人。她将自己的花艺技术变成了让自己致富的途径！

李敏敏，今年30岁，她是一位外资公司的秘书，平时的工作就是帮主管处理大小文件，但是下班后的她过得很精彩。她原本因为兴趣而去研读意大利语，却因为越学越有兴趣，从听得懂意大利语到能看懂意大利电影，最后干脆到意大利旅行度假，与当地人对话。她后来经由意大利人推荐，协助品牌服饰在欧洲的采购工作，经常往返于意大利与亚洲各国，从第二专长出发，化兴趣为工作，她的人生可说是高潮迭起。

找出自己的一技之长及培养第二专长，不但能够让自己的兴趣得到发挥，更可以增强自己的工作实力。

由此我们可以得知，成功就是利用好自己的优势。有句话说得好：再优秀的人也有缺点，而再平凡的人也有他的闪光点。你总有一样最拿手，之所以还没有成功，是因为你还没有找到自己的闪光点，或者还没有利用好它。

很多时候你在工作中没有办法取得你想要的成就，不是你不够优秀，或者不够努力，而是你选错了平台。即使是那些看起来很笨的人，也许在某些特定的方面也具有杰出的才能。比如，柯南道尔作为医生并不著名，写小说却名扬天下。每个女性都有自己的特长，都有自己特定的天赋与素质。如果你选对了符合自己特长的努力目标，就能够成功；如果你没有选对符合自己特长的努力目标，就会埋没自己。

女性在准备施展拳脚之前，应该充分了解自己的长处和短处，对自己有个正确的认识，然后根据自己的特长进行定位，选择适合自己发展的行业。因此，女性在选择职业时需先做一番冷静的思考，这对于社会新人来说尤为重要。

你应该知道今后有哪些行业比较有发展前景，然后再分析自己是否适合该行业。如果你没有坚实的专业基础，那么做起事来便缺乏信心，出错率也会相对增加，所以选择和自己的专业或个性特质相符的事业是很重要的。

充分认识自己，做最适合自己的事。如果你找到了自己喜欢的，并且又适合自己的事，就大胆地行动吧！相信，那里的天空一定会因为你的存在而有所不同。

用你的脑子创造机遇

想致富，要做好准备，抓住机遇。好的机遇是用你的脑子发现而不是用嘴巴喊出来的。很多人只守着每个月有限的工资，没有办法致富是因为他们只知道坐在那里用嘴巴呼唤机遇，而不能站起来，用大脑去创造机遇。

每个人都希望受到机遇的眷顾，他们都很清楚，自己的人生也许只需要一个机遇，就有可能发生天翻地覆的变化。但是，人和人对机遇的理解是不一样的。

有些人认为机遇是有形的，是贴着标签的，是任何人都能一眼看出来的价值连城的宝贝，是一种可遇而不可求的东西，它是属于某一个人的。所以，有些人总是坐在那里呼唤机遇，认为机遇一听到他的呼唤便会立刻跑过来帮他改变命运。

而有些人不同，他们不会在那里坐等机遇，而是主动去设计机遇、创造机遇。

做内心强大的完美女人

"设计机遇，就是设计人生。所以在等待机遇的时候，要知道如何策划机遇。这就是我，不靠天赐的机遇活着，但我靠策划机遇发达。"这是美国石油大亨洛克菲勒的一句话。这个世界为什么还有那么多穷人，因为穷人只知道等机会，像《守株待兔》中的农夫一样，从早到晚，从日出到日落，可机遇永远不会自动上门。

芳慧的个人家庭背景非常好，她的母亲是一所著名大学的教授，父亲是一家三甲医院有名的整形外科医生。芳慧的理想是做一名优秀的节目主持人。家庭对她的帮助很大，她完全有机会实现自己的理想。她相信自己有做节目主持人的才能，因为她感到在与他人相处的时候，大家都愿意和她交谈，对她说出自己内心的想法，这对于一个节目主持人来说是非常重要的。她时常对别人说："只要有人给我一次机会，让我上电视，我相信我准能成功。"离开学校参加工作以后，芳慧等待了一年又一年，一直没有人给她提供一个上电视的机会。于是她变得焦急、苦闷、心情烦躁，她不断地乞求上天赐给她一次机遇，可是，机遇始终没有光临。

而另一个女孩庆莉的情况和芳慧的完全不同。庆莉的家庭条件很差，父母都是普通人，他们每天为生活奔波，根本顾不上庆莉。庆莉读书也没有固定的经济来源，她只能靠打工自己养活自己。她和芳慧的共同点就是拥有相同的理想，庆莉也很想成为一个节目主持人。大学毕业后，庆莉为了找到一份主持人或主播的工作，跑了全国许多家广播电台和电视台，但是，所有的答案都令她失望："我们只雇佣有工作经验的人。"怎样才能获得经验呢？她开始为自己创造机遇。一连几个月，她都仔细浏览关于广播、电视的各种杂志，她还托人打探各种可能的工作机会。终于有一天，她在报缝中发现了一个令她激动不已的广告：黑龙江省有一家很小的电视台，正在招聘一名天气预报员。黑龙江经常下雪，而庆莉是很不喜欢雪的。可是，她已经顾不了那么多了，她急切地需要到那里去。她想，别说下雪，就是刮飓风也没有关系，只要能和电视沾上边儿，让我干什么都行。在黑龙江那个电视台工作了两年以后，庆莉积累了丰富的工作经验。当她再次到那家心仪的电视台应聘的时候，几乎是轻而易举就找到了一个职位。又过了几年，庆莉得到提升，成了著名的电视节目主持人。

从芳慧和庆莉身上，我们可以清晰地看到智者和愚者不同的生活轨迹。庆莉不断地实践、不断地积累经验，为自己创造一切可能成功的机遇。芳慧却一直停留在幻想中，她坐等机遇，期望天上掉下个大馅饼，然而，时光飞逝，她什么也没做成。和庆莉相比，芳慧显然是生活中的弱者。

把握机遇的并非是命运之神，机遇并不是只要你用嘴巴喊两声它就立马跑过来为你所用，而是要你用智慧去创造。正如伊壁鸠鲁所说："我们拥有决定事情变化的主要力量。因此，命运是有可能由自己来掌握的，只要我们拥有智慧。"

当然，创造机遇的人也有差别，有些人创造的机遇小一些，有些人创造的机遇大一些，机遇的大小也就决定了人与人之间的差距。

苏格拉底有一句名言："最有希望成功的，并不是才华出众的人，而是善于利用每一次机遇并全力以赴的人。"

对待机遇，有两种态度：一种是等待，另一种是创造。等待机遇又分消极等待和积极等待两种。不过，不管哪种等待，始终是被动的。人要想成就一番事业，就应该主动创造有利条件，让机遇更快降临到自己身上，这才是真正地创造机遇。

机遇不会落在坐等机遇者的头上，只有敢于行动、主动出击的人，才能抓住机遇。有一句美国谚语说："通往失败的路上，处处是错失了的机会。坐待幸运从前门进来的人，往往忽略了从后窗进入的机会。"

所以，人，还等什么呢？你眼看着自己曾经的大学同学个个事业有成、财源滚滚，就感叹自己不如人家命好。殊不知人家在创造属于自己的机遇的时候你还在电脑前聊 QQ 或是在电视前嗑瓜子呢！

让自己成为受到一致肯定的"专家"

当今是个全球化竞争的时代，在这种环境下，将个人的命运完全托付于自己所属的单位是相当危险的。如果在这家公司干到 40 岁被裁掉了，你还有能力再顺顺利利地找到工作吗？如果找不到工作，你之后的日子怎么办？就算你之前理财投资准备了一笔退休金，但是，如果没有收入，坐吃山空，你知道你什么时候离开这个人世？如果你活到了 100 岁呢？所以，就算在一家公司工作，还是要继续培养实力，需要付出极大的努力，具备相关领域的专业知识，让自己成为特定部门中受到一致肯定的"专家"。这样，你就不会被轻易辞掉，即使真的下岗了，还会有很多公司需要你这样的"专家"的。

无论你从事的是什么工作，不管你所在岗位的条件是好是差，只要你静下来钻研业务，坚持不懈地努力，你就能在自己的岗位上创造一个又一个奇迹，为自己带来更多的财富。

小松在亲戚的帮助下进入一家公司后，一直暗地里得意，心想，这下可以高枕无忧了，转正肯定是顺理成章的事。

有一天，她跟一位朋友聊天，兴起之时向朋友炫耀起此事。已工作好几年的朋友沉吟了片刻，很严肃地对小松说："有人'罩'着当然好，但要想在公司站得稳，还要想办法使自己成为一名'专家员工'。"

"专家员工"，这是小松以前从来都没有听过的一个词。朋友进一步跟她解释："专家员工"就是十分精通自己的工作，别人代替不了的员工。他最后又说："就像我一样！"

朋友最后的话没有任何炫耀的意思，因为他确实是"专家员工"，他在一家出版社工作，写得一手好文章，很得领导的赏识和重用。说完，朋友露出了得意的笑容。

"稀者为贵。"稀者，少也。如果你某一方面的技术只是一般水平，像你这样的人天底下多的是，就不能称为"稀"，你也就"贵"不起来。相反，如果你的某一项专业技术精通到很少有人能与你相比的地步，那你就可称得上"稀"了。要使自己成为某一方面技术的稀少之人、珍贵之人，使自己的身价倍增，办法只有一个，那就是刻苦学习专业知识，认真钻研专业技能，务求弄懂它、弄通它、精通它，努力使自己对所选专业的知识和业务技能精通、熟练得令人叫绝，成为这一领域的佼佼者。这样，何愁拿不到高薪！

从另一个角度来说，就是让我们干一行、爱一行、精一行，只要努力，就会有收获！除非你实在厌恶了某个行业，否则最好不要轻易转行。因为这样会让你中断学习，降低效果。每一行都有其苦乐，因此你不必想得太多，关键是要把精力放在工作上，要像海绵一样，广泛吸取这一行业中的各种知识。你可以向同事、主管、前辈请教，还可以吸收各种报纸、杂志的信息。另外，专业进修班、讲座、研讨会也都要参加，也就是说，要在你所干的这一行业中全方位地深度发展。假若你学有所精，并在自己的工作中表现出来，你必然会引起老板的注意。那么怎样才能尽快在本行中成为专家呢？

首先，你应该选定最适合你的，最能将你的优势表露无遗的行业——你可以根据自己所学的专业来进行选择。当然，在很多情况下，你也许没有机会学以致用，"学非所用"的情况很常见，但这并不妨碍你成为你所从事的行业中的佼佼者。所以，与其根据学业来选，不如根据兴趣来定。

其次，要把最初的工作经历当作是一种再学习的机会。除了多向同行请教以外，你还可以搜集各种报纸、杂志的信息，从多种媒体渠道获得你需要的知识。如果你的时间允许，参加专业进修班、讲座、研讨会等都是不错的选择。也就是说，你应该打定主意，一门心思在你所从事的这一行业中谋求全方位、深层次的发展，而不是得过且过地混日子。

你可以把自己的学习分成几个阶段，并限定在一定的时间内完成一定量知识的学习。这是一种压迫式的学习方法，可以逼迫自己向前进步，也可以改变自己的习性，训练自己的意志。当然，你不必急于"功成名就"，但一段时间之后，假若你学有所成，你便可以开始展示自己学习的成果，并在自己的工作中表现出来，从而引起他人的注意。当你成为专家后，你的身份必会水涨船高，也用不着你去自抬身价，这便是你"赚大钱"的基本条件。因为你不一定能当老板，但有了"专家"的身份，人人都会看重你。你的地位是不可动摇的，一旦缺席，会引起一片震动。

不过，成为"专家"之后，你还必须注意时代发展的潮流，并不断提高自我，否则，你也会像其他人一样原地踏步，"专家"之色也会褪掉，薪水自然也就不会再往上涨了。

第二章

智慧投资，理财知识助你做"财女"

投资常识是你的"宝藏之钥"

在这个大众投资的时代，人们都期望通过投资使自己的财富开花结果，为自己带来源源不断的收益，如此即使退休也不必发愁优质生活的资金来源。然而，投资并不是把资金拿来购买投资产品就可以坐等收益来敲门这么简单，而是一项需要理智地判断和应对的智慧的经营活动。

投资不能不管不顾盲目地"一头栽进去"，也不能毫无准备就"轻装上阵"，而要先为大脑"充电"，让自己掌握投资常识，再选取适合自己的方式进行投资。任何人想要通过投资获取财富，就必须具有相应的投资常识，这是进行良好投资活动的必经之路。如果说投资所能为你带来的财富是一个难以想象的巨大宝藏，那么投资常识就是你开启这价值惊人的宝藏的钥匙。

若是有人连基本的投资常识都没有就盲目开始投资，就等于没有藏宝图、没有开启宝藏的钥匙而去盲目探寻宝藏，是不可能达到目的的。有的女性朋友眼见别人通过投资获取了令人艳羡的收益，名牌服装、包包、首饰应有尽有，俨然一副上流社会的派头，就头脑发热、发疯似的开始投资，甚至在不知道任何投资术语、不了解投资的税务知识、不清楚市场上都有哪些投资方式和哪些类型的投资产品的情况下就进行投资。那就不仅仅是盲目行动这么简单，而是无异于自我毁灭的飞蛾扑火了，非但不可能达到用钱生钱的目的，还极有可能令自己投入的资金都打水漂，被迫陷入拮据的生活状态。

学习投资常识看似不紧急，往往被投资者忽略，但它却是投资过程中最重要的事，应该在投资前就开始。我们每个人都是自己的财富增值的第一责任人，能否做好投资决策直接关系到财富的增减。想做一个好的投资者，让自己的财富增值，使未来的日子有良好的保障，我们必须多花些时间学习投资常识。

投资市场风云变幻，投资产品琳琅满目，我们要想通过选择合适的投资产品，不断规避投资风险，获取源源不断的财富，使自己30年后有良好的生活保障，就必须拥有足够的投资常识。同时，拥有必要的投资常识，还能帮助我们识别骗子不断翻新的投资骗局。

广东省公安厅公布的2011年11月份警情称：随着市场回暖，非法证券活动升温。一些不法机构和人员利用电话和互联网，假冒投资公司，以代理理财为名实施诈骗，损害股民权益。11月底，深圳警方破获的"某投资公司诈骗案"，就是以提供"股市内幕消息"以及新股上市"配送股权"为诱饵，引诱股民上当受骗。

这个案子的显著特征是骗子说辞漏洞百出、手法拙劣，但诈骗业绩颇为可观。按理说，如果酒没喝多，或者不被股市牛气冲昏头脑，不做一夜暴富的"白日梦"，只要把握住天上不会平白无故掉下馅饼这么一个常识，就可以轻易看出骗局中的破绽：稳赚不赔正是所谓"股市内幕行情"的前提，那么这么好赚的钱，骗子为何自己不赚，偏费尽周折与你分享？新股上市配送股权也是同样的道理。现在这个时代，竟然还有人相信证券市场有毫不利己专门利人的股票雷锋！

自2009年3月证监会全面开展整治非法投资咨询和非法理财以来，从打击非法投资案件的数量就可以看出投资市场骗子的确很多。虽然经过严厉打击，非法证券有所遏制，但监管部门也表示，骗子随时都有大规模卷土重来的可能。而且，国务院有关文件明确规定，"因参与非法金融业务活动受到的损失，由参与者自行承担"。因此，证监会提醒投资者增强自我保护意识和守法意识，杜绝侥幸心理，自觉远离非法证券活动，严防上当受骗。

投资常识无论是对我们识破投资骗局，还是对选择适合自己的投资方式并不断做出正确的决策使自己从投资中获利，都是必不可少的武器和工具。如果缺少投资必要的常识，我们很有可能选择了不适合自己的投资方式，甚至误中骗局，赚不到钱不说，反倒可能把自己的本金全搭进去，岂不是得不偿失？因此，我们在进行投资前和在投资过程中，都要不断扩充与增加自己的投资常识，掌握投资的基本常识、各种投资产品的特点以及投资中的税务知识。

具有了投资常识，就等于拥有了"宝藏之钥"，就意味着我们向成功投资者的方向迈进了一步。不少女人不仅会赚钱，还懂得投资，这种拥有智慧的"薪财女"绝对是命运的征服者，她们能够为自己规划出富裕的美丽人生，尤其是通过投资积累资金确保自己退休后的生活幸福无忧。女人要想早日退休，享受温馨美好的退休时光，就要早日成为"财女"。马上行动起来，掌握投资常识，把开启宝藏的钥匙握在手里，是晋级"财女"、使退休后的优质生活早日有所保障的第一步。

正确的投资理念是你财富的护身符

在投资之前，你给自己投入的资金求取护身符了吗？但凡投资都必然伴随着风险，我们在期望获利之前，首先要做好赔钱的心理准备。我们每个人都希望通过投资获得的收益多多益善，没有人愿意赔钱，但是风险是投资市场与生俱来的特点，想要获利，就必须做好应对与规避投资风险的心理准备，设定自己能够承受的损失额度。因此，每个明智的投资者都会给自己的财富戴上护身符，再进入到投资市场中去。这个财富的护身符，并非高超的投资技巧，而是正确的投资理念。

投资理念是体现投资者投资个性特征，促使投资者正常开展分析、评判、决策，并指导投资者行为，反映投资者投资目的和意愿的价值观。它由投资者的心理、哲学、动机以及技术层面所构成，处在思想和行动之间，是投资者的思想在实战中的不断磨合，来自于自身心性的升华，是一种抽象而又高度概括的东西，需要用心去体会、领悟和思考。

正确的投资理念是投资主体摆脱投资行为的盲目性而建立的经实践检验是成功的投资原则和方法，是不可能一次形成的，靠的是长期的经验累积。投资理念因人而异，成功的投资理念也不是完全相同的。个人投资者要选择和建立适宜自己的文化、心理条件及风险管理的投资理念，并随着市场环境的变化，不断对其进行修正和提高。只要掌握了正确的投资理念，并持之以恒，30 年后人人都能使财富的种子开花结果，获得丰厚的收益，从而在退休后过上体面的优质生活。

28 岁的韩文静 2009 年刚刚结婚，和老公买了个小户型的房子。"我属于高风险偏好的投资者。"韩文静笑着说，职业的需要要求她不能一味看重投资回报率，而更应注重投资的过程。

韩文静是民生银行武汉分行洪山支行高级理财经理、AFP，她介绍了一个著名的投资法则：100 减去自己的年龄，得出的结果就是资产能配置到高风险投资中的比例。"我今年 28 岁，可以将 72% 的资产投资到高风险的投资中。"韩文静笑了，"但我自己的风险承受能力较高，所以我有 80% 的资金都投资在股市中。"

韩文静说的 80% 是指在股票账户的资金，但目前并不是全部买入了股票。从 2009 年 1 月起，韩文静就基本上空仓了。"去年的股票收益也不是太高，只有 30%，主要是工作关系不允许我波段操作，只能放着不动。"韩文静介绍，她从 2005 年就开始做的基金定投，截至目前的平均年化收益率达到了 8%。

"基金定投准备用来做养老金，收益率不能预期太高。因为从国际上的数据来看，基金定投的平均年化收益率在 6% ~8% 之间。"韩文静对她的基金定投收益十分满意。

我们在投资时，要像韩文静那样根据自己的性别、年龄、职业、性格、承受风险的能力、资金因素、投资目标等综合情况找准自己的投资定位，并形成适合自己的独特的投资理念，对于自己努力赚来的钱进行悉心的管理。

有人说穷人和富人只有 0.1% 的差距，只要穷人通过学习和努力，拥有了富人的思维和正确的投资理念，就能改变自身的不利现状，跻身富人之列。可见，形成适合自己的正确的投资理念，对于成功投资和保障 30 年后的生活具有非凡的意义。

有些人因为投资具有风险，就对投资望而却步。这种做法实在不可取，因为我们进行投资未必能如愿以偿地为未来积攒丰裕的退休金，但不投资只想靠有限的工资收入积攒起足够保障晚年优质生活的退休金，对工薪阶层来说几乎是不可能的。

还有的人认为自己目前没有经济压力，不需要进行投资，或对自己的投资能力不信任，认为自己"不是投资那块料"，就选择相对比较稳妥的储蓄方式，把钱存入银行。在物价持续上涨，甚至可能发生通货膨胀的今天，让钱在银行睡大觉，就是浪费金钱，变相削减自己的财富。有钱人都有一个共同的理念：把钱拿去投资，用钱生钱，而不是抱着钱睡大觉。

不少人认为投资是有钱人的专利，抱着"等有了钱再说"的心态憧憬着攒够钱开始投资的那一天，而误了自己的"钱程"。投资并不是富人的专利，1000 万有 1000 万的投资方式，1000 元有 1000 元的投资方式。事实上越是没钱的人越需要强化自己的投资理念，一个人如果不养成正确投资的好习惯，就永远不可能通过投资获取丰厚的收益，甚至有可能把本金都损失掉。

投资必然伴随着风险，投资前要充分考虑自己承担风险的能力，将无关痛痒的闲钱拿来投资，而不应将大部分资产都投进去，这种太过贪心的投资方式非常危险；在投资时要树立风险分散意识，有意识地规避风险，目前可供选择的投资品多种多样，需要谨记的投资原则是：不要把鸡蛋全放到一个篮子里；投资时切不可贪婪，要见好就收，在合适的时机出手，无止境的欲望只会让你已经获利的事实转变成亏损的结果；同时，对于现状堪忧的投资也应该理智地加以区别，如果短期内形势有可能逆转就应该耐心等待，而如果长时间内确实没有向好的趋势就需要尽快脱手。

总之，投资理念就是这样一个个实际又抽象的实战经验，我们每个人都要根据自己的实际情况形成自己的投资理念，给自己的财富戴上护身符，为未来进行投资。

投资永远是实力说了算，而不是心眼说了算

不少人都曾有这样的经验：周围那些心眼儿活的人多数都靠着自己的小聪明在投资市场中大展身手，并经过得心应手的投资活动获得了可观的投资收

益。这给了人们投资要靠心眼的印象，自己想投资却觉得风险太大，自己心眼不够多，而迟迟不敢行动。

在这些人的字典里，"投资"可以解释为"投机"，他们认为投资就是以耍心眼来获取暴利。很显然，他们对投资存在着很深的误解。实际上，投资与投机存在着明显的区别。

投资指货币转化为资本的过程，可分为实物投资、资本投资和证券投资。投机则指根据对市场的判断，把握机会，利用市场出现的差价进行买卖弄从中获得利润的交易行为。市场上通常把买入后持有较长时间的行为称为投资，而把短线操作称为投机。

投资者和投机者最大的区别在于：投资家看好有潜质的投资产品，作为长线投资，既可以趁高抛出，又可以享受分红，收益虽不会太高但稳定持久；而投机者热衷短线，借暴涨暴跌之势，通过炒作谋求暴利，少数人一夜暴富，许多人一朝破产。通俗点来讲，投资者收益靠的是自身实力和投资产品的潜力，而投机者则乐于通过"耍心眼"来赚取差价。对于投资而言，永远是实力说了算，而非心眼说了算。

投资的行业本质就是四个字——实力投资，包括"实力"和"安全边际"的内涵。投资的实力，不仅包括投资者自身的实力，还包括其所选投资产品的潜力。在瞬息万变的投资市场上，虽然价格波动时刻存在，但投资产品长时间的平均价格总是趋于自身价值，也就是说，投资产品保值增值的能力与其自身价值息息相关。而投资者要对投资产品的潜力做出正确的判断，并在适当的时机买入，顶住风险甚至亏损的压力，直到云开月明之时，这就需要依靠投资者自身的实力了。投资者自身的实力，自然包括资金、投资常识、投资理念、投资技术和风险承受能力等方面。

王雪从财经大学毕业后，一直从事与财经有关的工作，丰富的专业知识和得天独厚的工作环境，加上这几年热闹的股市，使得她在股市中游刃有余。不论是股市火爆，还是处于震荡之中，即使在熊市，她也能依靠自己的专业知识和冷静不贪婪的心态做出明智的决策，使得投入股市的钱几年间就翻了数番。

谈到自己的心得体会，王雪说："专业技术是一方面的原因，最重要的还是包括心态在内的个人实力。炒股切忌贪婪，也不可自恃心眼灵活进行频繁不断的操作，更不宜对小道消息趋之若鹜。"

无论股市如何变化，每年总有几次从底部反转的机会，而王雪就善于抓住这样的机会进场操作几次。每次进场前，她都把资金分作三部分，设好止赢点和止损点，并在实际操作中坚决按计划实行。

但是，很多女性股民并没有王雪这么明智，她们在账户资金升值已达20%、50%或更多时仍不死心、不平仓，挣多了还想再挣更多，直到跌至深套才后悔莫及。这些贪婪的投资者，就是没有弄明白投资的本质，想靠自己与市场要心眼来获取暴利，却没想到自己的实力（主要是决策力）不够，难免陷入"贪婪"或"跟风"的不良行动，最后往往落入被套牢的悲惨境地。

王雪是个明智的投资者，而那些拥有不良投资行为最后被深套的女性朋友则有要心眼的投机心理，以为自己聪明、运气好，却没想到最后得不偿失。要做明智的投资决策，靠的是实力，而不是自以为聪明的小心眼。

既然实力这么重要，投资者应该如何提高自身的实力呢？

吉姆·柯林斯认为，要不断提高自身的实力，就要掌握卓越之道，必须先问问自己这个问题："你是刺猬，还是狐狸？""像刺猬的人，则把复杂的世界简化成一条基本原则或一个基本理念，发挥统帅和指导作用。不管世界多么复杂，都会用这个原则专心面对所有的挑战和进退维谷的局面。"

巴菲特是有史以来投资界最伟大的"刺猬"，他把费舍和格雷厄姆的哲学融会贯通，简化为两个关键词："护城河"和"安全边际"。"护城河"即防御实力，是持久的竞争优势，它可以说是持久的竞争实力强大到一定程度的外在体现和生动比喻。"投资"的概念与"投机"相区别，有安全边际的保护才是投资，否则就是投机，也就是说，投资的概念里已经包含了安全边际的内涵。

投资靠的是实力的比拼，而不是要心机，投资市场上的大赢家一定是有实力且明智的投资者，而不是只顾要心眼的投机者。所以，女性朋友们不要轻易去尝试那些靠运气才能赚钱的方法，那种投机的举动无疑会让你背负更大的风险，甚至超出自己的承受能力，可能由"1%的贪婪毁坏了99%的努力的成果"。

投资是实力说了算，而不是心眼说了算！没有太多心眼的我们，只要专注于增加自己的投资常识、培养投资心态、锻炼投资判断和操作，逐渐提高自己的投资实力，就能将投资做好，保持一定的收益，存下丰厚的养老金，30年后就能拥有优质的退休生活。

永远不要问理发师你该不该理发

我国有句俗话，叫作"入山问樵，入水问渔"，是说做事情首先要向熟悉情况的人询问，以便对事情有实际且全面的了解，更好地做事或解决问题。然而，向投资品推销员咨询某款产品是否适合你，就像问理发师你该不该理发一样，得到的答案肯定是"这款产品就是为你量身定做的"一类肯定性的答复。

这与"入山问樵，入水问渔"不同，虽然他们也对你想要了解的情况非常熟悉，但是他们给出的建议很难足够客观，毕竟他们就是靠销售投资品吃饭，既然有人怀着想投资的心态来问，他们怎么可能拂了到手的生意呢？所以，要想做好投资，就必须积累足够的投资基础知识，能够对市场形势做出客观的判断，做出理性的投资决策，把自己财产的命运掌握在自己手里。

作为投资者，你首先要做的就是拥有足够的投资常识，能够作出自己的判断，参考投资品推销员或投资顾问的建议，独立进行理性的决策。因为他们的建议不一定是足够客观中立的，那么我们就不能完全听从他们给出的建议，只应把这些建议作为参考，而最后做决策的必须是自己。而且，投资都是存在风险的，对于自己投入资金的盈亏，除了你自己没有任何人会为此负责，因此我们也要培养出独立进行投资决策的能力，为自己的财富航船掌舵。

徐嘉是一位媒体工作者，她有空时总会关心一下股市和其他投资产品。她总以小股民自居，自认资金少、胆子小，别人把股市当收割机，希望能很快就挣得盆满钵满，她却以平常心看待。

徐嘉有自己的投资顾问，还有一帮经常一起吃饭的朋友，她们聚在一起从来不谈论东家长西家短，最集中的话题就是手中的钱投资什么最容易增值，或买什么股票最好。她的朋友圈里都是投资者，大家投资的方式各不相同，但各有各的精彩。投资不仅是她们聚会的话题，也是她们的业余生活。

她总是把投资顾问的建议和朋友们的观点作为自己投资的参考，从来不迷信投资顾问，也不热衷于探听小道消息。她还有一套自己的炒股原则：以5万元的固定资金来炒股，赚了就把利润变现，赔了也不再投入资金。她也不指望暴富，有点收益就行，钱放在银行存一年定期利息也很有限，股市稍有收成就比银行利息多。

徐嘉觉得自己像个捡拾麦穗的农民，总是不紧不慢地提着篮子捡剩余。不过，保守也有保守的好处，股市行情不好时她依然有10%的收益，比银行利息高好几倍。有了这额外的收入，徐嘉有不少闲钱与朋友喝茶吃饭、买打折时装，炒股也变得其乐无穷。通过良好的投资，她现在的生活质量不仅有了很好的保障，也为未来的退休生活存了不少资金。

而徐嘉的一个朋友刘奇，一直觉得理财学问博大精深，难以入门，由于久久立于门前不敢迈出第一步，对投资常识知之甚少，家庭的积蓄主要用于银行储蓄。想提高生活品质的她，听说朋友买基金赚钱了，就跟随朋友买了几只混合型基金，可收益不太乐观；后来听朋友说炒股容易赚钱，又开始涉足股市。由于对复杂多变的市场缺乏心理准备，对各种数据和图表没有兴趣，在自己功课没有做好的情况下，耳根子又软，听人家怎么说就怎么做，几番折腾下来，反而赔了不少钱。

投资是非常个性化的行为，而每个人都会比其他人更清楚自己的实际情况，因此人们做决策不能全部依赖他人，无论是投资顾问还是其他人的建议和观点都只应该作为决策参考。只有像徐嘉那样根据自身情况和市场形势做出独立判断和决策，才能较好地保障投资决策的正确性；而像刘奇那样缺少投资常识，对朋友们的投资方式盲目跟风，还轻信各方面的信息，甚至别人怎么说就怎么做，这样盲目的投资怎么会不赔钱呢？

若是有人在投资时没有主心骨，或者耳根子软，直接把他人的建议或观点以及各方面的信息作为自己投资的决策，只能是事与愿违，非但赚不到钱，还可能因此损失惨重。

"听别人推荐"和"随大流"是新入市的投资者在投资行为中的普遍现象，这些新手多数尚未掌握基本的投资知识就急于开始投资，并对周围收益较好的投资者和专业人士存在"崇拜心理"，或者盲目相信一些网站或博客的消息和观点，以致进行投资决策时常常仅听别人推荐或追随大多数人进行购买。这是投资者对自己的判断和决策能力缺乏自信的表现。

投资者要树立对自己投资能力的自信，最关键的是要有足够的投资常识，对自身情况有个明确的了解，清楚适合自己的投资产品，设定实际的投资目标，树立切合自己的投资理念，并在进行投资时坚决依据这些原则来进行决策。

每个人都可以是自己的投资顾问，都可以通过学习和实践培养出做自己投资顾问的能力，根据投资常识、投资理论和实践经验对当前的形势做出判断，给出自己的投资建议，做自己投资的最终决策者。

期望做拥有优质生活的"财女"，并且早日存够退休后的生活资金以便提前退休的女性朋友们，在投资时一定要记住：他人的建议和观点只能作为参考，而最后做出决策的一定要是你自己。这样才会免于像问理发师你该不该理发那样得到不够客观的信息，做出正确的决策，不断有所收益，为自己 30 年后幸福无忧的生活积蓄足够的资金。

投资像谈恋爱，适合自己最重要

投资行业有句行话："没有最好的投资产品，只有最适合客户的投资产品。"投资是我们用钱为自己赚钱的必要途径，但这并不意味着拥有的投资产品越多越好，相反投资就像谈恋爱，找到适合自己的投资产品才是最重要的，甚至可以说一辈子做好一项投资就可以了。

我国也有句老话叫"一招鲜，吃遍天"，无论是做股票、买基金、做期货，或者做房地产、书画、古董投资等，一生做好一项投资就足够令你过上美满和幸福的生活，即使 30 年后退休了也能有足够的资金过优质的生活。

因此，只要女性朋友用心挑选出适合自己的投资方式，总能挑出适合自己的，并且经过长期实践的检验将其做好，就可以成就自己退休后富足的晚年生活。

面对类型与品种琳琅满目的投资品市场，我们要更好地实现用钱赚钱的目的，就要选取适合自己的投资方式，必须首先全面认识自己的投资条件，根据正确的投资理念确定与自身情况相匹配的投资目标，以指导对投资方式的正确选取。

全面认识自己的投资条件，就要从性别、年龄、职业、性格、家庭状况、财务状况等方面对自己进行综合的投资评估，明确可用来投资的闲钱，初步得到自己的最优风险系数；在此基础上，还要测试自己的风险承受能力，以便根据自身性格和最优风险系数来调整投资的风险系数；接下来，就要确定与自己的综合情况相匹配的投资目标，并根据自己所能承受的风险系数来选择投资方式、确定投资产品。

刘梅有一个美满的家，夫妻恩爱，6 岁的儿子懂事，有自己小户型的房子；有一份稳定的工作，虽然月薪不高，但也足以使家庭生活处于中等水平。她看着周围不少同事、朋友通过炒股赚了很多，有车有房、一身名牌、名贵皮包首饰成天换，很是眼馋，于是想拿夫妻俩多年积攒的钱来炒股。

跟老公商量之后，老公同意拿出一半的存款给她投资。刘梅就这么进入了股市，可是她对炒股也没什么了解，只能看着别人得心应手地操作，自己瞎捣鼓，常常是追涨杀跌，赔钱了还想捞回来，难免一条道走到黑，被股票套住了脖子，资产严重缩水。因此，她天天上网看财经新闻、看操盘手软件，上班惦记着股票，不能专心工作，部门评先进工作者总是没有她，工作那么多年连个中层都没混上；晚上在床上辗转反侧想股票，健康情况受了不少影响；夫妻之间也有很多关于钱的争吵，儿子说她"自私、见钱眼开，不关心我的成长了"，母子关系远不如钱，家庭的和谐氛围一去不复返。

刘梅非常后悔自己开始投资股票前根本没有考虑自己的性格和财务状况并不适合涉足风险较大的股市，而应该选择其他相对稳妥的投资方式，比如拿钱去购房出租或者出售，资产不会严重缩水，生活质量一定比现在好，也可能成为款姐了。

于是，经过慎重考虑，她决定与"八字不合"的股市趁早"分手"，狠心清仓，从股市中解脱出来，转而进行稳妥的投资。几个月后，她已经有了少许收益，身心状况大大好转，家庭又重新温馨起来，工作也步入正轨了。

尽管种类繁多、琳琅满目的投资方式让人眼花缭乱，但我们还是要擦亮眼眸认清各种投资方式的利弊，稳定心神从中选择出适合自己的投资方式。否则，像刘梅那样选择了并不适合自己的投资方式，经过长时间的投资失败，身心、家庭、工作都大受影响，甚至不堪其苦，就实在是得不偿失了。

投资是个性化极强的事，因每个人的性格、职业、收入水平、家庭状况等而千差万别。为了便于选择适合自己的投资方式，我们不妨了解一下几类主要投资产品的特点。

黄金被称为"没有国界的货币""永不倒闭的银行"，是保值增值性好的投资方式，可以说是最安全、最重要的资产，一旦动荡来临，女人所能依靠的财富还真是"真金白银"！

债券被称为"投资者的天堂"，它安全性高、操作弹性大、变现性高，还可以在必要时充当保证金、押标金等。"两耳不闻窗外事，一心只做家务活"的家庭主妇，可以试试投资风险较小的债券，因为它是众多投资方式中最省心的，收益也比较稳定、可观。假如你对金融债券和公司债券实在弄不明白，就可以买相对来说最具保障的国债。

基金是一种"攻守兼备"的投资方式，虽然有一定风险，但是能带来比较大的长期收益；虽然风险较低且收益不高，但买卖基金所支付的费用几乎为零，最终能带来令人满意的回报。若是工作占用了大部分时间，家务耗费了大部分精力，不懂股票和外汇，又不甘于贫穷的女性，基金将是首选的投资方式。聪明的女人养只"金基"，能够得到"蛋"和"基"的双丰收，为自己的未来积累财富，成就幸福的财富人生。

股票具有风险和暴利，常让人想起股市的杀气腾腾，但是女人也可以成为股市中一道亮丽的风景线，股票改变的不只是女人的荷包，更多的是智慧甚至是生活方式。女人在婚姻中期望与爱人白头偕老，在股市中也需要跟股票"长相厮守"，相处久了才能对它有更深的了解，分辨出它到底适合做"情人"还是"老公"。

投资外汇，实际上就是在不同的货币之间获取差价，不需要很专业的金融知识，也不一定要有很锐利的投资眼光，是一个可以轻松赚钱的投资方式。但是，外汇买卖也是具有一定风险的，要规避风险，关键是要有细腻的心思和谨慎的头脑，忌贪心、慌乱和固执。

此外，投资房产或邮票、古董等爱好品，也是不错的投资方式，安全且有意义。

不要轻视任何微小的收益率差异

李嘉诚在总结自己的投资经验时说："投资要趁早。"投资时间的长短确实会对收益带来不小的差别，那么收益率的不同又会给投资收益带来多大的影响呢？我们不妨以表格的形式来清楚地说明分别从 25 岁、35 岁、45 岁、55 岁开始每月投资 500 元，直到 65 岁，在不同年收益率情况下的收益情况。

年收益率 年龄起点	5%	8%	12%
25 岁	763010	1745504	5882386
35 岁	416129	745180	1747482
45 岁	205517	294510	494628
55 岁	77641	91473	115019

从表格中我们可以看出，同样是每月投资 500 元直到 65 岁，如果从 25 岁就开始投资，最终收益将是从 55 岁才开始投资的近 10 倍，每晚投资 10 年最终收益的差异也是巨大的；而同样是从 25 岁每月投资 500 元直到 65 岁，年收益率 12% 的最终收益将是年收益率 5% 的 8 倍多，即使年收益率只有 8% 收益也将是 5% 的 2 倍多！由此可见，任何微小的收益率差异，都可能带来差别巨大的投资结果。

相同的年限投资同样数额的资金，不同的年收益率造成的收益差别究竟有多大呢？我们再来看看一个更一目了然的表格。

年龄起点 \ 年收益率	5%	8%	12%
25 岁	本金的 3.4 倍	本金的 10.8 倍	本金的 95.4 倍

从这个表格里，我们可以清楚地知道在其他条件相同的情况下，不同年收益率的差别对最终收益的具体影响。且不说年收益率 12% 与 5% 最终收益的差别，就连差别不大的年收益率 8% 的最终收益都将是 5% 的近 3 倍！这些数据有些让人难以置信，但收益率的微小差别造成的差异就是这么巨大！任何微小的收益率差异，都会带来投资结果的巨大差异，因为投资产品的收益是以复利形式计算的，并且在投资数额增大的情况下这种差别会更明显。

根据 2011 年 12 月中旬的消息，我国社保养老金的年均收益率低于通货膨胀率，这令刚刚步入婚姻、尚无积蓄的程英对未来退休后的生活颇为忧愁。她想，自己和丈夫必须要开始准备养老金了，但是又不知道怎么从捉襟见肘的收入里积攒，也不知道需要存多少才能满足退休后的无忧生活。

在一次和朋友的聚会中，她表达了自己的忧虑，并向从事金融行业的朋友咨询，想寻求一种每月投入较少、最终收益较多可以存养老金的投资方式。在被告知有符合需求的业务时，她又发愁资金应该怎样筹到。朋友说："你的第一个苦恼是资金不足，增加资金有几种方法，首先考虑的就是增加收入或者减少支出，这都是扩大储蓄的方法。但是，通过这两种方法加大储蓄额有一定的局限性，由于人们工作时间越来越短，离晚年越来越近，单纯增加储蓄额并不能解决问题。试想一下，如果我们用工作 25 年的收入来供养 30 年的退休生活，那么收入的一半都要存起来才能保证退休后的生活水平与现在一致，但这在实际生活中是不可能的。"

看着愁眉苦脸的程英，朋友又说："我们可以把储蓄拿来投资，灵活运用收益率就能解决问题。"程英急不可耐地问："怎么灵活运用收益率呢？""你听说过复利吗？""什么是复利？"

"复利是一种计算利息的方式，每经过一个计息期后，都要将所生利息加入本金来计算下期的利息。对业内人士来说，复利具有神奇的魔力。爱因斯坦就曾经说过'宇宙中最强大的力量就是复利'，还说过'20 世纪最伟大的发现就是复利'。虽然很多人都不太重视复利，但是它所具有的力量完全超乎人们的想象！若是以年收益率为10%计算25年的复利，最后所得收益将是本金的近11倍！复利的强大力量，主要来源于'收益率'和'时间'两个因素。所以我们应该尽早开始养老金的投资，虽然投资的年收益率不一定总能达到或者超过10%，但是即使只有5%的收益率，25年之后也将是本金的3.4倍呢。这样一来，养老金的问题就解决了。"

听完朋友这一番讲解，程英心里有底了，她决定要说服老公马上开始为养老金投资，给彼此一个有保障的退休生活。

收益率的微小差别在最初一段时间是不太明显的，但是时间一长，这种差别就是天壤之别了。因为随着收益率的变高，复利效果会呈几何级数增长。也就是说，随着时间的推移，提高收益率将会使资产以令人难以置信的高速度增长，而且增长速度会越来越快。这样一来，微小的收益率差异经过长时间的复利计算，将会造成滚雪球那样的收益差别。

因此，朋友们在进行投资活动时，切不可轻视任何微小的收益率差异，否则收益和财富就会在你的轻视中悄然远去。有句俗话说："你不理财，财不理你。"这对投资来说是非常现实的问题，你如果不对投资中的所有事务给予足够的重视，那么投资的收益也将不重视你，投资结果就可想而知了。

女性朋友们要想较为轻松地存够养老金，就要在自己所能承受的风险范围内选取收益率相对较高的投资方式，这样既保证了现在的优质生活，又使退休后的生活幸福无忧。同时，在进行投资时还要注意选取不需要纳税的投资产品，因为理财产品是否要纳税对投资收益有较大的影响，忽视不得。目前，教育储蓄存款、国债、保险、开放式基金、人民币理财、外币理财、信托都是不用纳税的投资产品。

你的眼睛永远不能完全闭上

有的投资者认为，自己选了质量好、风险相对较小的投资产品，也打定主意要做长线投资，那么就没什么可担心的，可以高枕无忧地等着时机到来收获投资成果。面对瞬息万变的投资市场，这种太过天真的投资者，可能要大失所望了。那些投资后将眼睛完全闭上，妄图高枕无忧地美美睡上一觉，然后醒来收获投资成果的人们，肯定不知道投资市场与日常生活一样是风险无处不在的。

投资风险是指对未来投资收益的不确定性，在投资中可能会遭受收益损失甚至本金损失的风险，大体上包括购买力风险、财务风险、利率风险、市场风险、变现风险、事件风险等方面。购买力风险主要是指资本社会及经济繁荣的社会，通货膨胀显著，物价上升，货币贬值，金钱购买商品或业务的能力都会渐渐降低；财务风险是指投资者将资金投入某种投资产品后，该产品所属的公司业绩欠佳，派息减少，造成价格下跌；利率风险是指买入的债券价格受银行存款利息影响而遭受损失；市场风险是指投资产品的市场价格因经济、政治和投资者心理因素的影响常常出现波动，因价格下跌而遭受损失；变现风险是指买入的投资产品未能在合理价格下卖出，不能收回资金；事件风险是指与财政及大市完全无关的，但事件发生后对投资产品价格有沉重打击。

由此我们可以知道，投资风险几乎是无处不在、随时可能发生的，也是不可避免、难以预料的。因此，投资者需要根据自己的投资目标与风险偏好，选择适合自己的投资工具，并在投资的全过程中时刻关注市场形势变化和各方面的信息，以便及时正确应对。例如，分散投资是有效的科学控制风险的方法，也是最普遍的投资方式，将投资在债券、股票、现金等各类投资工具之间进行适当的比例分配，一方面可以降低风险，同时还可以提高回报率。

虽然汪晶只有4万元积蓄，但却拿出了2.5万元来进行多种投资，其中1万元用来炒股，用5000元买了开放式基金，用5000元换成美元来做外汇宝，还有5000元用来收集钱币。她认为自己这样分配投资资金挺完美的，即使有赔有赚，综合起来肯定是赚钱的，所以平常也不怎么用心打理，当然同时进行这么多种投资也真是顾不过来。

近来，汪晶听说银行要推出个人纸黄金投资业务"黄金宝"，她的心又蠢蠢欲动——黄金是保值投资的首选方式，何乐而不为呢？于是，汪晶又毫不犹豫地加入了"黄金宝"的投资者的行列。

但是汪晶有个很大的毛病，她选取投资方式比较随意，很少经过综合考查和慎重考虑，并且无论选取哪种投资方式，她总是把钱投进去就不大管了，只等着想起来才看看行情，觉得还可以就卖出。

可是最后，一年下来，汪晶的投资成绩远没有她意想中的好，股票亏了，美元贬值，钱币市场价格没什么变化，只有开放式基金赚了钱，可惜又买少了。她觉得这样一来还不如把钱存在银行赚利息，却不想想自己根本没有真正把投资当回事，只是以过于自信的游戏态度来进行买卖，却没有真正将身心投入到投资活动中去。因为她从来都对市场形势和信息不闻不问，等于闭着眼睛投资，怎么可能如愿以偿地赚取可观的利润呢？

投资市场上有太多变化因素，不可能非常稳定，所以我们选取投资品后要时刻关注市场变化，而不能因为投资品的品质好就认为会稳赚不赔而不去打理，实际上没有任何一款投资品的品质好到可以让我们闭上眼睛的地步。同时，投资市场存在着难以预期的各种风险，市场形势时刻都在发生变化，即使一时正确的投资决策和行为，在市场形势变化的情况下也不见得仍旧正确。因此，我们既要选择多种投资方式分散风险，又要将资金集中在有限的几种优质投资产品上，以免篮子过多照看不过来；同时，在投资时要经常了解市场动向，不断修正自己的投资决策和投资行为，永远不能将眼睛完全闭上。

30年后我们退休养老，如果想过上与现在同一水平的生活，需要不少资金，既不能单纯靠社保，也不能靠儿女帮扶，靠自己最实在也最靠谱。对于想要为未来的美好生活积累资金而投资的朋友们来说，资金的安全性是最重要的，所以在投资的过程中时刻都要保持清醒，永远不能以为万无一失就完全闭上眼睛。我们不但要在投资前审慎地选择合适的投资产品，在持有和出售的过程中也要时刻保持对市场和这款产品的足够了解，以便在保障资金安全的情况下取得最大的收益，为30年后的生活积累丰裕的资金。

耐心等待和耐心持有同样重要

生活中有很多人是"短视眼"，投资时倾向于选取现在正处于上升趋势的产品，如果自己投资的产品短时间内没有升值甚至价格下跌，就会迫不及待地忍痛将它出手，以免给自己带来更大的亏损。这些"短视眼"认为自己这样的做法很聪明，能够较好地规避投资风险，还比较容易赚到钱。事实上是这样的吗？答案通常都是否定的。

美国超级基金经理彼得·林奇曾经有过这样一句名言："股票投资和减肥一样，决定最终结果的不是头脑，而是耐心。"对于投资而言，紧盯短期回报实不可取，长期投资才是制胜之道。没有长期持有的恒心毅力，就算再优质的产品，也很难让你获得满意的回报。正如减肥瘦身计划无论多完美，没有长时间的耐心坚持也很容易功亏一篑。

同样的，我们想要在投资中不亏损，并获得最大的收益，甚至赚大钱，就必须耐得住寂寞和庸人的质疑，一定要在可能暴涨的投资品不被人关注的时候买入，并在上涨时能够禁得住诱惑、耐心持有，抓住最恰当的时机卖出；而对于手中下跌的投资品，则要进行冷静理智的分析，根据是否有逆转的可能来区别对待，对于下跌形势极可能逆转的投资品，要做到亏得起，耐心等待逆转形势的到来。

巴菲特的投资理论告诉我们：在最低价格时买进股票，然后就耐心等待。很多知名投资人都有同样的感受——投资要耐得住寂寞。而在正确的投资理念中，良好的心态是相当重要的，耐心等待和耐心持有同样必不可少。正确的投资理念就像是一份精心设计、科学合理的减肥食谱，只有时刻铭记于心，同时又能不懈地坚持，才能最终发挥出它的真正价值。我们只有在投资中抱有良好的心态，才能耐心等待与耐心持有，直到最佳时机的到来，也只有这样，才能获得更大的投资收益，为自己30年后的生活积蓄更多的资金。

李丽是个股票玩得不错的人，她爸爸是从1992年就开始炒股的老股民，妈妈是个经济盲，几乎对经济术语一窍不通。她全家都炒股，每年年底进行全家盘点时，都是妈妈的收益率最高，李丽排中间，爸爸排名最后。刚开始他们以为纯粹是巧合，但是几年过后全家人都对此非常疑惑，就试图从各方面找出原因。

最后他们找到了原因，因为爸爸是用几十万养老钱在炒股，一下跌就浑身紧张，别人看到的是一个10%的跌停板，他看到的却是一年的养老钱没了，晚上总是难受得睡不着觉，心态很不好，因此经常追涨杀跌，虽然选的都是好股票，但是没有一只股票持有期超过3个月，一年下来做了比本金数额高20倍的交易量，却没能赚到钱。可以说，他输就输在心态上，因为亏不起而不能耐心等待。

李丽选的股票都很好，而且都是质地优良的品种，但由于她得到的信息太多，往往一只股票还没捂热就换了另一只更好的新品种，只要老股票涨了10%就很高兴地换成新品种，结果新品种不小心亏掉5%，回头看老品种却已经又涨了40%。一年下来，能赚30%就不错了。可以说，李丽赢在信息上，也输在信息上，因为信息太多、选择太多而不能耐心持有。

老太太知道自己不懂，也相信老公作为老股民选的一定是好股票，所以每年年初就买老公推荐的股票，平时既不交易也不大看行情，套牢时就不理不睬。往往半年后发现竟然涨了30%就出手了，然后就再问问老头儿有没有更好的品种，换一个再捂半年。因为老太太是拿几万块零花钱在炒股，被套得久点也无所谓，就算全赔了也不影响生活。老太太的心理素质不见得厉害，只是这钱亏得起，也等得起，心态自然不会差。

投资者可以分为三种：第一种是真正聪明、客观自信地看待市场的人；第二种是知道自己笨、有选择地做某些事而避免做另一些事的人；第三种是并不聪明却认为自己很聪明、非得去做聪明人才可以做的事的人。第二种投资人就像阿甘，知道自己"笨"，所以不浮躁，定的目标简单又容易实现，投资心态也很好，并且对自己认定的目标比较执着，往往能出人意料地成为成功的投资者。

成功投资的关键是根据自身情况确立适合自己的投资目标，并对正确的目标持续执着地坚持，耐心等待或耐心持有。如果目标总是在变，就等于没有目标。然而，执着与耐心的尺度很难把握，极易陷入冒进或保守的境地，我们在实际操作中可以把握两点：一是看自己当初看好某个投资品是不是通过自己的理智判断得到的，如果是就应该耐心等待或耐心持有，如果是受到外界片面信息的影响而做出的判断，就要慎重地对当初的决策进行审视；二是看自己当初做出判断的基础条件有没有改变，如果没有改变就可以耐心坚持，如果条件改变了就要根据当前的基础条件重新做出判断。

投资如减肥，恒心毅力不可缺。时间对一切都是公平的，长期投资是经得起时间检验的投资法则。投资者不妨以健康瘦身的长久心态来对待手里的投资品，就如通过合理饮食搭配和持久耐力训练打造完美体型那样，在对投资品的耐心等待和耐心持有中不断赢得属于自己的长期投资馈赠，使自己30年后的退休生活幸福无忧。

冷静看待"内部消息"

近年来，不少诈骗团伙针对投资者设下量身定制的陷阱，打着"证券交易所"或是著名"投资理财公司"的旗号，冒充的名头都非常响亮，有偿提供"内部消息"，夸口说可帮投资者赚大钱或解套，先让你尝到一两次甜头，取得你的信任后，"忽悠"你全仓杀入一只他们的重仓股票，以便他们顺利出货，这一次基本就会将你彻底套死。虽然投资者可以通过投资常识来识破骗局，但是仍有不少人因为贪图获利而使骗子屡屡得逞。

在股市里不要轻信"神话"，不要轻信别人送你高额回报，不会有"天上掉馅饼"的好事。如果真有这种好事，他干嘛自己不炒，反而替你炒？骗子往往利用投资者急于获利或解套的心理来行骗，典型的有电视股评"黑嘴"、高价卖研究报告推荐股票等，可谓五花八门。不少投资者总是怀着一夜暴富的心理，让骗子屡屡钻了空子。因此，投资者应该具有自我保护意识、提高警惕，树立正确的投资理念，不要轻信所谓的"内部消息"，成为骗子嘴里的肥肉，把资金都搭进去，自己未来的生活可就没有保障了。

"您好，我是国信证券营业部的工作人员，这里是'涨停板敢死队'的大本营，最近我们秘密推出了全新的理财计划，指导您炒股，您可有兴趣？"4月5日，某媒体记者于虹突然接到这样一个电话。她感到其中必有文章，决定一探究竟。

见于虹回电，此人热情备至："我们有强大的分析和资金实力，如果您同意合作，我们将提供股票绝佳买卖点，获利后五五分账。您获利之后，只需将承诺的收益汇至我们指定的账户。如果您的资金量大，我们在分成上还可以让步。"

"我的资金大约有40万，可我怎么才能相信你们呢？"于虹故作紧张地问道。"您等我电话吧，我们没有这个实力是绝对不会干这种业务的，明天我将给您发出具体的买入指令，即使您不赚钱也没什么损失。"他很仗义地保证道。

4月6日股市开盘后，他果然如约打来电话："马上买进G××，6.25元以下挂单30000股吧！"于虹表示只想先买5000股试试，他也欣然接受。听说她已按其指令买入后，此人表示："放心好了，保你赚钱！"

7日，大约13时左右，他又给于虹打来电话："现在G××已经涨到6.43元了，你按6.45元挂卖出！"G××一会儿工夫果然涨到6.50元。此时，那人再度来电，言语间颇为得意，"怎么样，实力可以吧？不放心的话，我们可以再免费推荐一次。"接下来的两天里，他推荐的股票又顺利地上涨了3%左右，连于虹都怀疑是不是遇到了真正的高手。

8日，那人来电说："我正式向你推一只赚大钱的股票，600×××，你马上全仓杀入，我保你至少赚6~8万，不过这次要履行之前的约定。"随即，于虹看到600×××从上涨5%处开始向上拉升到涨停，而好景不长，不久涨停板就被巨量打开，小做挣扎之后，该股直线跳水，最后竟然还下跌了2%。她忙给对方打电话，这次他不耐烦地说："这是盘中正常表现，机会在明天，你们散户就是沉不住气。"

9日，600×××除早盘象征性地向上涨了2分钱后，再度下跌，到收盘跌了3%。如果按照张姓人士指令买入600×××，损失已达9%，而当于虹再度拨打电话时，提示关机。

为了最终界定这场骗局的目的和性质，于虹首先向国信证券营业部致电查证，工作人员表示："千万别相信这些骗子的话，我们营业部怎么会有这样的业务？我们隔三岔五地接到询问电话，有人已经上当，骗子一般都使用市话通，我们也想打电话质问他们，可根本找不到人。"

投资产品各方面的信息，是我们做出正确投资决策的必要条件，是通往财富殿堂的重要因素，甚至可以说是指导投资者挖掘宝藏的藏宝图。因此，不少投资者非常努力地搜集关于自己投资的产品的各种信息，而一些标榜为投资产品"内部消息"的小道消息因此而大行其道。但是，需要奉劝朋友们的是，在投资时一定要冷静看待那些所谓的"内部消息"。这些以"内部消息"为外衣的小道消息，很可能是骗子所设的令人防不胜防的一个个投资陷阱，张着血盆大口随时准备吞噬掉我们的资本，令我们损失惨重甚至血本无归。

不少女性朋友掌握的投资常识相对较少，为了能够把握市场脉搏、做出正确的投资决策，非常热衷于探听"内部消息"，并乐于奉所谓的"内部消息"为圭臬，任何决策都以"内部消息"为依据，一时间"内部消息"满天飞。但是，朋友们一定要对这些消息进行冷静的分析和辨别，取其精华、去其糟粕，综合各方面的信息做出决策，而不应以一两条"内部消息"来指导投资行为。

通常情况下，这些所谓的"内部消息"都是骗子的惯用伎俩，朋友们应该对其有所戒备。骗子们往往利用投资者梦想暴富或者急于解套的心理来行骗，通过一两次"灵验"的"内部消息"获取投资者的信任，然后骗投资者大量购买他们急于脱手的被套牢的投资产品。因此，女性朋友们在进行投资时，一定要冷静理智地看待"内部消息"，千万不能毫无戒备地信以为真，那样就很容易落入骗子设下的投资陷阱，使自己辛苦存下的养老金打水漂，30年后的无忧生活就没有着落了。

不要妄想不合理的投资报酬率

女性朋友想与男人一样用钱生钱，为自己30年后幸福无忧的生活做资金准备，是非常值得赞赏的。然而，有些女性朋友认为在资本市场用钱生钱比较容易，只要将手里的资金投入到市场，就一定会得到理财产品销售员或理财咨询师向自己许诺过的很高的投资报酬率，自己则可以轻松地获取收益，那么退休后的生活就可以高枕无忧了，甚至梦想通过高报酬率的投资一年半载就暴富。

实际上，很多时候事实并非如此，如果我们投资时毫无风险意识，轻信不切实际且不负责任的高报酬率的许诺，甚至抱有暴富的心理期望，那么结果往往会失望远大于期望，非但未来的生活得不到保障，眼前的生活都有可能受到巨大的影响。

投资报酬率（投资报酬率＝年利润÷投资额×100%），亦称"投资的获利能力"，是指投资而应返回的价值，是考评投资业绩的综合性质量指标，它既能揭示投资的利润水平，又能反映资产的使用效果。通常来说，人们在投资报酬率高于无风险利率（即银行活期存款利率）时才会选择投资，但并不是投资报酬率越高越好，因为高报酬率必然伴随着高风险。我们应该对投资报酬率进行合理的评估，树立正确的投资观念，而不要妄想在没有较大风险的前提下达到不合理的投资报酬率。

天上不会掉馅饼，任何投资报酬率高于无风险利率的理财方式都是有一定风险的，而且理财产品的高报酬率必须是在成功应对风险的情况下才有可能实现。与一夜暴富的传闻相对的是，我们也时常能够听说陌生人或见到周围人因为投入的资金大幅缩水而后悔不迭、痛心不已，甚至有的人因为所投资金血本无归而轻生。

张女士是自由职业者，每年的经商收入在 10 万左右，虽然实际的业务盈利更多些，但盈利的资金多数都压在了库存和应收账款上，而且经商的收入不是很稳定，所以她想通过高报酬率的理财投资为自己休业时幸福无忧的生活积蓄资金。

一次张女士在银行存款时，某高报酬率理财产品推销员在了解了她目前的财产结构后，向她分析：因为库存流动性较弱，而她大部分的资金都是流动性很强但收益性较弱的存款，要想用手头上的资金获取更大的收益，应该将大部分存款拿出来进行高报酬率的投资。

这正合张女士的心理需求，于是她听取了理财产品推销员的建议，将自己

90%的存款都拿来投入到推销员所承诺的"1个月预期收益为10%，3个月的收益率可以达到30%"的高报酬率、高风险的股票中去。张女士心想，留出必要的生活开销和少许资金应急，加上自己还有不少可以收取的账款，进行这种短期高收益的投资是非常合适、非常有益的，再加上对方是能信得过的银行的理财产品推销员。因此，业务繁忙的她没有细看这款理财产品的说明，就签订了投资协议，怀着短期收取可观利益的想法，将自己90%的流动资金都交给了推销员打理。

但令张女士意想不到的是，接下来的股市走势极不稳定，在收益较小甚至亏损的情况下出售股票她又不甘心，因此在这样的犹豫不决中错过了较好的抛售机会；她甚至听从推销员的建议，在股价暴跌的情况下为了挽回损失，将全部资金都投到股市进行补仓，却事与愿违地被紧紧套牢。

万分愤怒的张女士去找推销员理论，却被告知自己没有看清投资协议的内容，如今的境况要自己负责，而不能怪推销员。此时张女士实在是后悔不迭，不该轻信推销员不切实际且不负责任的收益许诺，若不是她及时收回了大部分账款，自己的生意也会因缺少流动资金而陷入巨大的危机之中，那么她现在的生活就会非常艰难了，还提什么休业后幸福无忧的生活？

张女士为了给自己休业后幸福无忧的生活进行储蓄，轻信了推销员不切实际且不负责任的收益许诺，盲目将自己的绝大部分流动资金投入到所谓高报酬率的股票中去；因犹豫不决错失时机，还妄图挽回损失，将仅存的一点流动资金全部投到股市里；结果不但没有像预期的那样能够在短期内靠流动资金获取可观的收益，反而使流动资金全部被套牢，几乎对生意造成毁灭性的打击，使自己现在的生活陷入困境。

我们在憧憬30年后的美好生活，为未来进行投资的时候，千万要时刻保持清醒，不要妄想报酬率高得不合理的理财产品没有任何风险。投资咨询师的建议仅供参考，最后决策必须靠自己。不然，天真地怀着撑破钱包的梦想，盲目依据投资咨询师的建议进行投资，非但将来的生活无以为继，最终很有可能变得荷包空空，眼下就陷入青黄不接的困境。

我们收入不固定或者承受风险能力较差的工薪族，在为退休后的幸福生活进行资金积累时，要树立切合实际的投资目标，有意识地选择稳健的投资产品，在保证财务安全的前提下，兼顾保本和获利的要求，并且注意在投资时采取风险分散的多种投资方式来规避风险；而不应盲目追求过高的投资报酬率，轻信理财产品推销员或者某些不负责任的理财咨询师，在所谓投资报酬率高的产品上投入过多资金，甚至将自己全部的资金投进去。否则，将所有的鸡蛋都放到同一个篮子里，到头来很可能是血本无归，那时候可就是欲哭无泪了。

·第三章·

进军股市，"财女"炒股有妙方

天摇地动不如"长相厮守"

爱情与投资看似是两种毫不相干甚至相互排斥的事物，然而，其实投资很像爱情，天摇地动不如细水长流地长相厮守。投资股票和投资爱情的道理是一样的，要讲究投资收益，要勤做功课，碰到好的对象（绩优股）要长期持有，不要杀进杀出。

做当冲的炒家如果没有内幕消息或者操控市场的能耐，杀进杀出的结果恐怕是丢盔弃甲。股票投资一段时间之后，如果收益还是不敷成本，建议你考虑认赔杀出。好不容易找到的绩优股，当然不应该轻易卖掉。

常听有人把长线投资比作婚姻中的白头偕老。其实细想一下，这个比喻还真的很贴切。只是婚姻中的白头偕老是跟自己的爱人共度一生，而股市中的长线投资是跟自己选定的股票长相厮守。这样做有很多的好处：

1. 交易成本更低

由于股票的买卖是需要交纳手续费的，所以，如果经常买卖股票，交纳的费用就是一笔不小的数目，交易成本就会在无形中增加。

2. 获利更大

长线投资获利会更大，这是因为长线投资利用了复利的魔力。所谓复利也称利上加利，是指一笔投资获得回报之后，再连本带利进行新一轮投资的方法。而复利的关键是时间，投资越久，复利的影响就越大；越早开始投资，你从复利的效果中赚得越多。因此，长线投资能让你得到更多的利润。

长线投资虽然好，但是很多女性投资者却对它存在误解，以为长线投资只要买入一只股票然后长捂不放就好了。其实，长线投资也是有窍门的。

（1）长线投资绝不是不做调查，随便抓只股票就长线投资。其实，股票的质地是非常重要的，如果对个股的基本面没有充分的分析研究，不管个股是否具有上升潜力，随便抓只股票就长线投资，极有可能没有收获，甚至是负收益。

（2）长线投资不能不闻不问。有些投资者认为长线投资就像银行存款那样，买了股票之后不闻不问，指望闭着眼发大财。这种做法是不对的。

（3）长线投资要有具体的操作计划方案。这些方案的制定，有利于投资者贯彻投资思维，坚定持股信心，并最终取得长线投资的成功。但是，市场中的环境因素是不断发展变化的，我们要根据股价涨升趋势，及时地调整方案和目标，让方案和目标为自己服务，不能被其束缚住手脚。

芳芳是个老股民了，一直坚持长线投资，10年来只炒湘火炬A（000549）这一只股票。1996年开始，湘火炬A便步入长期上升通道，芳芳的资金市值也从当初的十几万元增加到数百万元，她的账面收益在最高时曾经增长了15倍。

然而，天有不测风云，2004年2月湘火炬A开始跳水，从15元多跌到4元多，股价10年的涨幅转瞬之间就被彻底抹去。起初，芳芳舍不得卖，后来又想等股价反弹，直到后来大盘跌穿1200点后她才忍"痛"卖出，虽然最后实际赢利了几万元，但那几百万元的账面收益却付之东流了。

芳芳说："以前，我总认为只要选好股票，坚持长线投资，就可以安稳地赚钱了。现在我才明白，即使是长线投资，也是要随行情调整操作方案的。

（4）淡季是长线入市的好时机。成交量的增减与股市行情的枯荣有着相当密切的关系。但凡交易热闹的时期，多属于股市行情的高峰阶段；而交易清淡的时期，则多为股价走势的低潮阶段。

对于短期投资者来讲，只有在交易热闹时介入，才有希望获得短期的差价收益。如果着眼于长期投资，则不宜在交易热闹时期介入。因为在交易热闹的时期，多为股价火爆的高峰阶段，这时介入购股，成本可能偏高，即使所购的股票为业绩优良的绩优股，能够获得不错的股利收益，但由于购股的成本较高，相对的投资报酬率也就下降了。

（5）"牛市"炒股，会买不如会捂。在指数不断攀升的过程中，其实顶部在何处是无法预知的，只要没有确认市势已脱离市场多头状态，就不要抛出股票，并且每一次回落都是宝贵的买入机会，上升就不必去管它。不要以为股价升了很多就可以抛掉股票，在一次真正的强势中股价升了可以再升，以至于升到投资者不敢相信的程度。如果在升势的中间抛出一些获利的股票，除非投资者不再买入或者换股，一般来说都会截掉一段投资者的应得利润。

（6）长线投资终究还是需要卖出的。投资者不要忘记长线投资的根本目的是获利，当股价的上升势头受到阻碍，或市场整体趋势转弱，或者当上市公司的发展速度减缓，逐渐失去原有的投资价值时，投资者应当果断地调整投资组合，减仓卖出。

（7）充分利用"安全边际"来避险。任何一个投资者都无法避免因股市周期处于低谷时带来的亏损，但是充分利用安全边际却可以让投资者将亏损降到最低点。只要能使亏损最小化，投资者就能获得跑赢大盘的报酬率。

像经营爱情一样经营股票

股票与爱情有着很多相似之处。它们一样让人着迷，一样充满了选择和变数。

爱情就像是炙热状态中的股票，牛市时热烈如火，让人充满期待，充满信心，捷报频传，新高不断。而当爱情达到可以定高度的时候，结婚就成了必然的选择，这是情感股票的利好。在利好的刺激下，爱情又一次次飞跃。可是，婚后的柴米油盐酱醋茶的日子使爱情的业绩不断下降，如果处理不好的话，将争吵变成冷战，情感不可避免地步入熊市。这个时候有两条路：一是逐步消化风险，伺机走出低谷，重新拉高情感指数；二是低迷不前，最终"崩盘"于眼前，各奔前程。

经营股票和经营爱情有很多相似之处：股票有涨有跌，犹如爱情有起有落。爱情需要时时滋润，否则会因为冷落而失去增进感情的机会，从而降低甜蜜的程度；股票也需要时常关注和照料，否则就会让你的收益缩水。所以，对女人来说，一定要如同经营爱情一样经营股票，一旦粗心大意，遭殃的就是你的账户。

幽幽算是一个准股民，但她的炒股方式较为被动。由于是一个上班族，幽幽上班时没有多少时间关注股票，下班后她又忙于休闲娱乐应酬等，所以，买了几只股票已经一年多了，她只是偶尔在网络上留意一下股票的价格，其他的信息很少关注，证券公司更是一趟也没去过。

后来，一个朋友得知她的情况，批评她说："买了股票之后就需要时时关注，你这样做是对自己的股票不负责任。"于是，幽幽到证券公司去了一趟。去了之后才发现，自己已经错过了几次低价配股的机会。同时，股市实行了根据市值配售新股，身边的朋友靠新股配售，年收益达到了8%以上，而她由于信息不灵，无数赚钱的好机会都错过了。幽幽后悔地说："以前只知道炒股是赚取差价，还从没想到它是需要花很多时间和精力去打理的。只有人很好地经营它，它才会给人以回报。"

股票如爱情，需要细心栽培。当你投入的精力多时，在牛市很容易得到丰厚的回报。如果不幸遇到熊市，受重伤的一定也是投入多的人。但是，如果害怕受伤或者懒于经营就将之放在一边不管的话，肯定没有回报。

为了得到更好的回报，要以发展和成熟的思维来对待你的股票。

1. 有备而来

谈恋爱不能草率，同样，股票有风险，入市须谨慎。千万不可以盲目地购买，然后盲目地等待上涨，再盲目地被套牢。

爱情一旦失败，留在你心底的阴影可能会维持很长的一段时间，不是手一甩那么简单。没选到好股，心总会随着股票的下跌而心酸，如果看到它慢慢地转化为垃圾股甚至受到退市警告的个股，希望就变为失望，最后只能忍痛割肉抛弃之。

无论什么时候，女人在买股票之前都要做好相应的准备。在实施投资计划前，必须注意3个问题：

（1）明确目标。细心了解自己现在的经济状况，包括收入水平、支出的可控制范围，以及你希望在短期（1~2年）、中期（3~5年）或者长期（5年以上）内看到的情况，根据可以判断的条件，定好一个目标。目标一旦定好了，就不要更改。

（2）明确风险底线。女人要记住，任何投资都是有风险的，当遭遇不利时自己愿意接受的蚀本程度是多少？明确这个目标是为了应对不测风险时能果断做出决策。

（3）学习培养兴趣。对自己投资的项目越了解越好。多留意财经消息，多听专家意见，同时还要学着判断资讯及他人意见，结合自己的情况进行取舍。不要人云亦云，盲目跟风。

2.耐心等待

当你找到自己的意中人时，想要放弃这份爱情就不是那么容易了。没有发现自己的所爱时，要耐心等待。

同样，手头上有闲余资金时，别轻易去买一只自己都不熟悉的股票，别觉得不投资就没收益就亏本了。买了一只不好的股票就等于你被套住的时间会更长。可以在潜力股掉时，将闲钱投到其上，去获取你想要的收益。

3.一定要设立止损点

经历过爱情的挫折，你会从此懂得更多的感情规则，学会及时修补"跳空缺口"，学会让情感的K线图走得更完美，使自己拥有一段长期稳定的情感。凡是炒股出现巨大的亏损的女人，都是由于入市的时候没有设立止损点。而设立了止损点就必须认真执行。尤其是刚买进就套牢，如果发现错了，就应该卖出。总而言之，做长线投资的也必须是股价能长期走牛的股票，一旦长期下跌，就必须卖出！

4.懂得选择，懂得放弃

好的爱情要长期拥有，别只是希望片刻美好。看好的股票长期持有，别不懂得珍惜，赚了点小钱就卖出。

不看好的爱情，别舍不得放手。这种爱情越长久持有越没价值。没潜力的ST股，要坚决抛掉，别心痛。因为你可以将你省下的钱放在好的股票上。

有疑问的时候，也要离场。这是条很容易明白但很不容易做到的规则。很多时候，女性炒股者根本对股票的走势失去感觉，不知它要往上爬还是朝下跌，也搞不清它处于升势还是跌势。此时，最佳选择就是离场！离场不是说不炒股了，而是别碰这只股票。如果手头有这只股票，卖掉！手头没有，别买！

单恋一枝花，集中投资于一只或几只股票

静子虽然一直说自己投资茅台是个"意外"，不过身边的朋友都觉得，不动声色的她才是真正的投资能手。想当初，在身边朋友的影响下，静子也入了市。但与朋友不同的是，她没有将资金分散到十几只的股票中，而是集中选取了两三只，其中就有茅台。

出于天然的小心，静子始终只炒这两三只股票，她觉得，虽然自己选择的股票不一定是最好的，朋友们选择的股票中肯定有涨势比自己好得多的，但是一旦买的股票太多，自己根本照顾不过来，没有那么多的时间去关注这些股票的走势，判断何时买进何时卖出也会很困难。

有一次，朋友买的一只股票在连续几天内都涨停，这只股票一下就翻了几番，让静子好生羡慕，几乎动了想买进这只股票的心思了。不过此后这只股票却开始逆向下跌，看着一路下行，静子庆幸自己当时没有追高，而她的朋友却因为手中持股太多没有来得及打理这只股票，以至于在下跌过程中亏损严重。

自此，静子更坚定地只持有少数几支股票，中间可能会有一些股票因持续下跌没有继续持有的必要而换股，但是静子始终保持手中留有两到三只股票，而茅台由于涨势良好就一直持有。

这样的投资法则让静子的收益从最初的几万到现在的几十万，成了一个名副其实的小富婆。

静子的成功就在于她单恋一枝花，始终贯彻"只投资于一只或几只股票"的原则，即我们通常所说的集中投资。

股神巴菲特说："如果你有40个老婆，最后你会发现你对任何一个都不了解。"投资大师彼得·林奇说："投资股票就像生小孩一样，如果没有能力抚养，就别生太多。没有人规定你每次投资都得投5种以上的股票。"

关于集中投资的好处，有人打过一个很好的比方：在牛市中选肯定会大涨的股票，是5只容易还是20只容易？同样，在熊市中挑跑赢大盘的股票，是5只容易还是20只容易？

答案是明确的。手中有只股票好不容易连续大涨，但是只有几百股，总体收益增长如同毛毛雨，被过于分散的投资给摊薄了。

运用"单恋一枝花"的理念持股，会有一种把握全局的感受，俯瞰整个交易的感觉；会使自己放松下来，而整只股票的走势就像你的心情一样，闭上眼睛就可以感觉到是涨还是跌，股市的风吹草动尽在掌握之中。具体感受只有去操作实践才会知道，因为刻意地慢下来，就能感觉股票操作最本质的东西——买卖的运用。选股、买卖、盈亏，这些组成了股票操作最基本的技术层面，无一例外都要建立在买卖的基础上，经常听人说某某人股票炒得如何好，赚了很多钱，而要获得更丰厚的利润，依靠的只能是反复买卖。习惯成自然，不自觉地正确操作，达到这种程度就可以随心所欲控制操作，买进卖出，只要心念一动，即可自然控制，要的就是一种条件反射而已。

当然，单恋一枝花也是讲策略的，并不是集中投资于任何股票都能赚钱的。我们要学会选择最好的花来"恋"。

1. 集中投资于最优秀的公司

投资于那些最优秀的公司，才能给我们带来稳定丰厚的回报。但是，什么样的公司才叫优秀的公司呢？一般来说，那些业务清晰易懂、业绩持续优异、由能力非凡并且为股东着想的管理层来经营的公司就是优秀公司。

2. 集中投资于你熟悉的公司

集中投资时，我们必须选择自己熟悉的公司。只有自己熟悉的公司，我们才知道它经营得好不好，能不能为投资者带来回报。如果一个企业很复杂，我们根本就没有足够的聪明才智去预测它的未来走势。对于女性来说，我们最了解的可能是各大商场、各大品牌，譬如沃尔玛、达芙妮，如果你觉得这些商场、这些品牌做得很好，那为什么不持有它们公司的股票呢？

3. 集中投资于风险最小的公司

集中投资告诉我们，质量胜过数量，如果我们将资金集中投资在少数几家财务稳健、具有强大竞争优势并由能力非凡、诚实可信的经理人所管理的公司股票上，一定会有意想不到的收益。

慎重选择股票，如同婚姻

男大当婚，女大当嫁，面对婚姻，不少女孩心里却一片茫然，就像一个持币观望的新新股民。对于婚姻，会有不少亲朋好友帮你牵线搭桥，品头论足，甚至替你定夺。而在股市，会有很多资深股民帮你出谋划策，选择你的第一只股票。

婚姻有3种：可恶、可忍、可意。股票也无非有3种：赔钱的垃圾股、不温不火的中游股、火热的绩优股。如果你觉得婚姻可意，感到有幸福感，那也是很大的运气。根据专家的统计，认为自己婚姻幸福的不到10%。如果你有运气碰到一只绩优股，那可要好好庆祝，因为这很不容易。

在生活中，有一种婚姻状态称作可忍。这样的婚姻没有激情，但至少可以忍受，至少能给你安定的感觉，有个停歇的港湾。这样的婚姻不可以轻易放弃，就算是鸡肋也有鸡肋的用处。在股市里，有一些中游股票，不是很火，也不是很差，老股民说，对于它们你要有耐心，不要轻易放弃，那样也许会犯错误。

最难忍受的是可恶的婚姻，你被它折磨着，痛苦着，可是要解脱却很难。你徒有婚姻的形式，却感受不到婚姻的好处，但是一定会有很多力量劝阻你逃离，因为人们大部分都有一种幻想：再试试，也许会好的。可实际上，就如一只垃圾股上涨的可能性几乎是零一样，令你觉得可恶的婚姻好起来的可能性也如同花两元钱中个500大奖一样渺茫。

如果你刚好不幸碰到了这样一只垃圾股，一旦发现，早处理早好，越是抱有幻想就越是损失惨重，尽早割肉逃脱是最好的选择。可是，实际上人的弱点决定了总是会被这种股票套牢，因为你总幻想：也许，等等就好了。

股神巴菲特曾经说过一句著名的话："如果一只股票，你不打算持有10年以上，那么你就一分钟都不要持有它。"婚姻也一样。如果两个人根本没有共度余生的想法，那就不要结婚。当然，假如你说，我不求天长地久，我就求这一刻开心，那么你说的是另一个问题——你就像那些在股市中进进出出做短线的散户一样，哪怕就是垃圾股，只要它涨得快，你也会赌一把：反正我明天就抛了，只要能赚钱就好。不能说你有什么错，但如果去打听打听，你会发现，赔钱的多数就是这样的散户。有的股民忍痛割肉，从此退出股市，像孑然一身的独身主义者一样，不玩了；有的被迫长期持有，像那些在不快乐的婚姻中挣扎的人，想摆脱又舍不得，可套着又痛苦，只好选择忘却；还有的不停换股，一次次割肉一次次换股，换来换去，除非他们有一天顿悟，否则永远没有合适的。

婚姻关乎终身大事，一定要选择适合自己的老公。股票关乎你的钱包，所以一定要选择绩优股。人生就像是扣扣子，一个扣错个个错，我们在选择股票的时候一定要从一开始就是对的，通常情况下，我们可以选择如下这些相对优质的股票。

1. 能持续获利的股票

持有还是卖出的主要标准是公司是否具有持续获利的能力，而不是其价格上涨或者下跌。持续获利能力，可以根据报告中的一些项目进行综合分析，具体的公式为：营业利润＋主要被投公司的留存收益－留存收益分配时应缴纳的税款；这样经过汇总后能够得出该公司的实际赢利。这样的方式将会迫使我们思考企业真正的长期远景而不是短期的股价表现，这种长期的思考角度有助于改善其投资绩效。无可否认，就长期而言，投资决策的计分板还是股票市值，但股价将取决于公司未来的获利能力。投资就像是打棒球一样，想要得分，我们必须将注意力集中到球场上，而不是紧盯着计分板。如果企业的获利能力短期发生暂时性变化，但并不影响其长期获利能力，我们应继续长期持有。但如果公司长期获利能力发生根本性变化，我们就应毫无迟疑地卖出。除了公司赢利能力以外，其他因素如宏观经济、利率、分析师评级等，都无关紧要。

2. 安全的股票

无论将资金购买何种股票，如果没有安全系数的保障，非但得不到预期收益，还会有赔本的可能。

股神巴菲特专注于寻找那些在通常情况下未来 10 年或者 15 年、20 年后的企业经营情况是可以预测的企业，因为这些企业具有安全性。

事实上，安全的企业经常是那些现在的经营方式与 5 年前甚至 10 年前几乎完全相同的企业。当然，企业总是有机会进一步改善服务、产品线、生产技术等，这些机会一定要好好把握。但是，一家公司如果经常发生重大变化，就可能会因此经常遭受重大失误。

女人炒股四大规则

世界上的女人可分为两种，炒股的和不炒股的。不炒股的正在慢慢减少，而炒股的则越陷越深。股票投资是一种集远见卓识、渊博的专业知识、智慧和实战经验于一体的风险投资。选择股票尤为重要，我们必须仔细分析、独立研判，并着重遵循一些基本原则，如此，才会少走弯路。

面对风云变幻的市场、不确定的世界，女人们在炒股的时候，必须遵循以下4大规则，才能将风险降到最低。

1. 利益原则

利益原则是选择股票的首要原则，投资股票就是为了获得某只股票给自己投入的资金带来的长期回报或者短期差价收益。我们必须从这一目标出发，克服个人的地域观念和性格偏好，进行投资品种的选择。无论这只股票属于什么板块、属于什么行业，凡是能够带来丰厚收益的股票就是最佳的投资品种。

2. 现实原则

股票市场变幻莫测。上市公司的情况每年都在发生各种变化，热门股和冷门股的概念也可以因为各种情况出现转换。因此，选择股票主要看投资品种的现实表现，上市公司过去的历史、经营业绩和市场表现只能作为投资参考，而不能作为选择的标准。

3. 短期收益和长期收益兼顾的原则

从取得收益的方式来看，股票上的投资收益有两种：第一种主要是从价格变动中为投资人带来的短期价差收益；另一种是从上市公司和股票市场发展带来的长期投资收益。完全进行短期投机牟取价差收益，有可能放过一些具有长期投资价值的品种；相反，如果全部从长期收益角度进行投资，则有可能放过市场上非常有利的投机机会。因此，我们选股的时候，应该兼顾这两种投资方式，以便最大限度地增加自己的投资利润。

4. 相对安全原则

股票市场所有的股票都具有一定的风险，要想寻求绝对安全的股票是不现实的。但是，投资人还是可以通过精心选择，来回避那些风险太大的投资品种。在没有确切消息的情况下，一般不要参与问题股的炒作，应该选择相对安全的股票作为投资对象，避开有严重问题的上市公司。比如：

（1）有严重诉讼事件纠纷、公司财产被法院查封的上市公司。

（2）连续几年出现严重亏损、债务缠身、资不抵债、即将破产的上市公司。

（3）弄虚作假、编造虚假业绩骗取上市资格、配股、增发的上市公司。

（4）编造虚假中报和年报误导投资人的上市公司。

（5）有严重违规行为、被管理层通报批评的上市公司。

（6）被中国证监会列入摘牌行列的特别转让（PT）公司。

上述公司和一般被特别处理（ST）的上市公司不同，它们不完全是经济效益差，往往有严重的经营和管理方面的问题，投资这些股票有可能受牵连而蒙受经济上的重大损失。

参与炒作PT股票的投资人，在这些上市公司通过资产重组获得生机之后有可能获得较好的收益。但是，如果这些上市公司在这方面的尝试失败，最终就会被中国证监会摘牌，停止交易，投资人所投入的资金也面临着血本无归的局面。总体上看，这些股票的风险太大，我们对此要有清醒的认识。

聪明女人，被套牢了要会解套

17年前，水莲在大学毕业后进入了一家国企工作，并嫁给了生活并不富裕的叮当。迫于生活压力，在亲戚的劝说鼓动下水莲用结婚的礼金买了2万元的股票。

买完之后水莲将股票当成了银行的存折，压在了箱子底，一压就是三四年。到了1996年年底的时候，亲戚打电话告诉水莲，股票已经涨到十几块钱了，让水莲赶紧卖。水莲和老公一起翻出了股权证，才发现当初他们投的2万块已经变成了30万，他们在不知不觉中就变成了富翁！

水莲兴奋得一夜没睡，她用一部分钱买了一套大房子和一辆汽车，生活水平一下子实现了大跨越。但是因为缺乏理财的意识，突然有钱就养成了大手大脚花钱的习惯，加上孩子上学、养车和各种花销使得整个家庭每个月都入不敷出。

水莲又想到了炒股，可那时想买原始股已经是很难的事情了，没有任何炒股经验的水莲只好找朋友打听，但还是经常被套牢，耽误了很多的时间。

1998年，在和老公叮当商量之后，水莲把钱全部投到了一只新发行的股票上。原以为这次的"消息"会很准，可没想到水莲刚买完那家公司的股票，那家公司就被查出违规操作，股票连续几天都是跌停。

那几天，水莲和老公都不敢在家里提到"股票"两字，一看到电视里播放股票的新闻，都觉得无比难受。

人非圣贤，孰能无过。"马有失蹄，人有失足"，尤其是在中国股市中，从来就没有"常胜不败"的将军。有许多人更是"套牢是长期的，而获利却是短期的"。相信众多投资者介入股市是为了赚钱，而绝非为了品尝"套牢"的滋味。既然股市投资被套是难免的，那么心思细腻的聪明女人们又该如何解套呢？

1. 持股观望

在股市操作中，许多女人一旦套牢就躺倒等待，并自我安慰"这是输时间不输钱"，并将其视作"坚决不割肉"的原则坚持。更有人抬出世界投资大师巴菲特致富的秘诀"坚定长期持有看好的股票"，以此来为被套后等待的行为辩解。如果把时间拉长到10年、20年，甚至更长，则巴菲特提倡的思路肯定没错，因为按照经济学中著名的凯恩斯理论：社会的财富总量总是随着时间的增加而增长，那么股指或股价也将随着社会财富总量的增长而不断水涨船高。但等待这么长的投资时间，对大多数老百姓而言不太实际。关注一下近几年美国证券市场和中国证券市场的表现，我们不难发现，成熟市场一般是牛长熊短，但在不成熟市场中却常常是熊长牛短。

但不可否认，在许多情况下，买进股票被套，以持股观望等待解套甚至等候获利的方法是许多交易者无可奈何的选择。需要强调的是，买股被套而被动持股观望是要有条件的。采取这种办法的前提是，整个市场趋于中长线强势市场中，整个社会政治和经济前景在可以预见的将来依然是光明的，整个市场交易仍然活跃，有众多投资者参加。有这些前提特征的关键，就是市场仍处于强势氛围中，只要市场被确认仍然处于强势，那么买股被套，持股观望是投资者的首选手段。

2. 倒做差价

一旦股票被套，一般投资者采取的消极办法是"熬着吧，死捂"。但事实证明，当行情趋势是一路缩量下跌的话，用上述办法的效果实在无可取之处。股价跌起来容易，涨起来却难，一只股票跌 50% 以后，再要恢复到原来的价位却需要上涨 100%。有许多股票如果在高位被套后，很可能将套牢多年而不能再涨上来。由于深套，许多投资者已经错过了止损的最佳时机，但把它割掉吧，又怕哪天突然上涨，这真是捂也不是，割也不是。

用"倒做差价"却是减少亏损和拯救自己的一个好办法。所谓"倒做差价"，就是在相对高位把套牢的股票抛掉，然后在适当的低位再把它买回来。这个过程的结局是手中的股票没有少，却多出了一块高抛低吸的差价。只要操作适当，多次进行这样的操作，可以很顺利地补掉部分亏损，如果后市反弹高度可观的话，甚至可以很顺利地解套出局，这比死捂股票要好得多了。

股谚"上涨时赚钞票，下跌时赚股票"，实际上指的就是倒做差价。

3. 适时换股

股市中能大幅上涨的龙头股数量是很少的，投资者持有的被套个股中恰好出现龙头股的概率也是很小的。如果投资者手中持有的是非主流热点个股，并且经过周密的分析，确认另一个股有更大的上升机会时，就要及时果断地换股操作。这时，投资者完全可以将手中股票视为一种代码，换股等于是在持有相同股票市值的情况下将股票代码更改了而已，投资者却因此大幅增加了获利和解套的机会。

买股如同逛商场，要货比三家

兰兰与很多股民一样，在股市中历经数载，经过了"5·19"的疯狂，也度过了 4 年洗礼，但兰兰依然快乐并很好地生存着，目前资产已经过千万。为什么？精、准是她独特的投资思路。

兰兰历经两轮牛熊循环，对证券市场的运行已有非常深刻的认识。兰兰崇尚价值投资，5年内只做过汽车、丝绸股份、华芳纺织。货比三家，到目前为止，大部分资金仍然在其中一只股票上，不管现在股指是多少点，不管大盘是涨还是跌，兰兰长线持有股票的信心从来不会动摇。

股市是一个催生浮躁的地方，不少股民总是这山望着那山高，这恰恰就是市场操作的大忌。美女们与其走马观花地在股市里瞎忙活，不如将买股当成是逛商场，多逛逛看看，货比三家，反复比较，这样才能淘到最有前景、最适合自己的股票。那么，买股票的时候怎样做到"货比三家"呢？

1. 相似市场看行业

这里所说的"相似市场"，不仅是指牛市熊市这些大市，也是指股市运行到什么阶段，更包含发动某次市场行情的"动因"、表式和内容。"看行业"即是看一波行情的热门板块、领涨板块。比如，1997年4~5月那波行情，是由网络股掀起的。作为投资者，就要在股市中眼观六路、耳听八方，看到一波行情新起或将起，就要及时抓住这些领头的行业，积极参与，踏好节拍，选择好那些热门板块的个股，才有望获得丰厚的回报。

2. 相似行业看真假

社会上假货很多，也反映到股市中来。1997年时，股票市场曾兴起过"科技股"，某些质差、亏损的企业，以为把自己上市的股票冠以"××科技"股份就会上去。其实，其科技成分极少，股份亦未因此大幅上升。进入2000年"网络年"就不同了，某一段时间内几乎天天有"触网"公告，至2000年4月26日，深沪两市已有约200家"网络股"，在庄家刻意拉提下，个股因触网而大幅飙升。鱼目混珠，其实真正的网络股有多少？有人说真正的网络股只有"综艺股份"一家。但是这一家，也因发行上市过程中弄虚作假，受到中国证券监督管理委员会的"行政处罚"。

科技股、网络股有真假，触网的程度也有多少之区分，在当今竞争激烈的市场中，网络股肯定进行两极分化，这需要我们很好地甄别。据专家介绍，目前在中国，有线网、网络设备和网络软件、ISP（Internet Services Provider 国际互联网络服务提供者）和 EC（电子商务）这些触网公司中，能赚钱的和具有良好发展前景的只有"有线网"，其余都不同程度地面临着困境，业绩难望近年有大幅提升，加上市场竞争激烈，这些公司将严重分化，甚至将被淘汰出局。

3. 相近业绩看盘子

在相同行业、相近业绩的上市公司中，进一步比较它们的总股本，尤其是流通盘子的大小，在目前增量资金来源仍不丰富的情况下，有十分现实的意义。试想，对于有好几亿流通盘的股票，没有大资金、大机构是炒不动的，而对于只有几千万流通股，特别是三五千万以下的股票——"微型股"，对比那些相近业绩的大盘股，往往有惊人的升幅。即因盘子小，不需要动用较多的资金便容易炒动。同时，由于流通盘子小，当业绩好时，存在较多的送配题材，具有较大的想象空间，使股价大幅飙升。因此，相近业绩看盘子，甚或只抓住流通盘子小这一条，在当前选股中十分重要。

4. 相似盘子看价格

炒股除了题材之外，还要着重看价格。一只股票，价格已升得很高，其上升空间在类比的情况下比较小，风险相对较大，而价格比较低的个股，尤其处于底部区域的个股，上升空间比较大，风险也相对小一些。行业相似，业绩相近，流通盘子差不多，不考虑题材因素，首选价格低的股票。

5. 相近价格看庄家

从某个角度讲，每一只股票都有庄家，只是庄家有大小、强弱之分，炒作的手法有凶狠和平稳之别，反映在股票上便有强庄股与弱庄股。选股当然选强庄股，尤其在相近价格下，选取强庄，稳健的庄家，不仅容易赚钱，也赚得放心。

以上各点，近乎层层剥笋，但只有一个思路，即选股要十分慎重，多方比较，才能选上好股，立于不败之地。具体操作时，当然要分清主次，按照不同情况有所侧重，不搞一刀切，不搞形式主义。

· 第四章 ·

养"基"下蛋，基金是女人明智的选择

基金让女人的生活更丰富

珠珠在一家公司做会计，到了 28 岁的时候，她突然发现身边的朋友一个个都已经结婚生子了，心里开始隐隐慌了起来。

回顾过去，她一直过着随心所欲、无拘无束的自在生活。对此，她并不后悔。但是一想到将来，她又不免茫然起来。她没有积蓄，连个能够谈婚论嫁的男朋友都没有。现在的她只希望能够找到一个合适的男人结婚并过上安定的生活。

于是，她开始频繁地相亲，却失望地发现相亲的对象往往是和自己处境相似的男人。每一个相亲的人都希望遇到王子，更何况珠珠还抱着结婚的念头，但是现实却使她的希望一再落空。这其实不难理解，介绍人肯定会安排条件差不多的一对男女见面，以免双方的落差太大，成功的概率低。

郁闷的珠珠约死党们出来聚餐解闷，她猛然发现，整桌子的人都在谈论股票和基金。珠珠不解，死党们解释说，女人的智慧不应该只是管理好丈夫的钱包，更应该拓展赚钱的门路，而对于她们这种有工作没有大量时间关注股市的女人而言，基金是一个不错的选择。死党们还列出数据，说在基金持有人中女性占六成。她们的侃侃而谈委实给珠珠上了堂课。

在我们周围的生活中，很多聪明的姐妹们在投资基金上表现出的智慧让人刮目相看。更重要的是，很多女性投基，往往和维护美满的家庭生活巧妙地结合在了一起。

除此之外，许多女性基民都普遍认同买了基金有个好处，就是现在出去跟人家聊天多了个话题，兴高采烈地聊基金，很容易拉近人与人之间的距离。谈谈基市现状、未来基市预测，或者谈身边的人赚了多少钱等，这是女性们投资基金以外的另一个乐趣。

那么，基金为什么受女性青睐，基金的魅力到底何在呢？

1. 专业化的管理

基金由专业的经理人来投资运作，通过行家之手，精心选择投资品种，随时调整投资组合，自然可以获得更佳的投资回报。基金管理者对信息的加工、分析能力，也非我们个人投资者所能企及。基金经理、行业分析师对行业、公司的充分了解，既有利于获得一手信息，也有助于其对公司未来赢利的预测，从而在操作中把握先机。

2. 多元化的资产分布，风险相对分散

基金能结合各种不同金融工具的特点，适应市场变化，选择多元化的投资渠道，控制投资风险。对于个人投资者，如果资金不足，只能选择一两种股票，万一运气不好，两种股票都亏了，可能会血本无归，因此个体投资者一般难以做到分散投资，承担的风险相对较大。而基金公司由于汇集了大量投资者的资金，资金总额非常庞大，可以进行分散投资，通过投资组合来将风险最小化，收益最大化。

3. 起点低

基金的起点很低，低到连学生都买得起——只要1000元就可以开户。还可以采用定期定投的方式，每月最低只需200元，是最平民化的专业理财项目。而且定期定投可以强迫自己储蓄，避免成为月光族。

不要小看这每个月的200元，按照最保守的预计每年10%的收益，到退休就可以变成100多万，而且采用定投的最大好处就是可以平摊股市起伏带来的风险。

4. 购买方便

基金的购买十分方便，如果不愿意或没有时间去银行排队，只要在家里或者公司里轻点鼠标，和基金捆绑的银行卡中的钱就会直接划到想买的基金账户，非常轻松。而且网上申购的话申购费可以打折，比在柜台买要合算得多。

买基金也要"知己知彼"

妙妙阿姨是大连市的一名退休工人，2006 年 11 月的一天，她听熟人介绍说网上有个"金手指基金"相当不错，投 8000 元钱，每天返 400 元钱，相当于得到 300% 的利。第二天，妙妙阿姨跟随介绍人去了一个教授家，当他们到了的时候，房间里已经有很多人了。有人在电脑上给每一个交钱的投资人起一个网名，再设一个密码。如果交 8000 元，12 小时以后就可以查到自己的回报率。妙妙阿姨在那个房间里看见很多人都拿着成捆的钱，有收益的，也有新投入的。她心动了，当即到银行取了 8000 元钱。从别人那里她还得知这个"金手指"在美国是一个上市的大公司，这就如同吃了一颗定心丸，妙妙阿姨心想，这回可遇见好的投资项目了。回家后，妙妙阿姨到农行办了一张卡，把新卡的账号报到"金手指"的报单中心。报单中心是负责给这些投资人账户打钱的部门。再到银行一查，她的卡里果然存进了 400 元人民币，也就是 50 美元，妙妙阿姨高兴坏了。

2006 年 12 月 9 日，报单中心的人再次联系妙妙阿姨，并和她说，按照金手指的规定，如果她再投 2.4 万元人民币的话，80 天能给她 7.2 万元人民币。对于妙妙阿姨来说，这真是一笔不少的收益。有了前一次的成功经验，这一次，妙妙阿姨当天就毫不犹豫地从自己的退休金里取了 2.4 万元给了公司。不仅如此，妙妙阿姨还把这个她认为是难得的基金介绍给了自己的好朋友和女儿。她的好朋友硬是把房子卖掉全部投入，一共十几万，她女儿也投了 7 万多。

2006 年 12 月 14 日这天，离妙妙阿姨第二次投资该基金仅仅 5 天的时间，"美国金手指基金"的网页突然打不开了。妙妙阿姨如梦初醒，立即意识到自己被人骗了，她和女儿一共十多万元钱一夜之间血本无归。女儿背着丈夫把家里的钱拿出来投入这个所谓的基金，现在分文不剩，因为这件事情，夫妻两个也在 2007 年年初办了离婚手续。

近两年基金以其出色的表现成为投资市场的宠儿，很多"基民"的投资之旅比起股民来显得非常滋润。随着广大"基民"的拥护，人们对投资基金充满热情。伴随着基金投资热，一些非法的"黑基金"也应运而生。

俗话说"知己知彼，百战不殆"！女性朋友们要擦亮眼睛，避免上当受骗。另外，我们还要了解自己，了解自己的风险承担能力，了解用于投资的钱大概能放多久，这笔钱在什么时候要做什么用。你可千万别以为这是份简单的工作。

在了解自己之后，我们还要弄明白各种基金有什么特点，有哪些不同。按照一般的分类，基金主要有以下几种类型：

1. 货币基金

货币基金是指投资于货币市场上短期有价证券的一种基金。该基金资产主要投资于短期货币工具，如国库券、商业票据、银行定期存单、政府短期债券、企业债券、同业存款等短期有价证券。

货币基金的安全性好，流动性高，往往被投资人作为银行存款的良好替代物和现金管理的工具，享有"准储蓄"的美誉，而其收益水平通常高出银行存款利息收入 1~2 个百分点，所以又被称之为"高于定期利息的储蓄"。

一般来说，份额越大的货币基金流动性越好。以"南方现金"增利为例，基金份额高达 410 亿份，流动性风险相对较小。由于投资对象的同一性，除了少数几个基金外，大部分的投资收益均不相上下。考虑到货币基金 20% 的融资比例，合理的应在 2.8%~3%。

2. 股票型基金

股票型基金是指以股票为投资对象的投资基金。投资股票型基金，投资者不仅可以分享各类股票的收益，而且可以通过投资股票型基金而将风险分散于各类股票上，大大降低了投资风险。

3. 指数型基金

沃伦·巴菲特曾经说过："大部分机构投资者和个人投资者都会发现，拥有股票最好的方法是收取最低费用的指数型基金。投资人遵守这个方法得到的成绩，一定会击败大部分投资专家提供的结果。"

指数型基金是一种以拟合目标指数、跟踪目标指数变化为原则，根据跟踪标的指数样本股构成比例来购买证券的基金品种。与主动型基金相比，指数型基金不主动寻求取得超越市场的表现，而是试图复制指数的表现，追求与跟踪标的误差最小，以期实现与市场同步成长，并获得长期稳定收益。

从指数基金本身的特点来看，产品更加适合于进行长期投资，投资人应在对产品有了充分的了解后进行资产配置。

4. 债券型基金

债券型基金是指以债券为主要投资标的的共同基金。除了债券之外，尚可投资于金融债券、债券附买回、定存、短期票券等，绝大多数以开放式基金形式发行，并采取不分配收益方式，合法节税。目前国内大部分债券型基金属性偏向于收益型债券基金，以获取稳定的利息为主，因此，收益普遍呈现稳定增长。

5. 混合型基金

混合型基金是指投资于股票、债券以及货币市场工具的基金，股票投资可以超过20％（高的可以达到95％），债券投资可以超过40％（极端情况下可以达到95％）。混合型基金的风险和收益介于股票型基金和债券型基金之间，股票投资的比例小于股票型基金，因此在股票市场牛市来临时，其业绩表现可能不如股票基金，但是由于仓位调整灵活，在熊市来临时，可以降低及规避风险。

由于混合型基金具备投资的多样性，因此其投资策略也具备灵活性。譬如在股市走牛时，可加大股票投资力度以获取更大投资收益；在股市下跌中，则将采取调低股票仓位的方式应对股市下跌。因此，混合型基金尤其适合那些风险承受能力一般，但同时又希望在股市上涨中不至于踏空的投资者。

两年以上用不着的钱才能买基金

女人在买基金前，首先了解自己资金的特点。如果不是两年之内可以不动用的钱，那么你就不要去投资股票基金。尤其是没有时间弹性和金额弹性的钱，不要用来投资股票基金，否则，就是投机，就是赌未来市场走势持续向上的可能。

本质上，市场是没有人能够准确预测的。一分钱逼死英雄汉，万一某天需要用钱，你的钱都投入了市场，你怎么办？如果此时你的钱还出现投资损失，你该怎么办？所以，两年以上用不着的钱，才能用来买基金。买基金的时候，既要考虑买基金的风险，还要备足应急用的钱。

一般情况下，买基金之前，得先问自己3个问题：

我有房产吗？

我有余钱投资吗？

我有赚钱能力吗？

投资基金是好是坏，更多的是取决于投资者对于以上这3个问题如何回答，这要比投资者在其他的投资类刊物上读到的任何信息都更加重要。

1. 我有房产吗

可能会有人说："买一套房子，那可是一笔大买卖啊！"在进行任何投资之前，应该首先考虑购置房产，因为买房子是一项所有人都能够做得相当不错的投资。

房地产跟基金一样，长期持有一段时间的赚钱可能性最大。人们买卖基金要比买卖房屋便捷得多，卖掉一套房子时要用一辆大货车来搬家，而赎回一只基金只需打一个电话就可以搞定。

2. 我有余钱投资吗

这是投资者在投资之前应该问自己的第二个问题。如果手中有不急用的闲钱，为实现资金的增值或是准备应付将来的支出，都可以委托基金管理公司的专家来理财，既能分享证券市场带来的收益机会，又能避免过高的风险和直接投资带来的烦恼，达到轻松投资、事半功倍的效果。

但是，在以下情况下，你最好不要涉足基金市场。

如果你在两三年之内不得不为孩子支付大学学费，那么就不应该把这笔钱用来投资基金。如果你的儿子正在上高三，有机会进入一所好大学，但是你几乎无力承担这笔学费，所以你很想投资一些稳健的基金来多赚一些钱。但是在这种情况下，你即使是购买稳健型基金也太过于冒险而不应考虑。稳健型基金也可能会在3年甚至5年的时间里一直下跌或者一动也不动，因此如果碰上市场像踩了一块香蕉皮一样突然大跌时，你的正常生活就很可能被打乱。

3. 我有赚钱能力吗

如果你是一位需要靠固定收入来维持生活的老人，或者是一个不想工作只想依靠家庭遗产带来的固定收益来维持生活的年轻女孩，自己没有足够的赚钱能力，你最好还是远离投资市场。有很多种复杂的公式可以计算出应该将个人财产的多大比例投入投资市场，不过这里有一个非常简单的公式：在投资市场的投资资金只能限于你能承受得起的损失数量，即使这笔损失真的发生了，在可以预见的将来也不会对你的日常生活产生任何影响。

像选衣服一样选基金

金金阿姨 50 岁了，可她非常有潮人范儿，不仅打扮得时尚，并且也乐于接受新事物，经常利用闲余时间学习理财知识，想让自己的小资生活过得更惬意一些。

后来，金金阿姨的女儿考上了中央财经大学，金金阿姨更是经常兴致盎然地跟女儿交流理财心得。后来，随着知识面的拓宽和年龄的增长，加上女儿的学习小组对基金的研究，金金阿姨越来越发现，一个人的运作技巧再高明，不如一个智囊团队的实力强大。在体力、精力、脑力都在走下坡路的情况下，金金阿姨决定将大部分资金投放到基金上来。

然而，基金公司和基金品种甚多，如何做出选择呢？基金的业绩和投资者信赖度是比较重要的指标。一天，女儿拿了一份华夏基金的宣传材料回来，"为信任奉献回报"的口号一下子说到了金金阿姨的心坎里，让她感觉到华夏基金的管理团队非常朴实亲切，但金金阿姨并没有因此就决定购买华夏基金。她和女儿查阅了许多资料，并对好几家基金进行了一系列的业绩比较之后，发现华夏基金的业绩骄人，它的债券基金特别适合自己：风险小，不用整日殚精竭虑，且有稳健的收益。

于是，金金阿姨毫不犹豫地购买了华夏债券基金。2007 年 11 月，距金金阿姨首次购买华夏债券基金已经一年有余，在华夏基金管理有限公司寄来的对账单上，她看到了满意的收益，更让金金阿姨高兴的是，在这一年中，她没有像以往做股票那样牵肠挂肚，剩下的一切都由华夏基金优秀的管理团队进行处理。

女性天生感情细腻、敏感易冲动。金金阿姨认为，女性投基要谨慎小心，不妨像选衣服一样选基金。

1. 精选"品牌"为首要

挑选衣服要看品牌，选择基金也是一个道理。市场上有多少家基金公司就有多少种基金的"品牌"，女性投资者在进行投资之前要做好功课，对这些基金公司进行分析研究。

（1）选择整体业绩较好的公司。女性投资者尤其需要注重基金公司的整体业绩，不要只看旗下一只基金的业绩，只有整体业绩优良才能证明投资团队的管理能力。如果是旗下某只基金突出，其他基金一般或者较差的公司，投资者就需要谨慎。

一般来说，好的基金公司有两种。一是规模大、信誉好的"航空母舰"，公司实力雄厚、管理机制完善、产品线完备，并且有良好的业绩支撑，这类公司适合愿意承受低风险的稳健型女性投资者。

一种是发展潜力巨大的"潜水艇"式的基金公司，这些公司可能成立时间不长，但业绩不俗，并且管理机制灵活，精英汇集，这适合愿意付出一定风险获取高额收益的女性投资者。

（2）注意公司的历史业绩的好坏。基金公司所管理的规模、成立时间、业内评价以及旗下基金的业绩状况等都是女性投资者应该关注的重点。正如时尚衣物的品牌无法一日打造完成，基金公司的品牌也是在时间的历练下闪闪发光的。

选择好的基金应注重历史业绩表现。同一类型基金中，如果某只基金业绩历来能保持在前 1/4，中期业绩能保持在前 1/3，短期业绩能保持在前 1/2，那么该基金就值得关注。

（3）跟着明星经理走。在国外，买了巴菲特的基金，想不赚钱都难。所以说，明星基金经理的效应很强。在那些业绩出众的明星基金的背后，有一批光环炫目的明星基金经理。而他们头顶上的明星光环正来自于他们所掌管的基金业绩。如易方达 50 指数基金的基金经理之一的马骏有 10 多年证券业经验，其管理的基金科讯在 2003 年的净值增长率为 28.88％，在全部 54 只封闭式基金中名列第八。无疑，具有同类基金管理经验并曾获得良好业绩的基金经理人更应为投资者所信赖。

2. "风格"鲜明看内涵

现代女性买衣服讲求"风格"独一无二，选择基金时也可以如此追求个性。许多基金都有其独特内涵等待着女性投资者发掘。

关注一只基金最重要的是看该基金的管理人的投资技巧和绝招，有些基金经理稳中求进，进行价值投资；有些基金经理追求超额收益，寻找价值反转型股票；有些基金经理对行业研究深刻而个股时机不准……女性投资者在进行选择前需要鉴别，看清楚每只基金的内涵，寻找最适合自己"风格"的基金。

3. 选择投资组合

（1）选择 3~4 只业绩稳定的基金作为你的核心组合。

先选择 3~4 只业绩稳定的基金，此后逐渐增加投资金额，而不是增加核心组合中基金的数目。这样的方法将使你的投资长期处于一种较稳定的状态。

（2）注重业绩的稳定性。

女性投资者可首选费率低廉、基金经理在位时间较长、投资策略易于理解的基金。此外，还应时时关注这些核心组合的业绩是否良好。

（3）投资可多元化。

在核心组合之外，女性投资者可以再买进一些行业基金、新兴市场基金以及大量投资于某类股票或行业的基金，以实现投资多元化并增加整个基金组合的收益。

（4）用分散化投资分散风险。

组合的分散化程度远比基金数目重要。如果持有的基金都是成长型的或是集中投资于某一行业，即使基金数目再多，也难以达到分散风险的目的；相反，一只覆盖整个股票市场的指数型基金，可能比多只基金构成的组合更能分散风险。

4. 货比三家省费用

对于一个精明的女性投资者来说，货比三家才是购物的"王道"，选择基金也是一样。

投资基金要付出一笔不小的费用，如何选择"性价比"最高的基金呢？目前情况下，不少基金公司和银行都推出了基金申购费用的优惠，特别是网上购买基金一般都可以享受到 4~6 折的优惠。

但是不少理财专家表示，不能只因为某只基金的折扣高就投资那只基金，"好货不便宜"的道理，相信女性投资者也不陌生。他们建议，女性投资者可以选择出一些有投资价值的基金后，再比较其费用是否划算。

基金一年只需看 4 次

2007 年 2 月 9 日，对于 22 岁的唐婷婷来说，是一个值得纪念的日子。一年前的这一天，她进行了人生的第一次投资理财——买进了 5 万元的封闭式基金。结果不但赚了钱，并且从此改变了她的财富观。

作为一名电台主持人，唐婷婷在过去的生活中，与炒股、买基金……这些"投资理财"活动几乎绝缘。"钱都是存到银行，根本没想过其他！"她说。

但是这种情况在 2006 年 2 月 8 日那一天被彻底改变。那天，她无意中看了《重庆晨报》的一篇名为《封闭式基金有大行情》的文章，之后她的理财心理就发生了变化。

文中说："目前封闭式基金中，有 18 只折价超过 40%……什么是折价？就是说本来值 100 块的东西，打 7 折、6 折卖。这真是很划算呀！"用最通俗的"商场打折"思维模式，唐婷婷无意中领悟到了基金的投资价值。

在看到报道后的第二天，唐婷婷把一笔到期的 5 万元定期全部取了出来，以每份 0.543 元的价格，托亲戚买了 92000 份普丰基金。到 2007 年 2 月 9 日收盘，该基金每份已涨至 1.43 元，加上期间每份派发了 0.03 元的现金红利。现在婷婷的 5 万元已经变成了 13.43 万元。

总结自己的投基实践，婷婷说："能够赚这么多，主要是因为我确实对基金一窍不通！"因为一窍不通，平时几乎也不看行情，一年来无论该基金如何波动，婷婷都纹丝不动，一直握着没卖。

用闲钱投资，不孤注一掷，再加上长期持有，这样的投资原则是非常可取的。我们大可向美女主持唐婷婷学习，看淡短期指数的波动，做一个快乐的投资人。

当你选定基金公司、选定基金之后，应该给予基金经理人更多的信任，让他们去处理和应对股票变化。只要仍有足够值得投资的标的，即便指数下跌，也并非赎回基金的最佳时机；反之，即使指数上涨，如果已经没有可投资的标的，那才是危险的时点。从某种意义上说，投资基金就是看人投资、依趋势投资。

实际上，基金投资者每年只要关注 4 次就足够了。对于市场的波动，净值的变化，投资者最好不要时时跟踪。实际上，离你的基金越近，你的收益长期看高的可能性越小。离所投资的基金远些、心态平和些才能获利更高，如果你能够做到每年只关注自己的基金账户 4 次，长期看反而获得更大收益的可能性是在变大而不是变小。

定投让女人理财更从容

咔咔最近对自己的生活非常不满意，因为除了储蓄之外，她没有任何的投资，小金库自然不太丰盈。

咔咔，就是传说中很典型的拿着高薪的"穷人"。在武汉，咔咔 10 万元的年薪并不算低，但是攒不下钱来。特别是 3 年前，咔咔还贷款 7 万多元买了辆车，每月还款近 2000 元，每月养车 1000 多元。去年，咔咔又在父母的资助下贷款买了一套房，月供 2000 多元。因为新房还没有交付，咔咔不得不在外面租房，每月房租还得 1000 元。

即使每月都不吃不喝，光这些开销就得六七千元。因为工作繁忙，咔咔也没有时间精力进行炒股等投资活动，每月省下的可怜巴巴的几百元工资都丢在工资卡上存活期。工作 6 年下来，咔咔的所有积蓄居然只有 1 万多元，这让咔咔十分郁闷。

为了让自己不落伍，咔咔咨询了对基金非常熟悉的闺蜜莎莎。莎莎告诉她，可以从最简单的定投开始学习基金理财。

定投，也叫傻瓜理财术，最适合那些没有时间、没有金融专业知识的女孩子。定投就是每隔一段时间以固定的金额投资于同一只开放式基金或者基金组合。

莎莎建议咔咔先向父母借钱还清剩余的 3 万元的车贷，如果可能的话先跟父母同住省下每月 1000 元的房租。此外，咔咔还可以使用公积金偿还月供。这样的话，咔咔每月就可以余出四五千元，她可以选择两到三只股票型、指数型基金进行定投。这样的话，3 年内咔咔的小金库里就可以有 15 万元的人民币了。

听完莎莎的建议，咔咔终于明白莎莎平时的生活为什么这么从容了。莎莎的收入比咔咔低，却能提前进入小富婆的行列，这让咔咔十分惭愧。

当然，并不是每只基金都适合定投，只有选对投资标的，才能带来理想的回报。为此，厚道的莎莎再次向咔咔传授了下面这些定投的小技巧。

1. 最好选股票型基金或者是配置型基金

债券型基金等固定收益工具相对来说不太适合用定投的方式投资，因为投资这类基金的目的是灵活运用资金并赚取固定收益。投资这些基金最好选择市场处于上升趋势的时候，市场在低点时，最适合开始定投。只要看好长线前景，短期处于空头行情的市场最值得定投。

2. 选择有上升趋势的市场

超跌但基本面不错的市场最适合开始定期定额投资，即便目前市场处于低位，只要看好未来长期发展趋势，就可以考虑开始投资。

3. 选择波动大的基金

一般来说，波动较大的基金比较有机会在净值下跌的阶段累积较多低成本的份额，待市场反弹可以很快获利。而绩效平稳的基金波动小，不容易遇到赎在低点的问题，但是相对平均成本也不会降得太多，获利也相对有限。

4. 根据财务能力调整投资金额

随着就业时间拉长、收入提高，个人或家庭的每月可投资总金额也随之提高。适时提高每月扣款额度也是一个缩短投资期间、提高投资效率的方式。

5. 根据投资期限决定投资对象

定投的时间复利效果分散了股市多空、基金净值起伏的短期风险，只要能遵守长期扣款原则，选择波动幅度较大的基金其实更能提高收益，而且风险较高的基金的长期报酬率应该胜过风险较低的基金。如果较长期的理财目标是5年至10年、20年，不妨选择净值波动较大的基金，而如果是5年内的目标，还是选择绩效较平稳的基金为宜。

6. 达到预设目标后需重新考虑投资组合内容

虽然定投需要长时间才可以显现出最佳效益，但如果投资报酬在预设投资期间内已经达成，那么不妨检视投资组合内容是否需要调整。定投不是每月扣款就可以了，运用简单而弹性的策略，就能使你的投资更有效率，早日达成理财目标。

7. 活用各种弹性的投资策略，让定期定额的投资效率提高

可以搭配长、短期理财目标选择不同特色的基金，以定期定额投资共同基金的方式筹措资金。以筹措子女留学基金为例，如果财务目标金额固定，而所需资金若是短期内需要的，那么就必须提高每月投资额，同时降低投资风险，这以稳健型基金投资为宜；但如果投资期间拉长，投资人每月所需投资金额就可以降低，相应可以将承受的投资风险度提高。适度分配积极型与稳健型基金的投资比重，会使投资金额获取更大的收益。

8. 量力而行

定期定额投资一定要做得轻松、没负担。在投资之前最好先分析一下自己的每月收支状况，计算出固定能省下来的闲置资金，3000元、5000元都可以。

9. 持之以恒

长期投资是定投积累财富最重要的原则，这种方式最好要持续3年以上，才能得到好的效果，并且长期投资更能发挥定期定额的复利效果。

10. 掌握解约时机

定投的期限也要因市场情形来决定，比如已经投资了两年，市场上升到了非常高的点位，并且分析之后判断行情可能将进入另一个空头循环，那么最好先行解约获利了结。如果你即将面临资金需求时，例如退休年龄将至，就更要开始关注市场状况，决定解约时点。

11. 善用部分解约，适时转换基金

开始定投后，如果临时必须解约赎回或者市场处在高点位置，而自己对后

市情况不是很确定，也不必完全解约，可赎回部分份额取得资金。若市场趋势改变，可转换到另一轮上升趋势的市场中，继续进行定投。

精明的小女人，需走出基金净值高低的迷局

芳芳是一位漂亮的白领丽人，2006 年 10 月，她买进第一批基金——景顺长城内需增长及内需增长贰号。当时景顺长城内需增长贰号刚发行，她以净值 1 元买进，到 2007 年年底已获利 3 倍多；内需增长的成绩也十分喜人。这让芳芳非常开心。

不过，2007 年 9 月份以来市场的波动使芳芳真正领教了什么叫风险，同时，她认为手里的基金都已经 3 元多甚至 4 元，在此市场环境下应该全部赎回换成 1 元左右的基金，因此她果断地"杀基"了。原来，芳芳误以为基金也和股票一样，涨得多了，净值高了，就会跌，所以赶紧赎回了。

但是在听了景顺长城基金的理财专家的意见后，芳芳才发现自己的操作失误了。因为基金的收益与基金的净值并没有必然的联系。

购买基金时，其实并不存在便宜和贵的区别。所谓的便宜与否，是与价格相关。基金买卖时的价格是基金的份额净值，也就是每一份额基金的净资产值，它是按照基金投资的股票、债券、其他有价证券的市场价格，加上保留的现金计算出来的。这样的价格，与由交易双方博弈而形成的价格不同。双方博弈形成的价格，可以偏离价值，或者对买方有利，或者对卖方有利，这样也就有了价格是便宜还是贵的问题。

由于天生比较谨慎，很多女性在投基的过程中，以为基金的净值与投基的收益有很大关系，看到净值比较高时就赶紧出手，怕有风险。其实，基金净值高低与投资收益之间并没有必然的联系。

比如说：假如有两只基金投资于同样的投资组合，其中一只净值 1 元，另外一只净值 3 元。某投资者分别购买两只基金各 3 万元，所得份额分别为 3 万份和 1 万份（不考虑手续费）。假设当天该投资组合价值上涨 10%，1 元基金上涨 10% 变成 1.1 元，投资者在该基金的账户资产现值增加了 10%，变成

30000 × 1.1 = 33000 元；3 元基金也上涨 10% 变成 3.3 元，投资者在该基金的账户资产现值也增加了 10%，变成 10000 × 3.3 = 33000 元。

从这里我们可以到，决定投资收益的不是基金净值的高低，而是基金净值的涨跌幅，也就是基金的投资能力。投资能力强的基金净值不会止步于 3 元、5 元，将来 10 元甚至 100 元的基金都可能出现。基金净值并不存在不可逾越的天花板。基金的投资能力和历史业绩才是投资者在购买基金时所需考虑的重要因素。

其实，芳芳犯的错误具有普遍意义。精明的小女人，需走出基金净值高低的迷局。如果你看好股市的长期走势，那就最好耐住性子。虽然要有高度的风险意识，但也不要因为市场的短期震荡或外界的流言蜚语，让你的投资计划轻易乱了阵脚。

那么，我们如何才能避开基金净值这个误区呢？

1. 不单纯地以基金现时净值高低来选择某只基金

对净值较低基金的偏爱可能会让女性朋友丧失长期增值的机会。我们要多看看基金未来的成长性，还有就是从基金管理团队的专业素养、以往业绩和基金未来的增值潜力等线索去研判基金是否具有投资价值。

2. 不能以为基金净值低，同样的金额可以购买更多的份额，投资回报就一定高

如果基金的净值低，投资者用同样的投资金额可以买到较多的基金份额，这种数量上的错觉，容易让投资者以为买净值低的基金是捡到了便宜，形成购买时的误区。从基金的投资回报角度出发，基金份额净值越低的基金，并不意味着将来上涨的空间就越大。

假设两只基金的时间期限相同，风险收益特征相同，也都没有进行过分红，那么，净值高的基金就代表基金管理人的管理水平高，为投资者创造的收益多；而净值低的基金代表着基金管理人的投资能力不强，为投资者创造的收益少。聪明的女人当然应该选择管理水平高的基金，也就是净值高的基金。

·第五章·

外汇投资，女人投资的新渠道

女人即使不出国也要了解一点外汇知识

"货币是一种资产，投资是一种时尚。"就这样，小如和小屏，相遇在京城的汇市大厅。

宽敞的银行外汇交易大厅中，小屏正扬头观看报价大屏幕上不断闪动的外汇牌价，突然肩膀被拍了一下。"小屏，好久不见呀！"回头一看，小如满面笑容地站在身后。"是啊！最近老是不见你，在忙什么呀？""这不，'十一'前去了趟东南亚旅游，上周五回来当天就赶上美国公布的非农业就业人口数据低于预期，弄得非美货币全线上涨。"小如边说边坐了下来，"我在12330进的欧元，还不错，12400跑了。这不，周二欧元又跌下来了，所以过来跟你聊聊。""噢！"小屏扶了扶鼻梁上的眼镜说，"周二欧元下跌主要是前期获利盘高位回吐，加上欧元区数据不好。不过现在正好接近了前期上升通道的下沿12300，短线应该有一定支撑吧。"说着话，小如忽然想起一件事情，她说："时间差不多了，我该回去了。"小屏这才想起了自己也还有正经事儿。周围的人听到她俩的谈话，都微微一笑，因为大家都有类似的经历，因谈外汇而忘了正事。

对于外汇，许多女性都觉得比较陌生，都觉得那是要出国的人才需要了解的东西，自己不出国根本就不需要了解它。其实，这完全是一种误解。外汇作为一种投资工具，正在走进并改变我们的生活，即使不出国，我们也应该了解一点外汇知识。

任何东西通过比较后就会产生差别。对商品来说，有了差别就会产生差价，而有差价就有获利的空间。货币同样如此，外汇投资就是获取不同货币之间的差价。

外汇市场的外围环境比较公正、透明而且交易量很大，国际市场一天交易10000多亿美元，谁都无法操控，就是政府的干预也只能起到短期作用，长期或中期的趋势是左右不了的，这是股市无法相比的。

另外，任何一种货币一年的波动不像股票那么大，就算作即期套牢了，一年最多损失10%，不会像股票跌得那么惨。

这些优点对于女性朋友来说无疑都是很有吸引力的。

在外汇交易中，一般存在着这样几种交易方式，即期外汇交易、远期外汇交易、外汇期货交易、外汇期权交易。

1. 即期外汇交易

即期外汇交易又称为现货交易或现期交易，是指外汇买卖成交后，交易双方于当天或两个交易日内办理交割手续的一种交易行为。即期外汇交易是外汇市场上最常用的一种交易方式，占外汇交易总额的大部分，主要是因为即期外汇买卖不但可以满足买方临时性的付款需要，也可以帮助买卖双方调整外汇头寸的货币比例，以避免外汇汇率风险。

2. 远期外汇交易

跟即期外汇交易相区别的是指市场交易主体在成交后，按照远期合同规定，在未来（一般在成交日后的3个营业日之后）按规定的日期交易的外汇交易。远期外汇交易是有效的外汇市场中必不可少的组成部分。20世纪70年代初期，国际范围内的汇率体制从固定汇率为主导向以浮动汇率为主，汇率波动加剧，金融市场蓬勃发展，从而推动了远期外汇市场的发展。

3. 外汇期货交易

随着期货交易市场的发展，原来作为商品交易媒体的货币（外汇）也成为期货交易的对象。外汇期货交易就是指外汇买卖双方于将来时间（未来某日），以在有组织的交易所内公开叫价（类似于拍卖）确定的价格，买入或卖出某一标准数量的特定货币的交易活动。这里，有几个概念女性朋友可能有些模糊：（1）标准数量，特定货币（如英镑）的每份期货交易合同的数量是相同的，如英镑期货交易合同每份金额为 25000 英镑。（2）特定货币，是指在合同条款中规定的交易货币的具体类型，如 3 个月的日元、6 个月的美元等。

4.外汇期权交易

外汇期权常被视作一种有效的避险工具，因为它可以消除贬值风险以保留潜在的获利可能。在上面我们介绍远期交易，其外汇的交割可以是特定的日期（如 5 月 1 日），也可以是特定期间（如 5 月 1 日至 5 月 31 日）。但是，这两种方式双方都有义务进行全额的交割。外汇期权是指交易的一方（期权的持有者）拥有和约的权利，并可以决定是否执行（交割）和约。如果愿意的话，和约的买方（持有者）可以听任期权到期而不进行交割。卖方毫无权力决定合同是否交割。

目前，我国使用最多的还是个人外汇买卖业务，就是委托有外汇经营权的银行，参照国际金融市场现时汇率，把一种外币买卖成另一种外币的业务，利用汇率的波动，低买高卖从中获利。外汇买卖业务对想要手中外汇增值的女性投资者来说有很多好处，不仅可以将手中持有的利息较低的外币，买卖成另一种利息较高的外币从而增加存款利息收入，而且可以利用外汇汇率的频繁变化，赢得丰厚的汇差。

初投资的女性们如何在市场上大赚特赚

红红是一名长春女孩，算是有着两年"汇龄"的兼职汇民。之前，红红从来没接触过外汇的知识。不过，2002 年美元大幅贬值的时候，颇具理财头脑的红红猛然冒出了投资外汇市场的想法。

2003 年，红红去东南亚旅行的时候，特意带回了 2000 多美元的现金。聪明的红红并没有立马去银行兑换，而是在银行开设了一个"外汇宝"账户。

刚开始的时候，红红也学着别人到银行的报汇价大屏幕前认真观看各种数据、走势图。可实际上，对着那些花花绿绿的东西，红红压根就看不懂。

后来，红红开始向一些比较有专业权威的朋友们请教。一位"师傅"告诉她："现在讲外汇的书不多，而且写得也都挺一般的，你不如看看炒股方面的书。"于是给她推荐了一套书，从 K 线图学起，逐步了解了各种技术指标、上升趋势、下降趋势等。

现在，红红一有时间就到外汇交易大厅报到，她认为，"与国内股市的高风险相比，国际汇市要规范许多，并且24小时的交易模式也让投资者时时存在获利的机会。在现在的市场情况下，普通汇民每年获得10%左右的收益几乎不成问题。"

自从进入了汇市，红红的生活开始变得多姿多彩起来了。就在去年，红红在外汇市场上挣到了不下15%的利润，她的小日子越来越滋润。

初投资的女性们虽是新手，不懂得那么多的招数、那么多的套路，但这并不意味着她们就不能大赚特赚。那些在外汇市场赚到大钱的，除了一小部分炒汇高手外，还有一部分初投资的女性，知道她们是怎么赚到钱的吗？

（1）与专业并且经验丰富的投资基金合作，比如像索罗斯的一些量子基金。这些基金每年的收益率也是相当高的，与它们长期合作收益非常不错。

（2）把自己的钱交给一些有经验的基金公司经理，这些人一般水平较高，炒汇经验非常丰富，每年的投资收益率也会很不错。

（3）把钱投到与外汇市场配套的公司，比如外汇经纪行、软件公司及培训机构等。外汇市场的火爆造就了这些行业相关公司的繁荣。

在外汇这个深不可测的丛林里，单打独斗的结局多半是被猎物吃掉。要想在这个市场生存，美女们就要抱团取暖。与有资金、有模式、有技术、有经验、有渠道的人互相结合，相互帮助，成为一个取长补短的团队，才有可能在险象丛生的汇市淘到自己的金子。

当然，在赚钱之前，至少你得先知道该怎么进入这个丛林，通常情况下，进入汇市需要经过以下几个流程：

1. 开户

外汇交易与股票交易一样，第一步必须开户。外汇实盘交易的开户程序如下：

（1）选择开户银行。初投资的女性们可以根据个人偏好选择开户银行，也可以依据专业人士的推荐来选择。

（2）开户并存入外汇。初投资的女性们需要携带有效身份证明到银行开立外汇买卖账户，签署《个人实盘外汇买卖交易协议书》，存入外汇；办理网上交易和电话委托交易开户手续。

（3）确定交易策略和制订交易计划。

（4）建立日常的汇市信息来源渠道。

2. 报价

开户后，要重点学会报价。

初投资的女性们可到银行大厅中直观研究，也可以在家里直接上网，这与炒股一样。外汇买卖的报价其实是两种货币的汇率，或者说是一种比率。比如说美元或日元，就是指拿美元兑换成日元，或拿日元兑换成美元的汇率。由于银行的报价是参照国际金融市场的即时汇率加上一定幅度的买卖点差报价，所以汇率变化是随着国际市场的变化而变化的。

汇率有两种标价方式：直接标价法和间接标价法。汇率又分买入价和卖出价。"买入"和"卖出"都是站在银行的角度而言的，是针对报价中的前一个币种来说，即银行买入前一个币种的价格和卖出前一个币种的价格，而站在汇民的角度就恰好相反。

初投资的女性在报价时要记住一条基本的策略：贵买贱卖。即当你要买某种货币时，用的是这两个报价中不利于你的那个汇率，也就是比较贵的报价；当你要卖某种货币时，也要用这两个报价中不利于你的那个汇率，也就是比较便宜的报价。

3. 交易

初投资的女性开户后，可以自己拟订一个交易计划，对什么商品、什么价格买入或卖出应心中有数，然后便可以交易了。

外汇交易有很多种方式，初投资的女性们可以依据自己的情况选择一种。

（1）柜台交易、使用银行营业厅内的个人理财终端进行交易。

选择此种交易方式时，客户先通知经纪人下单。在对经纪人下达指令时，应包括买或卖商品的种类、合约数量和价格等内容。经纪人接到客户指令之后，立即通知交易所交易代表，交易代表接到通知之后，打上时间，然后通知场内经纪人。场内经纪人则通过叫价，辅以手势来彼此进行交易。

如果客户选择柜台交易或使用个人理财终端进行交易，交易时间仅限于银行正常工作日的工作时间，多为周一至周五的 9：00 至 17：00，公休日、法定节假日及国际市场休市均无法进行交易。

（2）电话交易或互联网交易。

此种交易方式也需要通知经纪人下单，只不过是通过电话或网络来下达指令。如果初投资的女性们选择电话交易或者互联网交易，一般来说交易时间将从周一 8：00 一直延续到周六 5：00，公休日、法定节假日及国际市场休市同样不能交易。

可见，除了非要去现场感受气氛，通过电话或者互联网交易才是更佳的选择。

4. 确认

初投资的女性们在交易完成之后，须将个人外汇买卖申请书或委托书，连同本人身份证、存折或现金交给柜台经办员审核清点。

经办员审核无误后，将外汇买卖证实书或确认单交客户确认。成交汇率即以该确认单上的汇率为准。

初投资的女性们确认了交易的汇率、买卖货币的名称、买卖金额之后签字，即为成交。成交后该笔交易不得撤销。外汇交易的流程至此也就全部完成了。

不设止损是自寻绝路

果果是一名财经编辑，因为职业的原因，她也动了进入外汇市场赚点嫁妆钱的心思。当她看到人民币将升值 2% 的消息之后，第一反应就是全仓买入日元。

如她所料，日元在短时间内迅速蹿升 2 万个点，她手中的 1 万美元也迅速转成了日元，并且几乎跟随了日元的上涨曲线的全过程。就在短短的 10 分钟内，200 美元的收入进账，果果欣喜万分。

后来，经过圈内朋友的介绍，果果了解到一种叫"保证金交易"的炒汇方式。这种交易不仅可以免支银行高额的点差手续费，而且可以将波动性很大的外汇交易放大 100 倍。也就是说，如果当天的外汇行情走势变动了 1%，那么投资者的本金就会获得翻倍的效果。与此同时，如果从事这种交易的投资者没有找准方向的话，将有可能在短时间内失掉所有的本金。

认识到它的巨大风险，果果每次交易的时候都会谨慎地设定止损位。但是后来果果发现，每次设定止损交易之后，外汇走势都会在碰触到止损位以后回弹，这样让她丧失了赚钱的大好机会。果果心想自己应该不会那么倒霉，于是就放弃了设定止损。

但是，就在当天，走势短线回调以后就掉头向下，一直向下跌破了 115 个点。经过 100 倍的放大交易以后，果果投入的 5000 美元本金当天全部被卷入了无形的市场中，分文不剩，果果欲哭无泪，悔恨万分。

如何理解和使用止损是每一个投资者在交易中所必须面对和解决的问题，止损和交易的关系就如同药和病人的关系一样，是交易正常进行下去的必要保障，有些小病小灾也许我们还能不吃药就扛过去，但当大病来临之时，拒绝吃药、拒绝看病，其结果只有一个：向死亡靠拢。止损也是一样，有些小幅的波动也许你还能挺过来，但大的波动反而不止损，其结果也只有一个：被市场清除出去。那么，身在汇市洪流中的侠女们该如何止损呢？

（1）必须在入市之前摆定止损盘，之后可以安心观察市势的发展。

（2）摆定止损盘之后，千万不可随意取消，或在失利的情况下将止损盘退后。

（3）要注意利用"众地莫企"的原理。如果大部分人都将止损盘摆设在同一个位置，远离一些重要价位避免一网打尽。

（4）入市方向正确时，可以将原定的止损盘的止损价位，跟随市势的发展逐步调整，保证既得利益的同时尽量赚取更多的利润。这时候，经调整的止损盘可称为止赚盘，例如沽金以后，金价下跌，可以将止赚盘逐步降低，保证既得利润和尽量多赚。

（5）定额止损。将亏损额设置为一个固定的比例，一旦亏损大于该比例就及时平仓。定额止损的强制作用比较明显，一旦止损比例设定，投资者可以避免被无谓的随机波动震出局。

（6）技术止损。将止损设置与技术分析相结合，剔除市场的随机波动之后，在关键的技术位设定止损单，从而避免亏损的进一步扩大。运用技术止损法，无非就是以小亏赌大盈。比如，在上升通道的下轨买入后，炒汇者等待上升趋势的结束再平仓，并将止损位设在相对可靠的平均移动线附近。

（7）无条件止损法。不计成本，夺路而逃的止损称为无条件止损。当市场的基本面发生了根本性转折时，投资者应摒弃任何幻想，不计成本地杀出，以求保存实力，择机再战。基本面的变化往往是难以扭转的。基本面恶化时，投资者应当机立断，砍仓出局。

（8）根据亏损程度设置止损。如：当现价低于买入价5%或10%时止损，通常投机型短线买入的止损位设置在下跌2%～3%，而投资型长线买入的止损位设置的下跌比例相对较大。

（9）根据自己的经验设置的心理价位作为止损位。当投资者长期关注某种货币，对外汇性质有较深了解时，根据心理价位设置的止损位，也往往非常有效。

（10）止损要与趋势相结合。趋势有3种：上涨、下跌和盘整。在盘整阶段，价格在某一范围内止损的错误性的概率要大，因此，止损的执行要和趋势相结合。

（11）选择交易工具来把握止损点位。这要因人而异，可以是均线、趋势线、形态及其他工具，但必须是适合自己的，不要因为别人用得好你就盲目拿来用。交易工具的确定非常重要，而运用交易工具的能力则会导致完全不同的交易结果。

掌握技巧，炒汇自从容

鱼儿是一名工薪族。几年前，她听从朋友们的建议，买了一些外汇，并结交了一些懂外汇的朋友共同炒汇。时至今日，她的炒汇收入已经达到了4万多元。

刚开始，鱼儿懂得不多，朋友们对她说，可以尝试两种投资策略；如果时间比较紧，就看准一个货币进行中线投资，低价买进高价卖出；如果时间充裕，就采取短线炒作，进行高抛低吸的波段操作。

鱼儿想，平时没什么业务需要忙，而且自己对政策很敏感，所以做短线投资比较合适。不过，短线操作需要及时地了解外汇信息，于是鱼儿便在自己的电脑上将有关外汇的网页都设置在最前面，然后每天观察外汇行情。

在一切就绪后，鱼儿就正式进行投资了。刚开始，她比较看好欧元，想入市投资，可是在欧元经过了近两年的单边上涨后，出现了回落的趋势，很多人开始质疑欧元的实力。但在此时，鱼儿并没有动摇，而是继续跟踪国际上的经济和政治信息。

功夫不负苦心人，终于有一天，鱼儿从电视上美联储主席格林斯潘的公开讲话中，听出了一些蛛丝马迹，而这些都在向她预示着一条至关重要的信息，那就是——美元可能会下跌，而相对的欧元则可能会上涨！

鱼儿马上行动起来，打电话买入大量欧元。而欧元果然在此后一路上涨，让她赚了将近1万元！

对政策的洞察力和敏感力，是鱼儿炒汇赚钱的最大秘诀。任何事物的发展都有一定的规律，外汇市场的变化也不例外。因此，女性投资者可以根据外汇市场的变化规律运用一些技巧来获得收益。

1. 顺势而为

买卖外汇与买卖股票不同。在汇率上升时，只要价格没有上升到顶点，什么时候买都是对的。同样，在汇率下跌时，只要汇价没有落到最低点，任意一点卖出都是对的。

2. 学会斩仓

斩仓是为防止亏损过多在开盘后或所持头寸与汇率走势相反时，而采取的平盘止损措施。未斩仓，亏损仍然是名义上的；一旦斩仓，亏损便成为现实。从经验上讲，斩仓会给投资者造成精神压力。任何侥幸心理，等待汇率回升或不服输的情绪，都会妨碍斩仓的决心，并有招致严重亏蚀的可能。

3. 学会建立头寸

建立头寸就是开盘的意思。开盘就是买进一种货币的同时卖出另一种货币的行为。开盘之后，长了（多头）一种货币，短了（空头）另一种货币。分析判断好汇率走势和时机再建立头寸是赢利的前提。如果入市的时机较好，获利的机会就大。相反，如果入市的时机不当，亏损就是自然的了。

4. 学会获利

获利，就是在开盘之后，汇率已朝着对自己有利的方向发展，平盘可获赢利。获利的关键在于把握平盘的时机。

5. 莫在赔钱时加码

在买入或卖出一种外币后，遇到市价突然以相反的方向急进时，有的人想加码再做，这是很危险的。如果市价已经上升了一段时间，你买的可能是一个"顶"。如果越跌，你越买，连续加码，但市价总回升，那么等待着你的无疑是恶性亏损。

6. 不可孤注一掷

女性买卖外汇，一定要量力而行，切不可孤注一掷，拿一生的积蓄像赌博一样去赌明天。那样，如果发生大亏损就很难有翻身的机会。

7. 亏损时，最好休息一段时间

每天注视着荧光屏上的报价，精神始终处于极度紧张状态。如果赢利，可以放松一下；一旦亏损，甚至连连失误，就会头脑发胀，失去清醒和冷静。这个时候，最佳的选择就是休息。休息回来后，盈亏已经过去，思想包袱也已卸下，效率会加倍提高。

8. 见势不妙，反戈一击

有时跟市买卖，但入市时已经接近尾声。如在多头市场上买入后，市价却纹丝不动，不多久，市价回档急跌。这时，最好反思一下，立即斩仓，反戈一击。

9. 小心大跌后的反弹和急升后的调整

通常在外汇市场上，价格的升跌都不会一条直线地上升或一条直线地下跌，升得过急总要调整，跌得过猛也要反弹。当然，调整或反弹的幅度比较复杂，不容易掌握。但是，在价格急升到一定的点后，宁可靠边观察，也不宜贸然跟市，以免跌入陷阱。

10. 尽量使利润延续

不少的女性，由于缺乏经验，在开盘买入或卖出某种货币后，一见有赢利，就立刻想到平盘收钱。平盘获利做起来看似简单，但是捕捉获利的时机却是一门学问。有经验的女性投资者，会根据自己的经验以及对汇率走势的判断决定平盘的时间。如果认为市势会进一步朝着自己有利的方向发展，她会耐心等待，使汇率尽量向着自己更有利的方向发展，从而使利润延续。一见小利就平盘并不等于见好就收，有时会盈少亏多。

11. 处境不明，不沾为宜

在汇市的走势不够明朗，你感到没有把握时，不如什么也不做，耐心等候入市的时机。

12. 不要被几个"点"误事

在外汇交易中，切不可为了强争几个点而误事。有的女性往往给自己定下一个赢利的目标，只有看到了目标才会平盘。有时价格已经接近目标，机会难得，只是还差几个"点"未到位，本来可以平盘收钱，但碍于原来的目标，总是不甘心。其实，有时几个点不到也罢，不要为了多赚几个点反而坐失良机，造成亏损。

13. 金字塔加码

有些女性在第一笔买入某一货币之后，该货币价格不断上升，在投资正确之时，便想加码增加投资，但是加码须遵循"每次加买的数量比上一次少"的原则。这样，逐次购买，每一次数量都比前一次少，犹如金字塔的模式，层次越高，面积越小。这样一来，会使损失降到最低。

外汇的"必杀剑"：低买高卖

2003 年的夏天，懵懵懂懂的小宁认识了亮亮。亮亮是做外汇的，他告诉小宁，如果学会了炒外汇，很快就能挣到钱了，自此再也不用做月光族，再也不用为买不起一个喜欢的包包而发愁了。

亮亮笑起来有一个漂亮的酒窝，小宁从那以后像爱上亮亮那样无可救药地爱上了外汇。原本只是想尝试一下，没想到会有那么大的回报。刚开始的时候亮亮手把手地教小宁，然后他开了个 3000 的仓给她真枪实弹地做。

慢慢地，小宁也逐步变成了炒汇高手。

许多朋友都想知道小宁屡屡得手的秘诀。而小宁说，炒汇无秘诀，要有的话，也就是低买高卖。汇市也讲短平快，每次赢利 1%~2%，一年就能赚很多。汇市不要贪，以平常心来对待，你的回报是很客观的。汇市很有规律，每月头一周的周三至周五欧洲和美国公布的经济数据最为重要。一些币种波动也是有规律的，比如，如果英镑上涨，一周之内都是上涨的行情。如果英镑下跌，一周之内都是下跌行情，操作上以一周为限。日元是赢利最快的货币，受消息面影响最大，一有风吹草动就有反应。澳元是符合市场规律的货币，操作上可跟着图形走。欧元也是有规律的货币，每涨跌 300 个基本点即有一次反复。

任何东西低买高卖才会赚钱，低买高卖才是王道。

（1）贪者无益。外汇市场与股市完全是两回事，应当稳妥，切忌短平快。汇市的赢利主要源于各国的经济波动，一般没有太大的经济风波，汇市不会产生巨大变动，稍微偏离轨迹，各种国家机构，世界组织便会大幅干预。因此，有 1% ~2% 的赢利，投资者还是快撤为宜。

（2）按计划退出交易止损。要退出一个已显赔钱的交易，最有效的程序就是发出"停止损失令单"。如果一个交易人在进入交易前已定下赢利目标，那么一旦达到这个目标，就应立即发出"限价令单"，从而退出此项交易。还有一种可能是交易人一直让利润上涨，直到某种价格变化朝输钱方向转化的迹象出现。在这种情况下，退出计划就可能定为："在止损点卖出，或者在指数给出卖出信号时卖出，哪种情况先出现就按哪种方法行事。"

（3）高卖低买。寻找贸易关系紧密、国内政治稳定的国家货币，高卖低买，赚钱无疑。贸易关系紧密的两个国家之间货币有保持稳定联动的默契。在 B 国货币下降到低于最常见价格时，大规模买入，不出半年，收入必丰。

（4）巧用限价单交易。在关键阻力位处常常出现两种情形：真突破或假突破（试盘和打止损经常发生），而以假突破居多。限价单的设立就可以很好地预防假突破，也就是说卖单或买单要设在关键阻力位上下方 10~15 点；由于这个点位往往是一瞬即逝的，只有限价单交易才可能捕捉到，所以才凸显限价单交易的使用价值。这个点位还有一个重要作用：当关键阻力位被突破后必然有一个回抽确认突破的过程，而回抽的位置往往是前期关键阻力位或支撑位上下方 10 点。这说明，如果卖错还有机会跑。

（5）汇市瞬息万变，投资者要及时跟进，才能把握投资交易时机。入市前了解和选择符合自己实际情况、具可操作性的交易方案：如果没有较多时间，选择中长线，关注经济面变化，以基本分析为主，技术分析为辅；如果时间较充裕，选择中短线操作，关注突发消息，以技术分析为主，基本分析为辅。

（6）快慢有序。各种不同货币的买卖有不同的操作规则。敏感性的货币赢利空间大，但也容易快速下跌，因此操作应当会买快卖，不宜长留险地，最明显的货币是日元。而一些非敏感性货币，像欧元、美元、澳元这些货币，没有惊天动地大状况轻易不可能超出 250 点的波动，超出便有反弹，在家里买个应用软件把走势图画一画，买卖决策一目了然。

（7）炒汇要具备基本的经济、金融知识，了解各种相关的国际金融市场、投资市场的情况。如每天主要国家的股市指数、世界主要债券市场、黄金、石油价格，以及相关的商品、期货市场等。把握各市场之间的资金流动，如国际股市与汇市之间的资金流动。

（8）一般而言，炒汇目的是为了提高收益，但基于风险和收益相对称原理，其收益虽有 10% 左右，较保本结构性存款而言，有本金损失风险。投资者应充分考虑个人经济承受能力和心理承受能力决定投资方案，而心态稳定是分析市场最好的武器。炒汇资金一定是闲置资金，才能令自己进退自如。

（9）股市联动。一件衣服不能两个人穿，炒家们手中的钱如果一把掷进了股市托盘，自然需要从汇市抽调资金，资金外套，汇市便难免有回落之灾。因此我们只需熟悉各国汇民的外汇投资倾向，即可稳赚一笔。

想做汇市女王，做好充分准备再上战场

小夏研究生毕业以后，省吃俭用攒了一些钱，并全部用来投资外汇，可不幸的是汇率一降再降，收益微乎其微。失望之余，她深感成为一个富裕的人比登天还难。可是，她并没有灰心，于是在下次发了丰厚的年终奖时，她又全都买了外汇。原本一开始，小挣了一笔，谁想到，好事不久，汇率又跌了下来。

但世上没有后悔药卖，痛定思痛，经过反思，小夏决定再买，长期持有不动摇。经过对相关外汇知识的认真学习和谨慎的选择，小夏认购了新的外汇。可是不幸的是，股市动荡，整个经济都受到影响，汇率也受到影响，跌了不少。但这次小夏咬着牙没有赎回。苍天不负有心人，小夏终于等到了赢利的时候。年底，股市转牛，整个经济都在复苏，汇率也一样上涨了几个点，小夏尝到了甜头，获利颇丰。

可见，外汇投资并非轻而易举的事。女性投资者要想通过买卖外汇来赚取差价，必须做足各方面的功课，包括获取最真实、最具体、最能表现外汇汇率现状及其走势的资料，评估自己的风险承受能力，确定投资方案，准备相应的投资资金和保证金，了解外汇的投资程序，了解国家相关的金融政策，等等。只有准备好"战衣""战袍"和"武器"，才能保证自己在外汇投资的战场上无往不胜。

女性朋友要了解自己的性格是否适合投资外汇，了解自己的资金是否充足，了解整个外汇市场的情况，了解自己要选择的投资品种……总之，首先就是要做到充分了解，充分了解是你必走的第一步。

·第六章·

"金"贵女人，投资黄金安心赚钱

"白娘子"为何偏爱黄金

赵雅芝不仅有着不老的容颜、贤淑的优雅气质，在理财上也是颇有心得。即使是在金融危机最为严重的时候，她也依然优雅淡定地微笑着。因为，就在股指指数、石油和房地产价格几乎都一路向下的时候，赵雅芝早已经把投资重点转移到了另一项保值的硬通货——黄金。所以在这场让众多富人破产的金融风暴之中，赵雅芝不仅丝毫未受损失，反而收益稳定，一路上升。

当别人问她经验的时候，赵雅芝回答得非常谦虚，其坦言："我也不是很懂，买黄金饰品就是顾及自己的颜面，可以让大家看看。"不过随后的一番话显示出赵雅芝早有研究，"国家鼓励藏金于民，我觉得大家不妨还是买些金条，我看到过一些金融危机的历史，我觉得金条其实还是最保值的。"

据零点研究咨询集团公布的一份调查显示，中国具有代表性的 11 个城市的中高端人士在理财工具选择上最偏爱黄金。

调查结果显示，从全国来看，黄金是 11 种常见理财工具中最受投资者偏好的工具，中选率接近 70%；股票与保险分别位居第二、第三位。零点研究咨询集团相关人士说，在美元贬值所带来的金价大涨环境下，黄金更是作为保值增值的工具为中高端人士所追捧。

总体来说，投资黄金有以下几个好处：

1. 黄金投资基本无风险

黄金投资是使财产保值增值的方式之一。黄金的保值增值功能主要体现在它的世界货币地位、抵抗通货膨胀及政治动荡等方面。黄金可以说是一种没有地域及语言限制的国际公认货币。也许有人对美元或港币感到陌生，但几乎没有人不认识黄金。世界各国都将黄金列为本国最重要的货币之一。

黄金代表着最真实的价值——购买力。即使是最坚挺的货币也会因通货膨胀而贬值，但黄金却具有永恒的价值。因此，几乎所有的投资人都将黄金作为投资对象之一，借以抵抗通货膨胀。黄金之所以能够抵抗通货膨胀，主要是因为它具有高度的流通性，全球的黄金交易每天24小时进行，黄金是最具流通能力的硬通货。除此之外，黄金还有另一个受人青睐的特性：黄金在市场上自由交易时，其价格可与其他财物资产的价格背道而驰。事实证明，黄金的价格与其他投资工具的价格是背道而驰的，与纸币的价值也是背道而驰的。

黄金不仅是抵抗通货膨胀的保值工具，而且还可对抗政治局势的不稳定。历史上许多国家在发生革命或政变之后，通常会对货币的价值重新评估，但不管发生了多么严重的经济危机或政治动荡，黄金的价值是不会降低的，通常还会升高。

2. 黄金不会折旧

无论何种投资，主要目的不外乎是为了使已拥有的财产保值或增值，即使不能增值，最基本的也应维持在原有价值水平上。如果财产价值一天天逐渐减少的话，就完全违背了投资的目的。最符合这种标准的莫过于黄金了。

3. 黄金是通行无阻的投资工具

只要是纯度在99.5%以上，或有世界级信誉的银行或黄金运营商的公认标志与文字的黄金，都能在世界各地的黄金市场进行交易。

4. 黄金是投资组合中不可缺少的工具

几乎所有的投资理论都强调黄金投资的重要性，认为在投资组合中除拥有股票及债券等还必须拥有黄金。特别是在动荡不安的年代，众多的投资人都认为只有黄金才是最安全的资产。由于害怕其他财物资产会因通货膨胀等而贬值，人们都一致把黄金作为投资组合中不可缺少的部分。

5. 黄金也是一种艺术品

目前，我国黄金市场上的金条、金砖都已经工艺化、艺术化了，金条、金砖的外部构图，都可以说是精美绝伦的。

黄金投资要多关注国内外形势

"两个星期10万元变100万元、几分钟内38万元只剩下1万元。去年5月份那短短两个星期，黄金让我经历了大起大落、大喜大悲。"嘟嘟现在想起当时的情况，似乎还心有余悸。

2005年的时候，嘟嘟在投资者博客上看到黄金的相关介绍之后，便投入到了比股票和期货更刺激更让人心跳加速的投资游戏当中来了。

刚开始的时候，因为当时的金价行情上涨，金价从每盎司670多美元迅速涨到了731美元，在仅仅两周的时间之内，嘟嘟保证金账户上的10万元本金就变成了100万元。嘟嘟大喜。

不过，初战大捷之后，嘟嘟很快就跌得鼻青脸肿。当时国际金价已经出现了大幅波动，而嘟嘟却只给账户中1/3的资金设置了止损位。当金价从670美元大幅下挫至642美元附近的时候，嘟嘟刚好有事在身没有及时补足保证金账户。于是，在短短的几分钟之内，38万元资金遭到强行平仓，嘟嘟只剩下了不到1万元。不过反应迅猛的嘟嘟马上又追加了12万元资金，两周的重仓短线操作之后，账户的余额又回升到了69万元。

每次想起那次大起大落，嘟嘟都会有点惊心动魄的感觉。从此以后，除了习惯性地给每一单交易设置止损之外，嘟嘟还特别专注国内外市场的形势，提防一不小心就撞到冰山。

国内金价的走势基本是跟随国际金价的涨落而涨落。比如利比亚局势的动荡导致避险情绪加大，支撑了金价上涨。利比亚的战争对油价产生了冲击，可能造成国际石油供应短期短缺，油价高涨又刺激了金价，这是造成金价上涨的主要因素。

一般情况下，影响金价的因素主要有以下几个方面：

1. 世界 \\ 政局动荡、战争

世界上重大的政治、战争事件都将影响金价。政府为战争或为维持国内经济的平稳增长而大量支出，政局动荡，大量投资者转向黄金保值投资等，都会

扩大黄金的需求，刺激金价上扬。如2001年"9·11"事件曾使黄金价格飙升至当年的最高价。

2. 黄金生产国的政治、军事和经济的变动状况

这些国家的任何政治、军事动荡无疑会直接影响该国生产的黄金数量，进而影响世界黄金供给。

3. 美元汇率波动

由于美国是全球最大的经济体和全球的金融中心，全球国际贸易量的80%左右都用美元结算，而国际大宗商品和黄金直接用美元定价，因此，美元汇率的变化就成为影响黄金价格波动的重要因素之一。美元和黄金有0.8的负相关性，一般在黄金市场上，有美元涨则黄金跌，美元降则金价扬的规律。美元坚挺一般表示美国国内经济形势良好，股票、债券和金融衍生品受到投资人的竞相追捧，黄金作为避险和价值贮藏手段的功能受到削弱；而美元汇率下降则往往和通货膨胀、股市低迷等有关，黄金的保值、避险功能凸显，受到青睐。

4. 澳元走势

澳大利亚的矿产资源丰富，作为第二大黄金产地，它的原油、金属等的价格，都直接影响到澳元走势，在某种意义上，我们可以说黄金的价格会影响到澳元的走势。而透过澳元，即使没有看到黄金的走势图，我们也可以通过澳元的走势图来推断黄金价格的走势。

5. 各国的货币政策

当某国采取宽松的货币政策时，由于利率下降，该国的货币供给增加，加大了通货膨胀的可能，会造成黄金价格的上升。如20世纪60年代美国的低利率政策促使国内资金外流，大量美元流入欧洲和日本，各国由于持有的美元净头寸增加，出现对美元币值的担心，于是开始在国际市场上抛售美元，抢购黄金，并最终导致了"布雷顿森林体系"的瓦解。但在1979年以后，利率因素对黄金价格的影响日益减弱。

6. 石油价格波动

由于世界主要石油现货与期货市场的价格都以美元标价，石油价格的涨落一方面反映了世界石油供求关系，另一方面也反映出美元汇率的变化，世界通货膨胀率的变化。石油价格与黄金价格间接相互影响，通过对世界原油价格走

势与黄金价格走势进行比较可以发现，世界黄金价格与原油期货价格的涨跌存在正相关的时间较多。

7. 国际贸易、财政、外债赤字对金价的影响

债务，这一世界性问题已不仅是发展中国家特有的现象。在债务链中，债务国本身发生无法偿债导致经济停滞，而经济停滞又进一步恶化债务的恶性循环，债权国也会因与债务国之关系破裂，面临金融崩溃的危险。这时，各国都会为维持本国经济不受伤害而大量储备黄金，引起市场黄金价格上涨。

8. 国际地缘政治、战争、恐怖事件和突发事件

国际上重大的政治、战争、恐怖和突发事件发生时，政府为应付事件和稳定国内支出大笔经费，投资者在避险心理的驱使下买入黄金，刺激金价上扬。

9. 股市行情

一般来说股市下挫，金价上升。这主要体现了投资者对经济发展前景的预期，如果大家普遍对经济前景看好，则资金大量流向股市，股市投资热烈，金价下降。反之亦然。

一个连股市老手都迷惑的问题：
黄金投资有哪些品种

对于见惯了股市惊涛骇浪的老手来说，投资黄金可能会因为缺少刺激而让她们感到索然无味。在她们看来，黄金投资的收益不过是毛毛雨，完全比不上抓到一匹"黑马"来得刺激有趣。但是有这样一个老手，她却乐不思蜀地赚着这些"小钱"。

猪猪是土生土长的上海人，在这座国内金融业最发达的大都市里，耳濡目染的她当然很有理财的能耐。大学刚毕业，猪猪就开始在风云变幻的股市里翻云覆雨。

2007 年，当时的上证指数还正在发力往 6000 点上冲，大家都在预测下一个高点在哪里。其中，有一个朋友提到自己投资的"纸黄金"在半年多的时间里就有 20% 左右的收获，好多股友都不以为意。因为在那个股价接连创出新高的特殊时期，这样的收益自然显得有点微不足道，不过猪猪却听到了有价值的

东西。

朋友的话之所以触动了她，是因为她在那些天一直思考着如何分散投资的问题。股市接连走高，但是猪猪多年的投资经验让她相对淡定，她知道股票不会永远往上涨，调整迟早会到来。而她手中的投资品种只有股票，潜在的风险太大了，需要找另外一种投资品来分散风险。

纸黄金到底是什么呢？它和黄金有什么区别？很显然，猪猪这个股票老手对此充满了疑惑。于是她特地抽空去工商银行咨询了一下。原本以为投资"纸黄金"会很复杂，但没想到工作人员的解释却如此轻描淡写。这位工作人员告诉她只需开好工行的账户，然后通过网上银行、电话银行等渠道自助办理个人账户黄金买卖开户手续，就可以进行投资交易了。

考虑到"纸黄金"跟实物黄金相比，不存在鉴定、运输和储存等麻烦，猪猪当即就做出了投资决定。也许是走运，猪猪一开始投资"纸黄金"就赚了。

2007年年底，股指从6124点的高位一路走低到5100点左右，猪猪从股市中提出了30000元放入金市。猪猪建仓的价位在190元/克左右，一个月后发现涨到了200元/克，收益达到5%。相对于一路下跌的股市，这已经很不错了。

慢慢地，猪猪发现，坚持在黄金上升时买入，因为这样操作只有一点可能是买错了，即价格上升到顶点的时候，除此之外，其他任何一点都是对的；在金价下跌时买入，只有一点是买对的，即金价已经落到最低点，无法再低，除此之外，其他点买入都是错的。

之后，随着金融危机的破坏力逐渐显现，经济形势恶化，猪猪将30%的资产投入到了金市。从2008年年底开始，金价一路走高，猪猪喜获50%左右的收益。

纸黄金并不是对黄金实物投资。纸黄金的价格与国际金价挂钩，采取24小时不间断交易模式。也就是说，一天24小时都可以进行纸黄金的交易，方便我们随时操作。为上班族们理财提供了充沛的交易时间，可以白天上班，晚上利用纸黄金交易赚取外快。而且国内的晚上，正好对应着欧美的白天，那时候基本上是黄金价格波动最大的时候，最容易赢利。

纸黄金提供了美元金和人民币金两种交易模式，为外币和人民币的理财都提供了相应的机会。同时，纸黄金采用 T+0 的交割方式，当时购买，当时到账，便于做日内交易，比国内股票市场多了更多的短线操作机会。

除了纸黄金外，黄金的投资品种还包括以下几种：

1. 实物金

实物黄金买卖包括金条、金币和金饰等交易，以持有黄金作为投资。一般的饰金买入及卖出价的差额较大，视作投资并不适宜，金条及金币由于不涉及其他成本，是实金投资的最佳选择。

2. 黄金保证金

黄金保证金交易是指在黄金买卖业务中，市场参与者不需对所交易的黄金进行全额资金划拨，只需按照黄金交易总额支付一定比例的价款，作为黄金实物交收时的履约保证。目前的世界黄金交易中，既有黄金期货保证金交易，也有黄金现货保证金交易。

3. 黄金期货

一般而言，黄金期货的购买者、销售者，都在合同到期日前出售和购回与先前合同相同数量的合约，也就是平仓，无须真正交割实金。每笔交易所得利润或亏损，等于两笔相反方向合约买卖差额。这种买卖方式，才是人们通常所称的"炒金"。黄金期货合约交易只需 10% 左右交易额的定金作为投资成本，具有较大的杠杆性，少量资金推动大额交易。所以，黄金期货买卖又称"定金交易"。

4. 黄金期权

期权是买卖双方在未来约定的价位，具有购买一定数量标的的权利而非义务。如果价格走势对期权买卖者有利，会行使其权利而获利。如果价格走势对其不利，则放弃购买的权利，损失只有当时购买期权时的费用。由于黄金期权买卖投资战术比较多并且复杂，不易掌握，目前世界上黄金期权市场不太大。

5. 黄金股票

黄金股票即金矿公司向社会公开发行的上市或不上市的股票。由于买卖黄金股票不仅是投资金矿公司，而且还间接投资黄金，因此这种投资行为比单纯的黄金买卖或股票买卖更为复杂。投资者不仅要关注金矿公司的经营状况，还要对黄金市场价格走势进行分析。

6. 黄金基金

黄金基金是黄金投资共同基金的简称，是由基金发起人组织成立，由投资人出资认购，基金管理公司负责具体的投资操作，专门以黄金或黄金类衍生交易品种作为投资媒体的一种共同基金，由专家组成的投资委员会管理。黄金基金的投资风险较小，收益比较稳定，与我们熟知的证券投资基金有相同特点。

美女炒家 10 万炒到 1000 万的秘诀

2000 年，圆圆在为结婚购买金饰的时候，突发奇想，觉得反正黄金也不会跌价，以后可以把金条拿出来打成很多漂亮的首饰。于是，圆圆就一次性地购买了 10 万余元的金条，当时金价是每克 70 多元。

到了 2006 年，圆圆所开的公司出现资金周转的问题，老公让她把之前买的金条拿来解燃眉之急。等到快要卖金条的时候，圆圆才知道，原来黄金已经涨到了每克 210 元左右。当初买的 10 万元黄金已经翻了 3 倍，价值接近 30 万元。圆圆猛然有了天边飞来大馅饼的感觉，激动了好几天。

很快，圆圆的公司就因为这批金条起死回生。等公司情况好转之后，圆圆就投了 50 万元进入金市，又大赚了一笔。兴奋的圆圆又赶忙追加了 50 万元，没想到，很快就被套牢了。仅仅几个月的时间，100 万元只剩下了 60 多万元。

这次运气实在太背，圆圆暂停了黄金投资，安心经营自己的公司。但是，她并没有完全放弃对黄金市场的关注。

2007 年，看准时机的圆圆再次出手，将上次剩余的 60 多万元投入了较为稳健的实物黄金。当时金价为 168 元 / 克。这次圆圆的判断比较正确，到 2008 年 3 月时，黄金涨到了 236 元 / 克，这次圆圆赚了 20 多万元。

之后，凭借着这两年对黄金投资的研究，圆圆将 80 多万元投入了黄金期货市场。借助本轮黄金大牛市，到 2010 年年初时，圆圆的资产已经达到了 1000 多万元。

圆圆认为，自己如此幸运，并不是上天给的，而是通过运用各种技巧争取来的。作为一个有经验的黄金炒家，圆圆为大家提供了如下几条宝贵的经验。

1. 金字塔战法

金字塔投资战法是很重要的一条规则。当金价在低位时，你可以每隔 50 点价差买卖一次，也就是说当第一次交易有 50 点的赢利时再进行第二次交易，并设止蚀点，即使发生市场逆势，那么你也不会有任何损失，当按照金字塔法则进行了四至五次交易时，以后每次交易的数量应当减少。不过女性投资者们需要谨记的是：

（1）顺应市场主趋势进行交易方可获取巨大利润。因此当你第一单交易并未如愿获利之前不要进行第二单、第三单。

（2）不要将亏损平均，平均损失是许多经纪人、投资者易犯的一个最大错误。

2. 看准经济低迷时

这就是说，要选择在经济低迷时投资黄金。因为黄金价格的波动往往与经济景气度、股市走势、黄金的供给等呈反向运动。所以，当市场出现经济低迷的情况时，也就是你投资黄金的最佳时机。先以美国为例，在 1929 年股市崩盘前和 1968 年两次股市高峰期过后，都曾出现过股价大跌而金价上涨的现象。后看世界的整体情况，自 2001 年以来，全球性的通货紧缩，全球各主要股市逐步走低，使得黄金投资辉煌再现。这些都说明，投资黄金应选在经济低迷时。

3. 看准货币利率下降时

之所以这么说，是因为货币利率变动同黄金价格的变动呈反向关系。因为，当货币利率相当高时，储存黄金的机会成本就会很高，此时，与其购买黄金不如购买能生利息的资产。相反，当货币利率下降时，投资者就可以选择黄金投资了。

4. 处于需要保值时

投资黄金，是因为它是比储蓄更为保值的投资品种，它可以避免已有收入被通货膨胀"暗耗"，还能有效抵御风险。不过，黄金因其风险低，回报率也较低，所以，你只可在处于通货膨胀等外界市场环境波动不稳的情况下来大量投资黄金。平时，少量持有即可。

5. 买涨不买跌

黄金买卖和股票、外汇交易一样，都要遵守这个原则。在价格上升的过程中，每一刻的购入行为都应该说是正确的，唯有一点不应该购入，就是金价上升到最顶端而转势之时。这个理论主要是提醒投资者，在进行黄金买卖时，不应片面看重价格水平，而忽略了金价是处于"大熊"还是"大牛"的趋势。

6. 选择好的金商

在市面上，黄金投资产品琳琅满目，它们都是由不同的珠宝机构或者银行提供的服务项目。那么，你该如何选择种类繁多的黄金产品呢？

你可以注意以下"三比"：

（1）比实力。实力大小是评估金商的一个重要标准。实力雄厚、知名度高的商业银行和黄金珠宝公司的产品和服务都很受大众青睐，由于其有足够的资金做后盾，所以比较值得信赖。

（2）比信誉。信誉好不好，在商场上几乎决定了一个生意人的成败。诚信是每个经营者都应当提倡的，而这也是一条普通的商业规则。如果金商的信誉度不高，还是淘汰掉比较好，以免有后患。

（3）比服务。很多情况下，投资者不会太在意金商的服务。往往只要质量好，金商的态度或者售后服务不好也可以迁就一下。可是，在购买后真出现了问题，你能得到应有的对待吗？所以，你最好留意一下金商的服务机构、所做的售后承诺以及服务的执行情况。

7. 学会建立头寸、斩仓和获利

建立头寸就是买进或者卖出黄金的行为。选择适当的金价水平以及时机建立多头或者空头头寸是赢利的前提。如果入市时机较好，获利的机会就大；相反，如果入市的时机不当，就容易发生亏损。

斩仓是在建立多头头寸后，突遇金价下跌时，为防止亏损过高而采取的平盘止损措施。有时交易者不认赔，而坚持等待下去，希望金价回头，这样当金价一味下滑时会遭受巨大亏损。

获利的时机比较难掌握。在建立头寸后，当金价已朝着对自己有利的方向发展时，平盘就可以获利。掌握获利的时机十分重要，平盘太早，获利不多；平盘太晚，可能延误了时机，金价走势发生逆转，不盈反亏。

黄金饰品还是装饰的好，作为投资不能首选

去年底，甜甜到香港谈生意，一口气买了几万元的黄金首饰，准备送给妈妈和姐姐。甜甜是个很会盘算的小资女人，她想，送首饰不仅能让妈妈和姐姐开心，还是一种升值稳定的投资。投资黄金首饰，有个实在的东西放在家里，看得见摸得着，心里安稳多了。

等到做生意需用钱的时候，甜甜却发现手头还差几万元的资金。无奈，甜甜只好拿这些黄金首饰去典当。令她吃惊的是，自己的投资不仅没有升值，反而亏掉了好几千元。

说起黄金投资，不少女人都和甜甜一样，最先想到的就是购买黄金首饰。黄金首饰当然是我们每个家庭里都会有的传家宝，因为它还兼顾了一个首饰的作用。但是，作为投资来讲，很多资深的黄金投资者都认为，不要去买黄金首饰，买金条、金砖等才是投资实物黄金的最好方式。

有一种心理叫作黄金情结，亮闪闪的金饰对女人来说始终是难以抵御的诱惑。黄金饰品是好多女人的最爱，不仅仅是那些黄澄澄的链子、戒指有多漂亮，戴上去有多美，而是用那些东西武装了之后，人仿佛就有了身价。时至今日，人们热情不减，只是戴黄金饰品，起到的更多是实实在在的装饰效果了。

购买黄金饰品并不等同于黄金投资，因为在商场里销售的黄金饰品，其成本需增加运费、工艺费、加工费等，售价往往会在原料价格基础上溢价20%~30%。变现时，即使是全新的黄金饰品，回收时也只能按照黄金原料对待。在原料价格的基础上还要扣除提炼磨损、加工磨损等方面的损耗费。另外，黄金饰品的变现能力远远低于作为标准化投资品的黄金。在需要变现时，黄金饰品一般只能通过信托公司、首饰加工等渠道。

对于黄金来说，如果投资首饰的话，收回成本还是比较困难的。

家住昆明的飞飞之前以每克316元的价格，在一家大型商场买了一条8000多元的千足金项链。几年后黄金一路飙升，飞飞就想把自己8000多元的金项链卖了赚取差价。可是，她一连去了多家黄金饰品店，所得到的结果都让她大

失所望。商家不是说同一个牌子金饰只能加钱换，就是说不是同一个牌子的金饰不回收。

飞飞随后又去专门回收黄金的地方问，结果对方称千足金回收每克只给270元。即使到了典当行，他们的典当价格也是市价的7折甚至更低。

飞飞又去了银行，询问销售黄金的银行是否能够办理黄金首饰的兑现业务，但是银行说目前还没有一家银行办理黄金首饰回收兑现业务，这些银行在办理回购时，只认自己银行发行或销售的金条。

飞飞沮丧地说："现在要想把黄金出手，那只有亏钱了，真是想不通。"

分析师表示，随着冶炼技术的不断提高，新近生产的黄金产品纯度要高于早期。在回收20世纪90年代甚至是50年代以及更早的黄金饰品时，由于成色因素，回收价可能还要低于目前回收报价。这些年来虽然黄金价格上涨不少，但除去通胀等因素，做黄金首饰买卖，想赚钱并不容易。

金饰的主要用途是用来装饰、美化生活，它的意义在于美观，购买黄金首饰并不是投资黄金，而属于消费层面，与真正意义上的投资实物黄金（如投资型金条）有着显著区别。

一是在纯度上。投资型金条的纯度一般为99.95%或99.99%，几乎不含任何杂质，但黄金饰品就不一样了。一般黄金类首饰按纯度分为99%的足金和99.9%的千足金，纯度更高的金饰很少见。虽然目前已有无焊料的万足金首饰面市，但是其较高的加工费并不适合以投资为目的的人士。

二是价格上的区别。加入了设计和精加工的成本，黄金首饰市面价格的溢价幅度一般都高达20%，而投资型金条的报价则和国际金价一致，只是在黄金现货价格的基础上加上合理的加工流通费。因此，黄金首饰等非投资型黄金产品的价格要比投资型金条的市场售价高出很多。

投资黄金饰品不具备真正意义上的黄金投资性质，投资者购买此类黄金获利空间有限，并不能充分享受黄金价格上涨带来的收益，女性投资者们可选择标准化黄金产品进行投资。比如说，你想给父母买个礼物，不必买黄金首饰，只需给他们买两块金砖放在家里，对于老人来说会有一定的满足感，看到金砖就想到你。而且从理财的角度来说，在家庭资产配置中，老人们自己也会有存款，而我们要为老人买一个抗风险的产品，可以考虑一下黄金。

金币投资，安心赚钱

萍萍阿姨是一名金币爱好者，天生的艺术天赋，让她对这些标示着丰富文化内涵的货币非常感兴趣。在她的心里，投资金币，不仅仅是为了赚钱，更多地是为了满足自己的欣赏和收集爱好。更何况，投资黄金永远不用担心有太大的风险。

萍萍阿姨从 2005 年年底开始投资金币。当时，黄金的价格很稳定。到 2006 年，黄金的价格一下子涨高，金币的价格也一路飙升。这完全出乎萍萍阿姨的意料。

虽然第一次的收获不错，但萍萍阿姨这时对投资金币觉得有点没底了。毕竟自己快要退休了，若是投资的金币价格波动变大，对力求安稳的自己可就不太适合了。关于这点，萍萍阿姨还特意咨询了专家。专家指出——投资金币，如果能耐心挑选，选择好的品种，不会有亏本的风险。因为毕竟金币的基础材料是贵金属，无论怎么贬值，其价值都不可能低于市场上黄金的价格。再说黄金是硬通货，本身就有保值和增值的作用。不过，在投资金币的时候，要尽量挑选做工精美，具有艺术收藏价值，有文化上的独特内涵的金币。尤其是可以考虑彩币，因为彩金币经过了更多的艺术创造，内化的加工工艺比较多，价值就比较高。例如，一套梅兰芳先生京剧角色的彩金币，直到进入市场都没有出现降价的状况。

萍萍阿姨听了专家的话，心里顿时放松了很多。因为自己有集币的经验，而且身为历史老师，她对历史和文化上的知识懂得不少。这样，只要细心挑选，就不用担心挑错金币了，自然也就不用担心金币会贬值了。

随着金银纪念币市场的稳步发展，个人投资金币越来越热，让许多门外汉都眼红了。可是俗话说得好："隔行如隔山。"如果你对金币投资没什么了解，投资起来会遇到很多困难。所以，在选择金币投资或收藏时，投资者仍有需要注意的地方，主要有以下几个方面。

1. 关注中国金币的交易系统

投资者应随时观测其行情，并参照国际市场行情进行比较分析。

2. 看清大势，顺应大势

金币行情与其他投资市场行情相同的地方是行情的涨跌起伏变化，并且较长时间的行情运行趋势可以分成牛市或者熊市阶段，行情运行大的趋势实际上已经是综合反映了各种对市场有利或者不利的因素。投资市场行情运行趋势一旦形成，通常情况下是不会轻易改变的，所以能够看清行情大的运行趋势并且能够顺大势操作者，其投资成功的概率就高，而其所承受的市场风险却要小得多。

3. 选择发行少的金币作为投资对象

对于资金实力较强的投资者，可选择发行量较少的纪念金币作为投资对象，这些金币具有较强的升值潜力，如全国限量发行的第 29 届北京奥运会金银纪念币第三组就值得重点关注。

4. 要区分清楚金银币和金银章

因为同样题材、同样规格的币和章，其市场价格是不一样的。通常情况下，金银纪念币的市场价格要远高于金银纪念章。金银纪念币和金银纪念章的最主要和最明显的区别就在于，金银纪念币具有面额而金银纪念章没有面额，而有没有面额一方面说明是否为国家的法定货币，另一方面则说明了纪念币的权威性要远高于纪念章，因为具有面额的法定货币只能是由中国人民银行发行，所以金银纪念币的权威性是最高的。

5. 量直径和重量

在购买的时候，最好带上标尺、电子秤等辅助工具，对照发行公告上的特征进行直径、重量等方面的核实。现在一些假金币只是镀金的银币或其他金属（铜、镍等）币，而不同的金属材质密度是不一样的，白金的密度最大，重量最重，其次是黄金、银、铜和镍，因此，通过称重就可知道眼前的"金币"是否真金。如果直径、重量等与公告相同，或者由于磨损（比如二手币、旧币等）而略有偏差，基本上就是真币。

6. 细看金币的质地

首先，看金币上是否有水渍、污斑、锈迹、霉点等，如果有就说明品相不高。在买入和卖出时，这类金银币的价格必然会低于正常的价格。

其次，看题材，以重大政治事件为题材的金银币一向很受藏家欢迎，具有持久的生命力。1995 年发行的三组香港回归金币，在社会上引起一阵轰动，其价格不断攀升，虽然之后进入一段时间的低落期，但在大约 3 年后又逐渐升温。

最后，看铸造设计是否精美细致，工艺是否考究。

7. 多看真币找"感觉"

不少长期接触金银币的收藏者都表示，"感觉"对鉴别金银币真假十分重要。一位行家表示，只要真币看得多就有感觉了，"看到假币，即使指不出哪里是假的，也感觉不对。"因此，建议想买金银币的新手，最好先多看看真币找找感觉。

8. 关注金币的发行

一般，在发行的数量上，数量越少越有价值，或者纪念价值越高，升值潜力越大。这样的金币可以多买点。

另外，在买卖金币时不要遗漏发行时的配套物品。

金币是限量发行的国家法定货币，所以每一枚金币都附有时任中国人民银行行长签发的"鉴定证书"。此外，还有专用的装帧盒。如果缺少这些配套的东西，不管是买入还是卖出，价格必然低于常规的行价。

9. 观察市场

经验丰富的内行人士对某种金币投资的潮流比较敏感，这如同服装的流行款式一样，要适当注意一下市场上的最新品种。

还有就是投资金币需要顺势而为。它与股票等资本市场一样也会有"波段"，因此，在参与实际的市场运作时，顺势而为非常重要。

10. 细读发行公告

应该先了解想要买的金银币的具体特征，包括它的材质、图案、面值、直径、成色、重量等。我国的金银币只有中国人民银行有权发行，在中国人民银行发布的金银币发行公告上，上述特征都会有详细说明。在购买之前，应先仔细阅读相关金银币的发行公告，清楚了解上述信息，购买时最好把相关信息带在身边，方便对照。

11. 注意资金使用安全

币市行情由于具有暴涨暴跌的特点，其市场风险在某些时段还相当大。所以币市投资者首先应该有风险意识，尤其是短线投机性炒作时；其次是应该采取一定的投资组合来回避市场风险，因为除了价格下跌有套牢的风险外，一旦行情启动还有踏空的风险。

黄金投资，为何差点毁了她的买房梦

2009年春节过后，楼市出现久违的"小阳春"。蕊蕊认为房价下跌的空间有限，决定和男友出手构筑未来的小家。在双方父母的资助下，他们凑足了首付款。

在离正式付款还有一个月的时间里，蕊蕊暗自盘算着如何才能将这一大笔资金在短时期内做到收益最大化。投资股票吧，风险太大；投资银行理财品吧，不时爆出巨亏的消息。

就在蕊蕊非常矛盾的时候，正在投资"纸黄金"的姐姐阿紫给她算了一笔账：如果利用这笔钱投资"纸黄金"的话，只要黄金价格每天涨1元，一周就能有上万元的收入。运气再好一点的话，两周就可以将卫浴赚出来了。

听了姐姐的分析之后，蕊蕊立即就办理了"纸黄金"的账户。当时的"纸黄金"价格已经超过了950美元，1000美元近在咫尺，分析师一片看好。由于进仓时机较好，蕊蕊一周的赢利果真上万，她一时惊喜过望。不过，当金价突破1000美元的时候，姐姐阿紫打电话提醒蕊蕊金价已经突破顶点，接下来可能会有一个调整期，让蕊蕊等形势明朗之后再行入场。

可是尝到甜头的蕊蕊再也收不住手，将姐姐的劝告放到了一边。蕊蕊想再搏一把，赚更多的钱。于是她再次在209元的附近建仓，没想到，厄运果真来了。当金价突破1000美元大关的时候，立刻迎来了"八连阴"，蕊蕊买的"纸黄金"从209元一路狂跌到192元。但是此时早已失去理智的蕊蕊却还一路追跌直到满仓。

眼看着离付款的日期越来越近了，蕊蕊却已经将那笔钱挥霍了一大半。到最后没办法，只好跟父母说明真相。爱女心切的父母无奈之下只好把养老的钱拿出来给她付清了房款。

黄金投资虽然相对安全，可这并不意味着完全没有风险，通常情况下，我们应该从以下几个方面入手来规避黄金投资的风险。

1. 不参与不明朗的市场活动

当感到金市走势不够明朗，自己又缺乏信心时，以不入场交易为宜。否则很容易做出错误的判断。

2. 不要盲目追求整数点

黄金投资中，有时会为了强争几个点而误事。有的人在建立头寸后，给自己定下一个赢利目标，比如要赚够200美元或500元人民币等，时刻等待这一时的到来，有时价格已经接近目标，时机很好，只是还差几个点未到位，本来可以平盘获利，但是碍于原来的目标，在等待中错过了最好的价位，坐失良机。

3. 持筹在手，暂离市场

不少投资者在牛市中频繁进出，以致在牛市玩出了亏钱的结局。而在大熊市中则频频出手抢反弹，其结果是市场真到反转时，自己已经弹尽粮绝无力回天了。作为普通投资者，技术不如人，专业不如人，精力不如人，资金不如人，时间不如人，若一味天天盯盘，天天盯K线图，通常其心理承受能力也不如人，脆弱得很。

若想在黄金投资市场规避风险并获利，应该在市场切入前多观察、分析、研究市场，把握有了，信心有了，可分数次进入市场。一旦市场形态确立，则应暂离市场，暂离K线图，以免让投机盘的搅局动摇了信心。

4. 掌握投资信息

由于影响黄金价格涨跌的因素非常多，并且从全球范围来讲，黄金市场的交易是24小时不间断的，因此，投资黄金对于信息的要求是比较高的。目前，投资者获取与黄金相关信息的渠道越来越多，除了银行网点外，不少财经类报纸、杂志和网站都有相关的信息。在掌握必要的投资理论后，掌握信息就是一个常抓不懈的工作。

5. 摒弃投机赌博心理

黄金由于其价值具有相对的稳定性，用来保值可以，投机就不适合了。投资者不可能在短期内利用它来牟取暴利。那种在股市上"快进快出"的操作，在这里却不适合，而带着赌博心理进入金市就更不可取了。想在金市上一夜致富简直就是天方夜谭，金市上注重的是长期投资，而不是一时的幸运。金市不是赌市，不要拿黄金来赌手气，被赌博冲昏了头脑的人，很容易投资失败，损失惨重。

6. 不盲目跟风

盲目跟风就是错，就是大家共同犯错，对，也不只你一个人对。那么，这样跟着入市的投资者，永远只是跟在别人后面，匆忙买入或卖出，得不到什么收获。在这种心理的作用下，黄金价格很容易在群体跟风操作下出现市场力量失衡，进而导致剧烈的价格波动，而造成大多数投资者的亏损。所以投资者要有独立的投资意识，切记不能随波逐流。

7. 不要太贪婪

适可而止，就是可以接受的"贪"，而贪得无厌，超过了一定限度的贪就是"贪婪"了。投资其实很简单，只要你不贪婪，买卖有度，就会更容易成功。见利就要，寸厘不让，这就过于贪心了。有时候，一时的贪心，你就忽略了对经济形势的判断，从而错过行动的良机，造成投资失败。

8. 熟知投资品种

不同的黄金投资品种适合于不同类型的投资者，其投资方式、风险属性、价值变化等都存在着巨大的差别。实物黄金具有比"纸黄金"更好的保值和变现能力，但其增值空间较"纸黄金"要小。"纸黄金"的投资收益往往大于实物黄金，从而具有非常稳健的投资增值功能。黄金递延投资由于保证金制度的加入，产生的利益自然最大，然而风险的提升也是显而易见的，更适合那些风险投机者参与。